教育部大学计算机课程教学指导委员会
计算思维赋能教育教学改革项目成果

大学计算机基础

主　编　徐效美　李　勃

副主编　吴　璇　崔晓曦　曲北北　徐群叁

电子工业出版社·

Publishing House of Electronics Industry

北京·BEIJING

内 容 简 介

本书是根据教育部高等学校大学计算机课程教学指导委员会关于高校计算机基础教学的有关精神，同时根据以应用型人才为目标的培养方案编写的。全书共分为 8 章，主要内容包括：计算机概论、计算思维、Windows 操作系统、文字处理软件、电子表格处理软件、演示文稿制作软件、算法与程序设计、计算机网络与 Internet 等。

本书结合大学计算机基础课程的基本教学要求，参考了全国计算机等级考试二级 MS Office 考试大纲要求，兼顾计算机技术的最新发展，结构严谨，层次清晰，内容丰富。为提高读者的实际操作应用能力，本书还专门配套了实验教程以供练习。

本书可作为各高校各专业"大学计算机"课程的教材，也可作为计算机应用技术的培训教程和计算机爱好者的参考用书。

图书在版编目（CIP）数据

大学计算机基础/徐效美，李勃主编. —北京：电子工业出版社，2022.8

ISBN 978-7-121-44132-5

Ⅰ. ①大… Ⅱ. ①徐… ②李… Ⅲ. ①电子计算机－高等学校－教材 Ⅳ. ①TP3

中国版本图书馆 CIP 数据核字（2022）第 147520 号

责任编辑：牛晓丽 文字编辑：路 越
印 刷：三河市鑫金马印装有限公司
装 订：三河市鑫金马印装有限公司
出版发行：电子工业出版社
　　　　　北京市海淀区万寿路 173 信箱 邮编：100036
开 本：787×1092 1/16 印张：20 字数：486 千字
版 次：2022 年 8 月第 1 版
印 次：2023 年 7 月第 3 次印刷
定 价：49.80 元

凡所购买电子工业出版社图书有缺损问题，请向购买书店调换。若书店售缺，请与本社发行部联系，联系及邮购电话：（010）88254888，88258888。

质量投诉请发邮件至 zlts@phei.com.cn，盗版侵权举报请发邮件至 dbqq@phei.com.cn。

本书咨询联系方式：luy@phei.com.cn。

前　言

随着经济和高新技术的发展，计算机已是不可或缺的工作和生活工具，信息素养更是现代社会的基本素养。计算思维是实证思维、逻辑思维之后科学研究的第三大思维，没有计算思维，很多科学研究甚至无法进行。学会用计算思维思考和学习，是人工智能时代公民信息素养的重要基础。

大学计算机作为一门通识型课程，是大学计算机课程体系的第一门必修课程，可以为后续课程学习做好必要的知识储备。通过本课程的学习，学生能在各自的专业中有意识地借鉴计算机科学中的一些概念、技术和方法解决问题。

本教材以计算思维为核心，教学内容围绕计算思维能力培养目标进行重组，将计算思维培养建立在知识理解和应用能力培养基础上，并从中养成较好的计算思维素质。本教材综合考虑了目前大学计算机基础教学的实际情况和国内外计算机技术的发展情况，结合全国计算机等级考试二级 MS Office 的考试大纲要求，本着学用结合的原则进行编写，主要采用基础知识讲解与实践操作相结合的结构来进行内容组织，以期最终达到让学生学以致用的目的。

全书共分为 8 章，包括计算机概论、计算思维、Windows 操作系统、文字处理软件、电子表格处理软件、演示文稿制作软件、算法与程序设计、计算机网络与 Internet，并有配套的《大学计算机基础实验指导》辅助教程。

本书由徐效美、李勃等编写。郭帅、王丽丽负责本书的统稿和组织工作，李勃、赵永升编写第 1、2、6 章，徐群叁、吴璇编写第 3、4 章，徐效美、崔晓曦编写第 5、7 章，曲北北、刘玮编写第 8 章。

本书对应的课件、素材文件等相关资源可以到华信教育资源网（http://www. hxedu. com.cn）下载。

尽管编者为本书的编写付出了很大的努力，并希望成为一部精品，但由于水平有限，书中疏漏之处在所难免，敬请同行及读者批评指正。

编　者
2022 年 8 月

目　　录

第 1 章　计算机概论

本章导读

　　本门课程的学习对象是计算机，计算机被誉为"20 世纪人类最伟大的发明之一"，近代社会的高速发展主要得力于计算机在社会中的普及应用。那么在学习具体的计算机应用技术之前，我们就有必要从专业角度来了解一下这几个问题：到底什么是计算机？我们为什么要使用计算机？计算机是如何工作的？本章将从信息与数据的概念开始，逐步介绍计算机的系统构成、工作原理等理论知识。

1.1　信息与信息系统

1.1.1　信息与信息技术

　　在本门课程中，我们的学习从信息的概念出发，信息与本门课程的计算机有什么联系？本门课程是计算机应用课程，大家都知道的是：计算机属于 IT 领域，IT 就是信息技术的简称，所以计算机技术属于信息技术。那到底什么是信息？我们研究信息的目的又是什么呢？

1. 信息与数据

1）信息的定义

关于信息的描述有很多。

（1）没有物质，任何东西都不存在；没有能量，任何事情都不会发生；没有信息，任何东西都没有意义。

（2）信息就像我们呼吸的空气一样，同样是一种资源。准确而有用的信息就如同我们身体所需要的氧气，是国家和个人的幸福。我们整个国家，2/3 的成果来自有关信息的活动。快速的信息是我们经济中的主要货物和商品。

（3）谁掌握了信息、控制了网络，谁就拥有了整个世界。

现在一般认为，信息是在自然界、人类社会和人类思维活动中普遍存在的一切物质和事物的属性和状态。

2）信息的特性

（1）无穷性。信息是无穷无尽的，数量很多。

（2）价值性（增值性）。信息对人类是有价值的。

（3）时效性（可变性）。信息的价值是有时效的。

（4）可传输性（传递性）。信息是可以传递的。

在这里我们重点分析信息的研究目的，这个问题的研究我们可以从信息系统中分析出基本的答案，信息系统工作流程图如图 1.1 所示。

图 1.1　信息系统工作流程图

在信息收集过程中，因为信息的大部分状态是不稳定的状态，所以人类开始使用数据符号来记录信息，例如原始人使用的石刻壁画将重要的信息记录下来。

3）数据的定义

数据是指存储在某种媒体上且可以加以鉴别的符号资料。这里所说的符号，不仅指文字、字母、数字，还包括了图形、图像、音频与视频等多媒体数据。由于描述事物的属性必须借助于一定的符号，所以这些符号就是数据的多种形式。

同一个信息也可以用不同形式的数据表示，例如，同样是星期日，英文用"Sunday"表示。大家利用手机向朋友传递信息的时候，可以使用文字（短信），也可以使用音频数据（语音短信），也可以使用图像数据（发图片）甚至是视频数据方式（短视频）。

信息和数据的对应形成一条所谓的"规则"。使用符号来表示相应信息的工作称为"记录"；反之，从数据符号中提取其中包含的信息的过程称为"解读"。

人类使用的语言实质就是这样一套记录信息的符号规则集合，我们使用文字记录世界所发生的事件（信息），通过阅读文字（规则的逆向使用）获取数据中包含的信息。

使用数据符号可以在人与人之间传递信息，信息拥有者用数据符号（文字、语音、图片等）记录下信息，通过数据传输通道将数据传递给接收者，接收者对接收到的数据符号进行解读，就可以获取数据符号中包含的信息，从而实现了两个人之间的信息传递功能，该过程如图 1.2 所示。

人类历史的重大事件都与信息工程有关，例如，①语言的产生，使得人类拥有了信息交换的能力，个体获取信息的能力有了突破，所以语言的出现被称为"人类社会发展史上最重大的事件之一"。②在信息收集阶段，印刷术的发明大大降低了人类传递信息的成本，并且提升了信息传播速度。③在信息处理阶段，计算机的发明提高了人类信息处理的速度和质量。人类社会近几十年的发展速度如此惊人，与计算机的使用有直接关

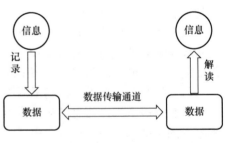

图 1.2　信息传递示意图

系。④在信息应用阶段，人工智能技术利用知识解决问题。人工智能技术的产生与发展使得我们可以在某些问题的解决中使用计算机处理数据获得的"知识"数据（规律）。

4）信息与数据的关系

在一般情况中，信息与数据并没有严格的区分。但是，从信息科学的角度来看，它们是不等同的。数据是信息的具体表现形式，是信息的载体；而信息是对数据进行加工（解读）得到的结果，它可以影响人们的行为、决策或对客观事物的认知。数据中包含着信息，对数据符号进行解读可以获取数据中包含的信息。

知识是人类社会实践经验的总结，是人的主观世界对于客观世界的概括和如实反映。

对大量信息在收集的基础上进行总结、归纳、演绎、推理等工作（都可以称为信息处理），可以获得事物运动的基本规律（在哲学中表述为规律是普遍客观存在的），在科学研究领域，将之称为"知识"，例如我们学习的数学定理、物理定律等。大量从事科学研究的科研人员就是要从世界万物的表象（容易获取的信息）挖掘出隐藏在其中的事物运动规律（知识）。信息经过加工、处理获得知识的过程如图 1.3 所示。

知识的作用表现为：如果我们准确掌握了知识（事物运动的规律），从一般意义上讲，我们就可以利用知识对事物的未来状态进行准确的"预测"，从而就可以根据预测结果，发挥人的能动性，调整自身的行为或者改变周围环境的状态，使得事物的变化向有利于人类的方向发展和变化。这是"信息价值性"的最一般性的反映和体现，是人类研究信息、使用信息的重要目的之一。

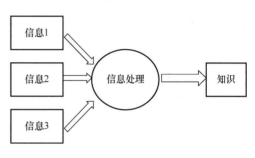

图 1.3　信息处理示意图

草船借箭的故事是知识运用的一个极佳案例。诸葛亮利用自己掌握的天文学知识，预测出了未来几天的大雾天气，所以设计了一个问题解决方案：利用草船引诱对方射箭，从而获得自己需要的十万支利箭。

2. 信息技术

技术是指利用掌握的理论知识，找到解决具体问题的方法。社会中大量的工程师和技术人员所从事的工作是解决具体工程问题，部分情况是在已有理论知识的指导之下探索最佳的解决方案，也有些情况是还没有成熟的理论体系，根据他们的经验（实际也是一些规律）获得可行的解决方案。

什么是信息技术？简单地说，信息技术是指人们获取、存储、传递、处理、开发和利用信息的技术。信息处理技术包括：

（1）传感技术（信息收集技术）；

（2）计算机技术（信息处理技术）；

（3）通信技术和网络技术（信息传递技术）。

信息技术主体层次是信息技术的核心部分，包括了信息存储技术、信息处理技术、信息传输技术以及信息控制技术。应用层次是信息技术的延伸部分。外围层次是信息技术产生和发展的基础。信息处理过程的每个环节都是由计算机直接或间接参与完成的。

1.1.2 系统与信息系统

1. 系统的概念

1）系统的含义

系统是指为了达到某种目的（实现某种功能）由若干相互联系、相互作用的部分（元素）组成的有机整体。对于系统概念的理解，应注意以下三点（也称为系统的三要素）：

（1）系统是由若干要素（部分、子系统）组成的；

（2）系统有一定的结构；

（3）任何系统都有特定的功能。

2）系统的特征

系统的特征包括整体性、目的性、层次性、相关性、环境适应性。

3）系统结构

系统结构指系统各组成要素之间的相互联系、相互作用或秩序。

2. 信息系统

信息系统（广义）：是对信息进行采集、加工、处理、存储和传输，并能向有关人员提供有用信息的系统。

信息系统（狭义）：是基于计算机技术、网络互联技术、现代通信技术和各种软件技术、各种理论和方法于一体，通过对数据资源及时、正确地收集、加工、存储、传递，为用户提供信息服务的人机系统。一般性的信息系统结构如图 1.4 所示。

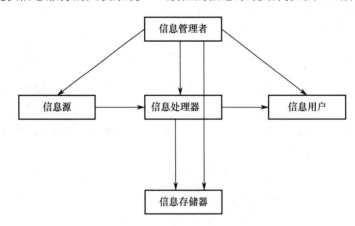

图 1.4 一般性的信息系统结构

1.1.3 信息经济与信息社会

信息社会也称为信息化社会，是指以信息活动为社会发展的基本活动的新型社会形态。

在信息社会中，信息成为与物质和能源同等重要的第三资源，网络已成为人们生活的基础条件。

以信息的收集、加工、传播为主要经济形式的信息经济在国民经济中占据主导地位。信息经济为主导经济形式，信息技术为物质和精神产品生产的技术基础。

信息文化导致了人类教育理念和方式的改变，导致了生活、工作和思维模式的改变，也导致了道德和价值观念的改变。

1.2 计算机与计算机系统

1.2.1 计算机概述

1. 计算机的本质

简单来说，计算机就是一台数据运算（处理）机，其逻辑功能示意图如图 1.5 所示，即对获得的数据进行加工处理，输出运算处理结果。

2. 可计算性理论

1）计算的概念

计算，可以说是人类最先遇到的数学课题，并且在漫长的历史年代里，成为人们社会生活中不可或缺的工具。那么，什么是计算呢？直观地看，计算一般是指运用事先规

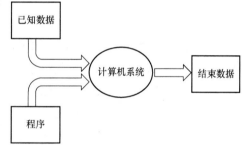

图 1.5　计算机逻辑功能示意图

定的规则，将一组数值变换为规则对应的另一数值的过程。对某一类问题，如果能找到一组确定的规则，按这组规则，当给出这类问题中的任一具体问题后，就可以完全机械地在有限的步骤后求出结果，则说明这类问题是可计算的。这种规则就是算法，这类可计算问题也可称为存在算法的问题。这就是直观上的能行可计算或算法可计算的概念。

早期人类的运算本质是对事物运动变化规律的总结，将之定义为一套运算法则；人类所做的计算工作是指数据在运算符的操作下，按照规则进行数据变换。其一般性目的是利用自身掌握的规律对事物（过去或未来）状态的求解。人类设计的计算机能够按照与人类相同的运算规则对数据进行运算，得到的数据结果与人类自己运算的结果是一致的，可以说我们"教会了"计算机各种运算的法则，它能够代替人类去完成各种各样的数据运算任务。

有时虽然人们知道了计算的规则，但是因为计算过于复杂，超过了人的计算能力，所以无法计算得到结果。这个问题有两种解决方法：

（1）通过数学上的规则推导，获得等效的计算方法，从而完成计算；

（2）设计简单的规则，让机器重复执行，进行自动计算。

对于第二种情况，使用计算机就可以解决人类难以完成的数据处理工作，并且因为

计算机的高速性能，大大提高了数据处理的效率。

2）自动计算需要思考和研究的问题

（1）是不是所有的问题都可以通过自动计算来解决？

（2）可计算问题的计算代价有多大？

（3）如何实现自动计算？

（4）如何方便有效地利用计算系统进行计算？

（5）如何使计算"无所不能""无所不在"？

3．第一台电子计算机的诞生

1946 年 2 月 15 日，世界上第 1 台电子计算机 ENIAC（Electronic Numerical Integrator And Computer）在美国诞生，ENIAC（如图 1.6 所示）意为"电子数字积分计算机"。它的研制者是宾夕法尼亚大学教授莫奇利和埃克托。第 1 台计算机的研制完全是出于军事上的需要，早在 1943 年，莫奇利和埃克托领导的课题组在美国陆军军械部的支持下，开始了他们的工作，经过两年多时间的不懈努力，在阿伯丁弹道实验室，于 1945 年底基本完成。

图 1.6　ENIAC

第 1 台电子计算机采用电子管作为基本部件，全机共使用电子管 18000 个，它可进行每秒 5000 次加法运算，使当时用机械计算机需要 7～20 小时才能计算出一条发射弹道的工作量减少到了 30 秒，把科学家们从烦琐的计算工作中解放出来。

20 世纪 40 年代末又出现了 EDVAC（the Electronic Discrete Variable Automatic Calculator）计算机，它的研制者是著名的现代电子计算机先驱——美籍匈牙利数学家冯·诺依曼。它首先采用了"存储程序"的工作原理，并以二进制数表示数据，开创了计算机历史的里程碑。今天的计算机都采用了这种体系结构，因此称之为"冯·诺依曼式"计算机。

今天，各种各样的计算机相继出现，但无论其品种怎样繁多，根据计算机所采用的物理器件的不同，一般都把电子计算机的发展分为电子管、晶体管、集成电路、大规模和超大规模集成电路4代，目前正在研制"新一代计算机"。

（1）第1代电子计算机（1946—1957年）

这个时代的计算机主要采用电子管作为算术和逻辑运算元件。主存储器采用磁鼓或延迟线。外存储器使用纸带、卡片、磁带等。运算速度为每秒几千次至几万次。在软件方面，计算机使用机器语言或汇编语言编写程序。电子管的特点导致计算机体积大、耗电量高、价格昂贵，它主要是为军事和国防尖端技术而研制的，应用于数值计算领域。

（2）第2代电子计算机（1958—1964年）

这个时代的计算机采用的算术和逻辑运算元件被替换为晶体管。主存储器采用磁性材料制成的磁芯存储器。外存储器使用磁带、磁盘。计算速度提升为每秒几十万次。软件使用操作系统，并出现了FORTRAN、COBOL等高级语言。

第2代电子计算机采用晶体管，具有体积小、重量轻、成本低、寿命长、速度快、耗电量低的特点。它不仅使用在军事和尖端技术上，而且在气象、数据处理、事务管理等领域都得到了应用。

（3）第3代电子计算机（1965—1970年）

这个时期的计算机采用小规模集成电路（SSI）、中规模集成电路（MSI）作为逻辑元件。集成电路的构想：通过在同一材料（硅）块上集成所有元件，并通过上方的金属化层连接各个部分，自动实现复杂的变换。这样就不再需要分立的独立元件，避免了手工组装元件、导线的步骤。

第3代计算机采用半导体存储器作为主存储器。运算速度提高到每秒几十万次到几百万次。软件方面操作系统更加完善，出现了分时操作系统和交互式高级语言。在存储器和外部设备上都使用了标准输入/输出接口，结构上采用标准组件组装，使得计算机的兼容性好、成本降低、应用范围扩大到工业控制等领域。

（4）第4代电子计算机（1971年至今）

逻辑元件开始采用大规模集成电路（LSI）、超大规模集成电路（VLSI）（集成度可达到 1000～100000 个或更多）。主存储器采用集成度更高的半导体存储器。外存储器除广泛使用软、硬磁盘外，还可使用光盘。运算速度可达每秒几百万次至上亿次。软件方面发展了数据库系统、分布式操作系统。高级语言发展为数百种，各类丰富的软件使这一代计算机得到了更加广泛的应用。外部设备丰富多彩，输入/输出设备品种多、质量高。网络通信技术、多媒体技术及信息高速公路使世界范围内的信息传递更加方便快捷。

第4代电子计算机在系统结构方面发展了并行处理技术、多机系统、分布式计算机系统和计算机网络系统，出现了一批高效而可靠的计算机高级语言，如 Python、Java、C++等，数据库系统及软件工程标准化进一步发展和完善，已开始进行模式识别和智能模拟的研究，计算机科学理论的研究已形成系统。

4．计算机的分类

计算机种类繁多，根据机器处理的对象划分，计算机可分为模拟计算机、数字计算机和混合计算机；根据用途划分，计算机可分为专用计算机和通用计算机；而根据规模和处理数据能力划分，计算机可分为巨型机、大型机、中型机、小型机、微型机。

1）巨型机

巨型机即超级计算机，是计算机中功能最强、数值计算能力和数据处理能力最大、运算速度最快、价格最昂贵的计算机。巨型机多数采用并行处理的体系结构，由数以万计的 CPU 组成，处理速度达到每秒亿亿次以上，我国研制的"神威·太湖之光"运算速度达 9.3 亿亿次。巨型机的研制水平、生产能力及其应用程度已成为衡量一个国家经济实力和科技水平的重要标志。

2）大型机、中型机

大型机、中型机的特点：通用性强、运算速度快、存储容量大、可靠性和安全性好、软件丰富等，主要应用于科学计算、银行业务、大型企业管理等。

3）小型机

小型机可以满足部门性的要求，为中小型企事业单位所采用。多数学校、银行机构、网站服务器都使用小型机来完成数据处理工作，很多企业都有自己的小型机系列产品，如惠普公司的 HP2100 系列、国产浪潮集团的天梭 K1910 小型机系列等。

4）微型机

微型机也称为微型计算机，简称微机，随着微型计算机的出现和发展，掀起了普及计算机的浪潮。微型计算机于 1971 年问世，微型计算机经历了几代变迁，目前微型计算机的迅速发展使计算机技术迅速渗透到社会生活的各个领域。

5．计算机的特点及应用

1）计算机的特点

电子计算机与过去的计算工具相比具有以下特点。

（1）运算速度快

由于电子计算机的电控工作方式，计算机的每次运算就是电子开关的一次"开关"的动作，所以运算速度达到了人类不可比拟的程度，从最早的 ENIAC 每秒 5000 次运算，到当代的超级计算机已能达到每秒进行亿亿次运算的速度。这是区别与其他运算工具的最主要的特点，它在很多领域可以帮助人类完成原本不可能完成的计算任务。

（2）计算精确度高

计算机可以采用增加二进制位数来获得更高的计算精度，再加上运用计算技巧，使得数值计算越来越精确；计算机中也同时使用一些数据校验（如经典的奇偶校验）技术，可以使得运算结果准确度更高，错误率几乎可以忽略。

（3）存储容量大有很强的记忆功能

计算机系统有存储子系统，可以存储大量的数据。目前，常用普通微型计算机内存容量可达到几 GB，专业服务器内存甚至可达到几百 GB；硬盘的容量已达到几十 TB 级别，再加上其他种类的外存储器，存储容量已达到海量；再利用计算机网络系统，计算机间可以共享资源，利用这些数据计算机可以"挖掘"知识，帮助人类解决各种问题。

（4）具有逻辑判断功能

逻辑运算是计算机模拟人类的判断、推理规则而定义的一套运算，电子计算机既可以进行算术运算又可以进行逻辑运算，它可以对文字、符号、大小、异同等进行判断和比较，利用计算机可以进行逻辑推理和证明，从而极大地拓宽了计算机的应用范围。常用的逻辑运算规则有以下几种。

① 非运算（NOT）

$$\overline{1}=0 \qquad\qquad \overline{0}=1$$

这里的 0 表示逻辑中的"假"，1 表示逻辑中的"真"，分别表示逻辑中的某个条件的成立与否。"非"运算对应人类的逆向思维方式，成语"塞翁失马，焉知祸福"就是一个经典的案例，有名的"鞋子销售员"的故事，大家可以从中受到启发。在生活和工作中正确使用逆向思维可以解决很多"难题"。

② 与运算（AND）

$$0\wedge0=0 \qquad 0\wedge1=0 \qquad 1\wedge0=0 \qquad 1\wedge1=1$$

对应人类推理中的一类情况：只有当部分条件全部成立时，整体结论才可以成立，对应语言中的要求：第一个条件满足"并且"第二个条件也满足。与此逻辑关系对应的案例是物理中的串联电路问题，即整个电路的导通与否与两个灯泡的正常与否之间的因果关系。

③ 或运算（OR）

$$0\vee0=0 \qquad 0\vee1=1 \qquad 1\vee0=1 \qquad 1\vee1=1$$

对应人类推理中的另一类情况：只要部分条件有一个成立时，整体结论就可以成立，对应语言中的要求：第一个条件满足"或者"第二个条件也满足。与此逻辑关系对应的案例是物理中的并联电路问题，即整个电路的导通与否与两个灯泡的正常与否之间的因果关系。

④ 异或运算（XOR）

$$0\oplus0=0 \qquad 0\oplus1=1 \qquad 1\oplus0=1 \qquad 1\oplus1=0$$

异或逻辑体现了"负负得正"的规律，两个数字相乘，它们乘积结果的正负号和两个乘数的正负号之间就符合异或的规律。很多生活和工作问题中存在类似规律性，如何合理搭配组合元素，取得正向的良好结果，也是技术性问题。

（5）具有自动运行能力

采用"冯·诺依曼"思想的计算机系统，其计算机内部操作运算都是按照事先编写并存储的程序自动进行的，程序运行过程中不需要人来进行干预，计算机内部有一个程序计数器（PC），计算机执行完一条指令后，它可以自动加 1，从而读取下一条指令。可以想象一下"机关枪"的工作原理，一发子弹击发后，子弹自动上膛。这一特点是计算机与计算器之间本质上的区别所在。

（6）通用性强

计算机指令系统丰富，包括多种数据运算指令，可以对各种类型的数据进行处理，再加上可以按照需求为计算机安装不同的软件，这就使计算机具有极强的通用性，能应用于各个科学领域并渗透到社会生活的各个方面。

2）计算机的应用领域

电子计算机的出现是人类历史上的一个重大里程碑，计算机在人类生活和工作的应用遍及到社会生活的各个方面，帮助人们在信息收集、信息处理和信息应用各个方面提高效率，使得人类对信息资源的使用更为全面、深入，对社会的高速发展起到了重要作用。计算机的应用领域概括起来主要有以下几个方面。

（1）科学计算（Scientific Computation）

科学计算又称数值计算，是电子计算机的原始应用领域之一。航天技术、原子能研究、生物工程等科学领域都有大量而复杂的数值计算需要计算机来处理。通常科学计算的过程包括建立数学模型、建立求解的计算方法和计算机实现 3 个阶段。天气预报、弹道导弹拦截等都是这一方面应用的典型案例。

（2）信息处理（Information Processing）

信息处理是把各种数据输入计算机中进行加工、计算、分类和整理。计算机的主要工作是对数据进行管理和使用。例如，管理信息系统（Management Information System，MIS）是收集和加工系统管理过程中的有关信息，为管理决策过程提供帮助的信息处理系统。企业和单位中的人事信息管理、仓储管理、超市货物管理等都是典型的信息处理应用，后期出现的数据库系统更是把这种应用发展到了一个新的专业高度，信息处理是计算机最广泛的应用领域。

（3）过程控制

过程控制又称实时控制，指用计算机及时采集检测数据，按最佳值迅速地对控制对象进行自动控制或自动调节，主要用于工业控制领域，尤其是使用计算机对产品流水线管理与控制实现工业自动化，是未来的一个应用热点。

（4）计算机辅助系统

计算机辅助系统属于典型的人机合作，良好地结合了人的"能动性"和计算机的"规范性"工作，两者互为补充，优势互补，实现"双赢"目标。具体的方向有以下几个。

计算机辅助设计（Computer Aided Design，CAD）是指用计算机帮助设计人员进行设计工作，广泛用于建筑设计、机械设计、广告设计等工作领域。

计算机辅助制造（Computer Aided Manufacturing，CAM）是指利用计算机通过各种数值控制机床和设备，自动完成产品的加工、装配、检测和包装等制造过程。

计算辅助教学（Computer Assisted Instruction，CAI）是指利用计算机让其与学生对话的方式来实现对学生的教学。在 CAI 中，对话是在计算机指导程序和学生之间进行的。CAI 可根据个人特点进行教学，具有教学形象直观且适用于各种课程、各种年龄和任何水平的人的特点。由于计算机昼夜可用，学生通过形象直观的画面很快理解所学的内容，可以说是最称职的辅导教师。目前，市场上有丰富的 CAI 软件可供选择，如洪恩英语采用了很好的多媒体手段来辅助教学。

计算机集成制造系统（Computer Integrated Manufacturing System，CIMS）目前在制造业中主要完成：

① 过程控制，计算机用于处理连续流动的物质；

② 生产控制，计算机用于监督、控制和调度装配线上的操作；

③ 数值控制，计算机用于使机床按所要求的规格自动生产。

（5）人工智能

人工智能（Artificial Intelligence，AI）又称智能模拟，是用计算机系统模仿人类的感知、思维、推理等智能活动。人工智能是探索计算机模拟人的感觉和思维规律的科学，是在控制论、计算机科学、仿真技术、心理学等学科基础上发展起来的边缘学科。人工智能研究和应用的领域包括模式识别、自然语言理解与生成、专家系统、自动程序设计、定理证明、联想与思维的机理、数据智能检索等。例如，用计算机模拟人脑的部分功能进行学习、推理、联想和决策；模拟医生给病人诊病的医疗诊断专家系统；机械手与机器人的研究和应用等。

（6）计算机网络与通信

计算机网络与通信利用信息通信技术，将不同地理位置的计算机互联，可以实现世界范围内的信息资源共享，并能交互式地交流信息。互联网的建立和应用使世界变成了一个"地球村"，同时深刻地改变了我们的生活、学习和工作方式。

（7）多媒体技术应用系统

多媒体是指利用计算机、通信等技术将文本、图像、声音、动画、视频等多种形式的信息综合起来，使之建立逻辑关系并进行加工处理的技术。

（8）系统仿真

系统仿真是利用模型来模仿真实系统的技术，可以建立一个数学模型，应用一些数值计算方法，把数学模型变换成可以直接在计算机中运行的仿真模型。仿真模型可以了解实际系统或过程在各种因素变化的条件下，其性能的变化规律。例如，将反映自动控制系统的数学模型输入计算机，利用计算机研究自动控制系统的运行规律；利用计算机进行飞机模拟训练、航海模拟训练、发电厂供电系统模拟等。

（9）电子商务

电子商务是指采用数字化电子方式，借助计算机网络进行商务数据交换和开展商务业务的活动，它能够提高效率、降低成本、提升客户满意度。

6．计算机的发展趋势

目前计算机的发展方向主要是巨型化、微型化、网络化、智能化。

1）巨型化

巨型机指不断研制速度更快的、存储量更大的和功能更强大的计算机。巨型机是为适应尖端科学技术发展的需要而开发研制的高速度、大容量的高性能电子计算机，有极强的运算处理能力，可以解决需要高速、海量数据处理的问题，例如，天气预报工作，越早计算出结果对我们价值越大；导弹拦截问题，能够早一秒预测出导弹的运动轨迹就更有可能拦截成功。巨型机的研制水平是代表一个国家科技水平和经济实力的重要标志。我国自主研制的超级计算机"神威·太湖之光"运算速度可达 9.3 亿亿次，当时位列排行榜第 4 名。

2）微型化

与"巨型化"的趋势相对应，随着超大规模集成电路技术的不断发展，我们可以制造出体积大大缩小的计算机，出现了笔记本电脑以及像掌上电脑这样的微型计算机。现在微型计算机的某些性能已经达到或超过早期巨型机的水平。微型计算机体积小、方便携带，价格便宜，实用性好。

3）网络化

结合通信技术和计算机技术，大量的独立计算机构成一个可以资源共享的计算机网络，可以充分发挥各个计算机中的数据资源的效能；进一步研究的分布式系统技术，可以把整个网络虚拟成一台空前强大的一体化信息系统，犹如一台巨型机，在动态变化的网络环境中，实现运算资源、存储资源、数据资源、信息资源、知识资源、专家资源的全面共享，从而让用户从中享受可灵活控制的、智能的、协作式的信息服务，并获得前所未有的使用方便性和超强数据处理能力。所以计算机的网络化是一个必然的发展趋势。

4）智能化

智能化是要求计算机具有模拟人的思维和感觉的能力，能够理解自然语言，具有自适应性，自主完成复杂功能。与原有的依靠执行人类编写的程序完成"相对固定"的数据处理工作的计算机相比，新一代计算机所要实现的目标包括：自然语言的生成与理解、模式识别、自动定理证明、自动程序设计、专家系统、学习系统、智能机器人等。

未来的计算机将在结构形式和元器件上有一次较大的飞跃，将是微电子技术、光学技术、超导技术和电子仿生技术等新技术的产物。第一台超高速全光数字计算机，已由英国、比利时、德国、意大利和法国的 70 多名科学家和工程师合作研制成功，并称为光脑。

新一代计算机将是能够进行语言理解、问题思考和逻辑推理的智能计算机，计算机应用进入知识处理阶段。知识是人类在社会实践中积累起来的经验，而知识处理就是在把人类知识的整体与计算机系统的技术相结合的基础上，开展对知识的建构与分类、知识的获取与存取、知识的预测、知识的传输与转换、知识的表示与管理、知识的利用、知识的扩展及学习机制等问题进行研究。

未来计算机的主体将是神经网络计算机，其线路结构模拟人脑的神经元联系，用光材料和生物材料制造出具有模糊化和并行化的处理器，可以在知识库的基础上处理不完整的信息。

1.2.2　计算机中的数制与编码

计算的本质是从一个符号串到另一个符号串的转换，运用计算机完成各种计算任务，首先要解决的问题是如何在计算机里表示各类要处理的数据。莱布尼茨曾经预言，可以用二进制数来表示宇宙万物，而现在计算机就是用了二进制数来表示一切信息。现实世界的各种信息（数值数据和非数值数据）都要转换为二进制代码，才可以输入计算机中进行存储和处理，计算机之所以能够区分不同的信息，是因为它采用不同的编码规则。二进制并不符合人们日常生活中的习惯，但是在计算机内部为什么要采用二进制数表示各种信息呢？主要原因有以下几点。

（1）在物理上实现容易：在计算机中制造出一个具有两种状态的电子原件比制造出一个能够呈现出 10（十进制）种状态的原件要容易得多，例如，一个灯泡可以有

"亮"和"不亮"两种状态，如果需要制作出有 10 种不同状态的灯泡难度就大多了。

（2）保存和传输可靠：如果两种状态差异比较大，那么保存和传输中的可靠性就要高得多，以传输电信号来说，通常用 5V 电压表示"1"，0.3V 电压表示"0"，传输过程中由于电阻的影响可能导致电压变低，但还是容易区别出两种状态。

（3）运算简单：二进制的运算法则比较简单（可参见后面部分）。

（4）方便使用逻辑代数工具：计算机二进制中的"0"和"1"也可以被作为逻辑量进行逻辑运算，从而解决某些使用计算法则不容易解决的数据处理问题，可以带来意想不到的效果，例如，利用"逻辑与"运算可以将数字的一部分保留，而另一部分置为 0。

1. 数制与进位计数制

1）数制的概念

数制：从字面的意思可以理解为记录数字的制度，也称为记数法。数制是指人们利用符号来记录事物数量信息的一套科学方法。数字属于前面我们学习的数据的一种。人类历史上的计数法种类繁多，从原始社会的结绳记数，发展到用不同的器物来表示不同数量信息，到后来的符号记数（用不同的数字符号表示不同数量概念），感兴趣同学可以自行搜索。

关于"记数"和"计数"这两个概念，从本质上讲是不同的，我们在日常使用中不用很严格区分它们，在本书中我们按照多数情况的一般习惯，使用"计数"这一术语。

进位计数制：属于计数方法的一个种类，这类方法是按一定进位规则进行计数的方法。此类方法有符号数量少、规则简单的特点，所以成为主流计数法。在进位计数制中，有以下两个重要概念。

（1）基数

基数指某数制中所使用的全部数字符号的个数，例如：

十进制数：有 0、1、2、3、4、5、6、7、8、9 十个数字符号，基数是十，进位规则是逢十进一；

二进制数：有 0、1 两个数字符号，基数是二，进位规则是逢二进一；

八进制数：有 0、1、2、3、4、5、6、7 八个数字符号，基数是八，进位规则是逢八进一；

十六进制数：有 0~9，A、B、C、D、E、F 十六个符号，基数是十六，进位规则是逢十六进一。

（2）位权

处在不同位置上的数字符号所代表的数量的"级别"不同，一个数字在某个固定位置上所代表的"值级"是固定的，这个固定位置上的"值级"称为"位权"。在进位计数制中，"位权"与基数的关系是：各进位计数制中不同位置的"位权"的值是该计数制基数的若干次幂。也就是说，相邻两个位置的"位权"比值是固定的，或者说某种进位计数制的"位权"是一个等比数列，这个比值就是该数制的基数（这不是一种巧合，两者之间的关系大家可以思考）。因此，任何一种进位计数制表示的数字都可以写成按"位权"展开的多项式之和的形式。

例如，下列数制的按权展开式为：

十进制数：$678.34 = 6 \times 10^2 + 7 \times 10^1 + 8 \times 10^0 + 3 \times 10^{-1} + 4 \times 10^{-2}$；

二进制数：$(101101.11)_2 = 1 \times 2^5 + 0 \times 2^4 + 1 \times 2^3 + 1 \times 2^2 + 0 \times 2^1 + 1 \times 2^0 + 1 \times 2^{-1} + 1 \times 2^{-2}$；

八进制数：$(456.7)_8 = 4 \times 8^2 + 5 \times 8^1 + 6 \times 8^0 + 7 \times 8^{-1}$；

十六进制数：$(4EF.AB4)_{16} = 4 \times 16^2 + 14 \times 16^1 + 15 \times 16^0 + 10 \times 16^{-1} + 11 \times 16^{-2} + 4 \times 16^{-3}$。

2）数制的表示方法

为了区别使用各种不同数制记录的数字，通常采用在数字后面加写相应的英文字母或在括号外面加下标的方法来加以区分。

二进制数：用 B（Binary）表示，如二进制数 101 可写成 101B 或$(101)_2$；

八进制数：用 O（Octal）表示，如八进制数 437 可写成 437O 或$(437)_8$；

十进制数：用 D（Decimal）表示，如十进制数 486 可写成 486D 或$(486)_{10}$；

十六进制数：用 H（Hexadecimal）表示，如十六进制数 28F6 可写成 28F6H 或$(28F6)_{16}$。

通常，无后缀的数字为十进制数。

2．各种数制之间相互转换

使用不同数制来表示数字就好像我们用不同语言的文字符号去表示同一个"信息"，例如中文"老虎"和英文"tiger"，符号不同，所表示的信息是相同的，可以理解为数学领域的不同"语言"。在实际工作中，为了对不同数制的数字进行比较或运算，通常需要将数字由一种数制表示转换为另一种数制表示。不同数制之间的转换是一种等值转换，即两种数制的两个数字表示的数学量是相等的，所以可以使用数学的等号"="连接。

计算机内部采用二进制，人们通常习惯使用十进制，因此在使用计算机进行数据处理时需要把人收集到的十进制数据转换成计算机可以使用的二进制数据；在计算机输出运算结果时，为了让用户能够理解，又需要把计算机中的二进制数据转换为用户习惯的十进制数据。这种数制转换工作在计算机内部频繁进行。我们将通过本部分内容的学习了解数制转换的原理和基本方法，实际的转换工作大部分时候都是由我们计算机系统中的输入和输出设备来自动完成的。

1）"任意进制"数（用 R 表示）转换为十进制数

根据进位计数制的定义，一串符号表示的数值是所有符号表示的数值之和，而每个符号所表示的数值是由这个符号的值和其所在位置的"位权"共同决定的（此处位置是以小数点为标准），所以可直接采用按权相加法：把 R 进制数每位上的"位权"与该位上的数码相乘，然后求和，即得到要转换的十进制数。例如：

$(1011.11)_2 = 1 \times 2^3 + 0 \times 2^2 + 1 \times 2^1 + 1 \times 2^0 + 1 \times 2^{-1} + 1 \times 2^{-2} = 8+2+1+0.5+0.25 = (11.75)_{10}$

在将八进制数、十六进制数转换成十进制数时同样采用数码乘"位权"的方法。

例如：$(14.1)_8 = 1 \times 8^1 + 4 \times 8^0 + 1 \times 8^{-1} = (12.125)_{10}$；

$$(3F.A)_{16}=3\times16^1+15\times16^0+10\times16^{-1}=(63.625)_{10}。$$

2）十进制数转换为 R 进制数

根据进位计数制的定义，将一个十进制数转换为 R 进制数，实际是需要将该十进制数拆解为如下形式：

$$(12)_{10}=1\times2^3+1\times2^2+0\times2^1+0\times2^0$$

然后根据定义就可以写出该数字的 R 进制形式为 $(1100)_2$。

为了方便完成这个工作，有人给出了一种直观的方法：在将十进制数转换成 R 进制数时，需对整数部分和小数部分进行分别处理。

例如：把 $(90)_{10}$ 转换为二进制数。

（1）十进制整数转换为二进制整数的方法：除 2 取余法，即用 2 不断地去除要转换的十进制数，直到商为 0。第一次除以 2 所得余数是二进制数的最低位，最后一次除以 2 所得余数是二进制数的最高位。

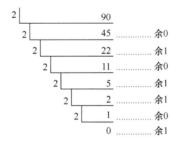

所以，90D＝1011010B，同理可以得出：90D＝5AH。

这个过程的数学分析如下：

$$90=45\times2+0=45\times2+0\times2^0 \quad（这个斜体的 0 是第一个余数）$$
$$=（22\times2+1）\times2+0\times2^0=22\times2^2+1\times2^1+0\times2^0$$
$$=（11\times2+0）\times2^2+1\times2^1+0\times2^0=11\times2^3+0\times2^2+1\times2^1+0\times2^0$$
$$……$$
$$=1\times2^6+0\times2^5+1\times2^4+1\times2^3+0\times2^2+1\times2^1+0\times2^0（斜体表示余数）$$

看完这个数学分析过程，我想你应该很容易理解为什么第一个余数 0 要写在二进制数的最后一位了。

（2）十进制小数转换为二进制小数的方法：乘 2 取整法，即用数字 2 连续乘被转换的十进制数的小数部分，每次相乘后，所得乘积的整数部分就为对应的二进制数。第一次乘积所得整数部分是二进制小数的最高位，其次为次高位，最后一次是最低位。

提示： 这种方法可能产生无法最后得到 0 的情况，一个十进制数可能无法精确地转换成 R 进制数，这就是"存储误差"，可根据要求保留若干位。一个具体例子如下：

```
    0 . 6 8 7 5
  ×         2
  ┌─┐
  │1│ . 3 7 5 0    ……取整数 1
  └─┘
  ×         2
```

$$\boxed{0}\ .\ 7\ 5\ 0\ 0 \quad \cdots\cdots 取整数 0$$
$$\times \quad\quad 2$$
$$\boxed{1}\ .\ 5\ 0\ 0\ 0 \quad \cdots\cdots 取整数 1$$
$$\times \quad\quad 2$$
$$\boxed{1}\ .\ 0\ 0\ 0\ 0 \quad \cdots\cdots 取整数 1$$

所以$(0.6875)_{10}=(0.1011)_2$，从而有$(98.6875)_{10}=(1100010.1011)_2$。

十进制数转换成八进制数、十六进制数可相应采用除八、十六取余（对整数部分），乘八、十六取整（对小数部分）的方法。小数部分的数学分析原理与前面的整数部分基本一致，这里就不再给出数学分析过程，感兴趣同学可自行推导。

3）二进制数、八进制数、十六进制数之间的转换

（1）二进制数与八进制数之间转换。把二进制数转换为八进制数时，以小数点为中心，分别向左、向右每 3 个二进制数划分为一组，不足 3 位用 0 补齐。按对应位置写出与每组二进制数等值的八进制数。例如：将二进制数 1101.1011 转换为八进制数。

$$\underline{001} \quad \underline{101} \quad . \quad \underline{101} \quad \underline{100}$$
$$\downarrow \quad\quad \downarrow \quad\quad \downarrow \quad\quad \downarrow \quad\quad \downarrow$$
$$1 \quad\quad 5 \quad\quad . \quad\quad 5 \quad\quad 4$$

即$(1101.1011)_2=(15.54)_8$，这个过程的数学分析如下：

$(001101.101100)_2=0\times2^5+0\times2^4+1\times2^3+1\times2^2+0\times2^1+1\times2^0+1\times2^{-1}+0\times2^{-2}+$
$\qquad\qquad 1\times2^{-3}+1\times2^{-4}+0\times2^{-5}+0\times2^{-6}$

$\qquad =(0\times2^5+0\times2^4+1\times2^3)+(1\times2^2+0\times2^1+1\times2^0)+(1\times2^{-1}+0\times2^{-2}+$
$\qquad\qquad 1\times2^{-3})+(1\times2^{-4}+0\times2^{-5}+0\times2^{-6})$ （3 个二进制数划分为一组）。

$\qquad =(0\times2^2+0\times2^1+1\times2^0)2^3+(1\times2^2+0\times2^1+1\times2^0)2^0+(1\times2^2+0\times2^1+$
$\qquad\qquad 1\times2^0)2^{-3}+(1\times2^2+0\times2^1+0\times2^0)2^{-6}$

$\qquad =(0\times2^2+0\times2^1+1\times2^0)8^1+(1\times2^2+0\times2^1+1\times2^0)8^0+(1\times2^2+0\times2^1+$
$\qquad\qquad 1\times2^0)8^{-1}+(1\times2^2+0\times2^1+0\times2^0)8^{-2}$

从以上数学分析过程中可以看出 3 个二进制数划分为一组的理论依据：二进制数的 3 个位置的"位权"之比恰好是八进制数的一个"位权"，一组中的三个二进制数转换为对应的八进制数时按照固定的 4-2-1"位权"计算即可。同时也要注意，补充的"0"的作用不是可有可无的。

当需将八进制数转换为二进制数时，是将上述过程逆执行，只要将每位"八进制"数用等值的 3 位二进制数替换就可以了。

例如：将八进制数 607.521 转换为二进制数。

$$\underline{6} \quad \underline{0} \quad \underline{7} \quad . \quad \underline{5} \quad \underline{2} \quad \underline{1}$$
$$\downarrow \quad \downarrow \quad \downarrow \quad \downarrow \quad \downarrow \quad \downarrow \quad \downarrow$$
$$110 \quad 000 \quad 111 \quad . \quad 101 \quad 010 \quad 001$$

用等式表示为：$(607.521)_8=(110000111.101010001)_2$，此过程一定要注意要保证"一

转三"，例如八进制数的"1"，一定要转换为二进制数的"001"，不能写为"1"，或者"01"，前面的两个"0"不可省略。

（2）二进制数与十六进制数之间转换

二进制数转换为十六进制数，与前面的二进制数与八进制数之间的转换原理相同，因为二进制数 4 个位置的"位权"比是 $2^4=16$，恰好相当于十六进制数的一个"位权"，所以转换时每 4 位二进制数可用一位十六进制数表示。数学分析过程与前面基本一致，此处略。

例如：将二进制数 10111101101.0100101 转换为十六进制数。

$$\underline{0101} \quad \underline{1110} \quad \underline{1101} \quad . \quad \underline{0100} \quad \underline{1010}$$
$$\downarrow \qquad \downarrow \qquad \downarrow \qquad \downarrow \qquad \downarrow \qquad \downarrow$$
$$5 \qquad E \qquad D \qquad . \qquad 4 \qquad A$$

所以有：$(10111101101.0100101)_2=(5ED.4A)_{16}$。

同理，十六进制数转换为二进制数，只需将一位十六进制数用等值的 4 位相应二进制数替换。

例如：将十六进制数 $(2BC.4F)_{16}$ 转换为二进制数。

$$\underline{2} \qquad \underline{B} \qquad \underline{C} \qquad . \qquad \underline{4} \qquad \underline{F}$$
$$\downarrow \qquad \downarrow \qquad \downarrow \qquad \downarrow \qquad \downarrow \qquad \downarrow$$
$$0010 \quad 1011 \quad 1100 \quad . \quad 0100 \quad 1111$$

所以有：$(2BC.4F)_{16}=(1010111100.00111111)_2$。

表 1.1 给出了十进制数、二进制数、八进制数、十六进制数之间关系的对照表。

表 1.1　常用进制数的表示法

十进制	二进制	八进制	十六进制	十进制	二进制	八进制	十六进制
0	0000	0	0	9	1001	11	9
1	0001	1	1	10	1010	12	A
2	0010	2	2	11	1011	13	B
3	0011	3	3	12	1100	14	C
4	0100	4	4	13	1101	15	D
5	0101	5	5	14	1110	16	E
6	0110	6	6	15	1111	17	F
7	0111	7	7	16	10000	20	10
8	1000	10	8	17	10001	21	11

3．数据存储的单位

计算机中所有数据信息都是以二进制编码形式表示的，所以计算机中表示数据量的多少使用的度量标准和我们的日常用语有很大的不同；基于二进制语言的特征，计算机中定义了一个概念：位（bit）读作"比特"，简记为英文小写字母 b，是二进制的一位数码，一个二进制的位只能表示 0 或 1 两种状态。

衡量存储器容量的最基本单位是字节（Byte），简记为英文大写字母 B。一个字节由八个二进制位组成，在计算机中可以存放一个西文半角字符，两个字节可以存放一个中文全角字符。存储器容量单位还有千字节（KB）、兆字节（MB）、吉字节（GB）、太字节（TB），计算机学科中的 K、M 的意义和我们数学、物理课程中意义不同，在计算机中它们定义为

$$1KB=1024B（2^{10}\ Byte） \qquad 1MB=1024KB（2^{20}\ Byte）$$
$$1GB=1024MB（2^{30}\ Byte） \qquad 1TB=1024GB（2^{40}\ Byte）$$

最近随着数据量的"爆炸式"增长，又出现了一批更大的表示数据数量的新单位，下面列出了其中的一个，更多的计算机容量单位感兴趣的同学可以网络搜索相关知识。

$$1PB=1024TB（2^{50}\ Byte）$$

4．计算机中数据的表示

计算机内部采用二进制语言，只识别 0、1 码，是二进制数字的形式，因而在计算机中对数字、字符及汉字等各种数据就要用二进制数字编码来表示，这就是二进制计算机的编码系统。也就是说，可参加运算的数值、文字、符号、图形、图像、音频、视频等信息，都是以 0 和 1 组成的二进制代码表示的。因为它们采用了不同的编码规则，所以计算机是可以区分不同信息的。

1）数字的编码与运算

（1）带符号数的表示方法

人类语言中的数字除了有正常的数码，还有小数点和数字正负号，而计算机中的二进制语言中是没有这两类符号的，所以在计算机中要表示人类语言中的数字，除了要考虑数字的值的问题，还要考虑如何表示出数字的正负性（正数还是负数），还要表示出数字中小数点的位置信息。计算机中的数字和其他类型的数据相比，编码时要考虑一个问题：数字需要进行数字计算（加、减、乘、除等），编码方案的选择必须要考虑计算的可行性和方便性。

① 数字的正负性表示与机器数

计算机中所有的信息都是以二进制形式存放的，数字也是使用固定长度的二进制编码表示的，为了使得该数字编码能够表示出数字的正负性，规定：参与运算的数的正负号也用编码中的一个二进制位表示。将参与计算的数称为"真值"，将正负号数字化，通常用数字编码中的最高位作为符号位，一般规定：符号位为"0"表示真值为正数，符号位为"1"表示真值为负数，在计算机中所表示此种数字的形式称为"机器数"，也就是数字的机器码。

② 数字的小数点位置表示——定点数和浮点数

在计算机中，为了表示出数字中小数点位置的不同，将数字分为定点数与浮点数。

定点数是小数点位置固定的数。一个数字的小数点位置固定，这样的数字就可以不用记录小数点的位置。通常，只有纯小数或整数才能方便地用定点数表示。对于既有整数部分又有小数部分的数，由于其小数点位置不固定，不能用定点数表示，而是用浮点数表示。

浮点数是小数点位置不固定的数，通常是既有整数部分又有小数部分。浮点表示法

一般是将该数字转换为科学计数法的形式：

$$N = M \times 2^E$$

其中，E 和 M 都是带符号的数，E 称为阶码，M 称为尾数。2 是数值的基数。在计算机中采用固定结构表示一个浮点数，其结构如下：

数符±	尾数 M	阶符±	阶码 E

尾数部分（定点小数）　　阶码部分（定点整数）

其中，尾数部分与阶码部分分别占若干二进制位（不同机器中的规定有所差异），究竟需要占多少个二进制位可以根据实际的需要以及数制的范围来确定。

例如一个普通的二进制数：$-(1101.01)_2$，可以写成：-0.110101×2^4，转换为二进制形式为 $-(0.110101)_2 \times 2^{100}$。

那么在计算机中就可以表示为浮点数：

1	110101	0	100

其中，前半部分描述了该数字的尾数部分（一个纯小数），后半部分（阶）描述了小数点的位置。这种方案将一个浮点数（小数点位置不固定）转换为用两个定点数（尾数和阶码）合二为一构成一个机器码表示，体现了工程中问题分解的基本思想，值得我们学习和思考。定点小数（尾数）与定点整数（阶）均是有符号的数，由于它们的小数点的位置固定，因此在对它们进行运算时不必考虑小数点的位置，只要区分是定点小数还是定点整数就可以了。

③ 二进制运算法则

为了理解后面的各种编码方案的优缺点，我们在这里简单介绍一下二进制运算法则，二进制运算法则是指在二进制中，数字进行运算的规则，与我们学习的十进制运算法则是类似的，正如我们前面提到的一样，运算法则不是人类的想象，而是对某种事物变化规律的总结和归纳。

一位二进制数的加法法则：0+0=0　　　　　1+0=1　　　　　0+1=1

1+1=（1）0　　（本位 0，向高位进 1）

实现一位二进制数加法功能的逻辑电路相关的知识，感兴趣的同学可以查阅学习"数字逻辑电路"课程，探究计算机深层的实现原理。

正如我们小学阶段学习的那样，有了一位数加法法则，多位数加法运算就很容易了：将两个数字按位置对齐后，逐位相加，再辅以进位运算就可以了。后面的各种运算也是相同的道理，就不再重复说明了。

一位二进制数的减法法则：0-0=0　　　　　1-0=1　　　　　1-1=0

0-1=（-1）1　　（本位 1，向高位借 1 当 2）

一位二进制数的乘法法则：

0×1=0　　　　1×0=0　　　　0×0=0　　　　1×1=1

一位二进制数的除法法则：

1/1=1　　　　0/1=0　　　　　　（0 不可以做除数）

从以上二进制运算法则，我们可以理解，为什么说二进制运算法则简单了（与十进制相比，二进制数的加法法则 4 条，而十进制数一位加法法则是 100 条）。这也是计算机采用二进制的原因之一，运算法则简单，意味着我们需要制造的运算电路逻辑更为简单，简单在一定程度上意味着更稳定、更高效。

（2）十进制数的编码

人们习惯使用十进制数，而计算机内部是以二进制形式运算的，因而输入时要将十进制数转换成二进制数，输出时要将二进制数转换成十进制数。这样便产生一个问题：在将十进制数输入计算机之后就要用二进制数表示。但是，在将十进制数所有位的数字输入完之前又不可能马上转换成完整的二进制数。为了解决这一矛盾，可以将十进制数中的每位数字用 4 位二进制进行编码。这种每位数字都用二进制编码来表示的十进制数称为二进制编码的十进制数，即 BCD 码。

十进制数有 0~9 十个不同的数字符号，用二进制数表示十进制数时，每位十进制数需要用 4 位二进制数表示。4 位二进制数能编出 16 种状态，其中 6 种状态是多余的，这种多余性便产生了多种不同的 BCD 码。使用最广泛的是 8421BCD 码，这种编码将十进制数中的一位数字直接用对应的二进制数代替。例如：$(287.11)_{10}$ 的 8421BCD 码为 001010000111.00010001。

除 8421BCD 码外，常用的 BCD 码还有 2421 码、5421 码、余 3 码、循环码等。十进制数与 8421BCD 码对应关系见表 1.2。

提示：表 1.2 中的 8421BCD 码与纯二进制数是有区别的。一个十进制数的 8421BCD 码并不等于该数的二进制，它只是一种表示十进制数的编码方案，如果只是存储十进制数，该编码方案是很好的，但如果需要对十进制数进行加、减、乘、除的运算，这种编码方案就明显不够方便。

2）文字的编码

（1）西文字符编码

字符数据包括各种运算符号、关系符号、货币符号、控制符号、字母和数字符号等。目前计算机普遍采用的字符编码是 ASCII（American Standard Code for Information Interchange）码，即美国国家信息交换标准代码，它已被国际标准化组织 ISO 采纳，作为国际通用的信息交换标准代码。

ASCII 码用 7 个二进制位表示一个字符，共有 128 个字符，其中有 95 个可打印字符、32 个不可打印和显示字符（通用控制符）、10 个十进制数码、52 个英文大写和小写字母以及 34 个专用符号，共有 128 个字符，所以用二进制数编码共需 7 位。通常采用 8 位二进制数表示一个字符的编码，ASCII 码使用其中的 7 位，最高位作为奇偶校验位使用，不加说明时，可认为最高位为 0。

表 1.2　十进制数与 8421BCD 码对应关系

十进制数	8421BCD 码	二进制数	十进制数	8421BCD 码	二进制数
0	0000	0000	3	0011	0011
1	0001	0001	4	0100	0100
2	0010	0010	5	0101	0101

十进制数	8421BCD 码	二进制数	十进制数	8421BCD 码	二进制数
6	0110	0110	12	00010010	1100
7	0111	0111	13	00010011	1101
8	1000	1000	14	00010100	1110
9	1001	1001	15	00010101	1111
10	00010000	1010	16	00010110	10000
11	00010001	1011	17	00010111	10001

为了使用更多的符号，操作系统采用了扩充的 ASCII 码，扩充的 ASCII 码用 8 位二进制数编码，共可表示 256 个符号，编码范围在 0000 0000～0111 1111 之间，即最高位为 0 的编码所对应的符号与标准的 ASCII 码相同，而 1000 0000～1111 1111 之间的编码定义了另外 128 个图形符号。标准 ASCII 码见表 1.3。

标准 ASCII 码的规律如下：

① 每 8 位二进制表示一个字符，最高位为 0；

② 26 个英文字母按字母顺序依次编码，大写字母 "A" ～ "Z" 的 ASCII 码为：41H～5AH；26 个小写字母 "a" ～ "z" 的 ASCII 码为：61H～7AH。

③ 10 个数字符号："0" ～ "9" 的 ASCII 码为：30H～39H。

可以看出，所有小写英文字母的 ASCII 码都大于（从数字角度）大写字母的 ASCII 码，并且两个大小写字母 ASCII 码之间的差都是 32（十六进制数为 20H）。

所有数字符号的 ASCII 码都小于字母的 ASCII 码。

表 1.3　标准 ASCII 码

十六进制	0	1	2	3	4	5	6	7	8	9	A	B	C	D	E	F
0	NUL	SOH	STX	ETX	EOT	ENQ	ACK	BEL	BS	HT	LF	VT	FF	CR	SO	SI
1	DLE	DC1	DC2	DC3	DC4	NAK	SYN	ETB	CAN	EM	SUB	ESC	FS	GS	RS	US
2	SP	!	"	#	$	%	&	'	(	)	*	+	,	-	。	/
3	0	1	2	3	4	5	6	7	8	9	:	;	<	=	>	?
4	@	A	B	C	D	E	F	G	H	I	J	K	L	M	N	O
5	P	Q	R	S	T	U	V	W	X	Y	Z	[	\	]	↑	↓
6	、	a	B	c	d	e	f	g	h	i	j	k	l	m	n	o
7	p	q	R	s	t	u	v	w	x	y	z	{			}	～	DEL

（2）汉字编码

计算机中汉字的表示也是用二进制编码，同样是人为编码。但是汉字的输入、存储、输出不能像西文字符一样只用一种编码即可。汉字在计算机中使用有许多困难，其原因主要有：数量庞大、字形复杂、存在大量一音多字和一字多音的现象。

因此根据应用目的不同，汉字在不同的处理阶段会有不同的编码，如在输入时有汉字输入码、进入计算机内表示处理时有汉字交换码、汉字内部码，打印、输出时有汉字字形码。

① 汉字输入码

输入汉字时使用的编码称为汉字输入码，也称为汉字外码（简称外码）。它的作用是使用键盘上的字母和数字来描述汉字。汉字输入码的编码要求是：应该易于学习和记忆，码长应尽可能短，重码应尽可能少。编码短、重码少可以加快输入速度。目前我国的汉字输入码编码方案已有上千种，主要分为 4 类：流水码（区位码、电报码）、音码（如全拼、双拼）、形码（如五笔）和音形结合码（如自然码）。其中由王永民先生发明的五笔字型输入法是根据汉字的特点，用汉字的偏旁部首来描述汉字的一种高效的输入法。例如：如果要输入汉字"靖"，根据五笔字型键盘字根（如图 1.7 所示），就可以在键盘输入字母"UGEG"。这种输入法需要记忆键盘字根表，难度较大，近几年使用的用户逐渐减少。

标准五笔字型简体字根键位图

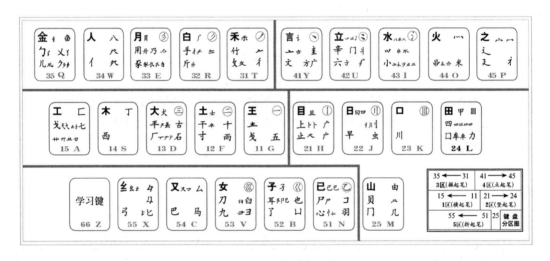

图 1.7　五笔字型键盘字根图

② 汉字交换码

为了适应汉字信息处理技术日益发展的需要，国家标准局于 1981 年发布了《中华人民共和国国家标准信息交换用汉字编码字符集·基本集》，简称 GB2312-80，这种编码称为国标码。在这个字符集中，共收入了汉字 6763 个，英、日、俄字母和图形符号 682 个，共计 7445 个汉字及符号等。汉字根据使用频度分为两级：一级汉字 3755 个，为常用字，按汉语拼音字母顺序排列，同音字以笔画顺序横、竖、撇、捺、折为序；二级汉字 3008 个，按部首排列。字母图形符号包括：一般符号 202 个、序号 60 个、数字 22 个、英文字母 52 个（大写 26 个、小写 26 个）、日文假名 169 个、希腊字母 48 个、俄文字母 66 个、汉语拼音符号 26 个、汉语拼音字母 37 个、制表符 76 个。

GB2312-80 规定，全部国标汉字及符号组成一个 94×94 的矩阵。在此正方形的矩阵中，每一行称为一个"区"，每一列称为一个"位"。这样，就组成了一个有 94 个区

（01~94 区），每个区内有 94 个位（01~94 位）的汉字字符集。"区码"和"位码"简单地组合在一起就形成了"区位码"。区位码可以唯一确定某一个汉字或符号，反之，任何一个汉字或符号都对应唯一的区位码。在区位码中，每个字符唯一对应一个 4 位的十进制数，没有重码。

③ 汉字内部码（机内码）

汉字内部码是计算机内处理汉字信息时所用的汉字代码，汉字内部码也称为机内码（内码）。汉字输入计算机后，计算机系统一般都会把各种不同的汉字输入编码在机内转换成唯一的机内码。在汉字信息系统内部，对汉字信息的采集、传输、存储、加工运算的各个过程都要用到机内码。根据汉字的数量需求和计算机实际规律（每次读写都以字节为基本单位），机内码选择使用两个字节长度的编码方案。

④ 汉字字形码

汉字信息用汉字输入码送入计算机，用机内码进行各种处理，处理后要将汉字信息以图形方式显示或打印出来，就要用到两种码：地址码和字形码。

地址码是指汉字字形信息在汉字库中存放的逻辑地址的编码。字形码是用来描述汉字图形的点阵信息的数字代码。汉字的输出分为打印输出和显示输出。为了输出各种不同的汉字和符号，在计算机的存储设备中必须装有庞大的汉字库。

目前，用的最多的是点阵字库，我国已颁布的有 16×16、24×24、32×32、48×48 点阵的字模标准。在一个 16×16 点阵中，一个汉字用 256 个点表示，每个点占一个二进制位，存储每个汉字要占用 32 个字节（256÷8＝32）。24×24 点阵的汉字要占用 72 个字节。目前屏幕上显示汉字，常用 16×16 点阵的字模，而普通打印常用 24×24 点阵的字模。点阵越大，字形质量也就越高。汉字"大"的点阵图和对应的字形码如图 1.8 所示。

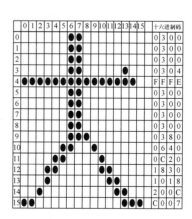

图 1.8　点阵图与字形码

整个汉字处理过程包括：通过汉字外码（汉字输入码）输入，以机内码存储，以汉字字形码输出，汉字处理过程示意图如图 1.9 所示。

（3）UCS/Unicode 编码

目的：统一的多文本处理环境，实现所有字符在同一字符集中统一编码。

优点：编码空间极大（4 字节），能容纳足够多的各种字符集（13 亿字符）。

缺点：4 字节的字符编码使存储空间浪费严重。

3）图形、图像编码

（1）图形：即矢量图形或几何图形，是用一组命令来描述，这些命令用来描述构成画面的直线、矩形、圆、圆弧、曲线等的形状、位置、颜色等各种属性和参数。

① 矢量图形的组织

图元：指一些形状简单的物体，如点、直线、曲线、圆、多边形、球体、立方体、矢量字体等。用一组命令和数学公式描述这些图元，包括它们的形状、位置、颜色等信息。用简单的图元可以构成复杂的图形，如图 1.10 所示。

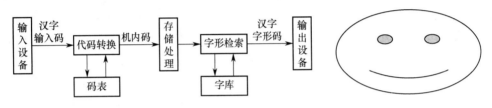

图 1.9　汉字处理过程示意图　　　　图 1.10　简单图元构成的图形

② 矢量图形的特点

矢量图形尺寸可以任意变化而不损失图像的质量，可以快速打印、可以屏幕显示，矢量图形文件较小、具有高度的可编辑性，但缺乏真实感。

（2）图像：通过描述画面中每一个像素的亮度或颜色来表示画面，也称为点阵图像或位图图像（Bitmap）。图像由许多像素组合而成，类似于前面的汉字字形码的原理，每个像素用若干二进制位来表示其颜色（也就是给图像中的每种颜色编排一个颜色代码）。如果是黑白图像，则只需要两个颜色代码，使用 1 位二进制即可：0 表示白色，1 表示黑色。如果是彩色图像，则需要根据图像需求的颜色种类来编排相应长度的二进制代码，例如：根据我们学过的二进制知识，如果二进制代码长度为 8 位，则最多的代码数量为 2^8=256 个（00000000～11111111）。同理，每个像素颜色代码所占二进制位数越多，则可表示出的色彩越丰富（种类越多），效果越逼真；当然图像文件的大小就越大了。

位图图像的色彩可采用 RGB 模式，即红、绿、蓝。例如：24 位颜色代码中从低位到高位分别用 1 字节表示蓝色、绿色和红色。红色代码为：FF0000H，绿色代码为：00FF00H，蓝色代码为：0000FFH，白色代码为：FFFFFFH，黑色代码为：000000H。

图像的数字化过程主要包括采样、量化、编码三步。计算机中的图像分为 X 行 Y 列的点阵，每个点用二进制数的编码表示其颜色，将所有像素点的二进制编码保存在一起就成为一个图像文件。

在图像颜色描述中，经常用到的一个概念是"图像颜色深度"，它是指组成该图像的所有颜色分量的位数之和，如 8 位或 24 位，即表达彩色的所有二进制位数。根据我们所学的二进制编码知识，我们可以知道：图像颜色深度决定该图像的最大颜色种类。

① 一张 24 位色、640 像素×480 像素的照片，有 2^{24}=16777216 种颜色，存储该照片大约需要 640×480×24 / 8B=921600B=900KB 的存储容量。

② 一张 24 位色、4288 像素×2848 像素的照片需要的存储容量为：4288×2848×24B=35778KB=34.94MB。

可见，存储一张图片，所占的存储空间还是很大的，以上面的②为例，34.94MB 的存储空间如果用来存储汉字（一个汉字在计算机内占 2 字节），可以存储上千万的汉字。

4）声音编码

声音又称音频，是人们用来传递信息、交流感情最方便、最熟悉的方式之一。自然界中声音是具有一定振幅和频率并随时间变化的模拟信号，信号体现为波形。电子计算机是不能直接存储、处理模拟信号的，必须先对其进行数字化。模拟信号转换为数字信号通过采样、量化、编码这三个过程实现。

采样是指按一定的频率，每隔一小段时间测出模拟信号的模拟量值。采样得到的数据只是一些离散值，这些离散值用计算机中的若干二进制数来表示，这一过程称为量化。采样频率越高，音质越好，存储数据量越大。采样精度越高，存储数据量越大，音质也越好。常见的采样频率有 22.05kHz、44.1kHz、48kHz。编码是用计算机内部的二进制编码来表示量化的声音数据，根据不同的需求，可以用 8bit、16bit、24bit 表示。图 1.11 描述了音频数据的编码过程，图 1.12 具体展示了采样和量化数据。

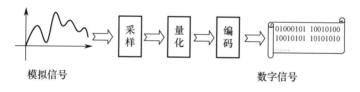

图 1.11 音频数据的编码过程

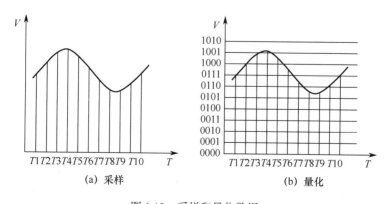

图 1.12 采样和量化数据

1.2.3　计算机系统的组成

基于冯·诺依曼基本思想：整个计算机系统通常由硬件系统和软件系统两部分组成，其中硬件系统是指构成计算机系统的物理实体或物理装置，而软件系统是指为了运行、维护、管理和应用计算机所编制的所有程序的集合，两者相辅相成，缺一不可。一般来讲，硬件系统速度快、成本高、不易调整功能；软件系统成本低、速度慢、便于修改和调整功能，两者各有优缺点，在整个计算机系统中，哪些功能用硬件系统实现，哪些功能用软件系统实现，这是计算机系统结构设计的一个重要工作，在具体的计算机系统中，情况会有不同。尤其是一些专用计算机，为了某些性能指标（如对浮点数矩阵运算速度）的超高要求，可能会单独增加矩阵运算的相关硬件系统。所以硬件系统和软件系统的划分并不是固定不变的。早期计算机中播放电影的功能就是由一个单独的"电影卡"硬件来完成的，现在的计算机中就变成了视频播放器软件。

1．硬件系统

计算机硬件指一些实实在在的有形物体，如组成计算机的机械的、磁性的、电子的物理装置。半个世纪以来，计算机虽然在性能上有了很大发展，但它的硬件系统基本构成与第 1 台计算机大同小异，都是由运算器、控制器、存储器、输入设备和输出设备 5大部分组成。硬件系统组成原理如图 1.13 所示。

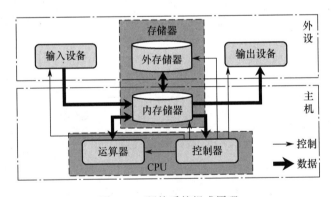

图 1.13　硬件系统组成原理

1）运算器

运算器（Arithmetic Logic Unit，ALU）是计算机中执行数据运算功能的器件。运算器负责对数据进行加工和运算，它的运算速度在很大程度上决定了整个计算机系统表现出的整体运算速度。运算器除可以进行算术运算（加、减、乘、除）和逻辑运算（与、或、非等）外，还可以进行数据的比较、移位等操作。参加运算的数（称为操作数）由控制器指示从存储器或寄存器中取出到运算器。运算器由算术逻辑运算单元、寄存器和控制门等组成。寄存器用来提供参与运算的操作数，并存放运算的结果。

2）控制器

控制器（Controller）从内存储器中顺序取出指令，并对指令代码进行翻译，然后向各个部件发出相应的命令，完成指令规定的操作。控制器是指挥和控制计算机各个部件进行工作的"神经中枢"。它主要由指令寄存器、指令译码器、指令计数器以及其他一些电路组成。

通常，运算器和控制器集成在一块芯片上，构成中央处理器（Central Processing Unit，CPU）。可以说 CPU 是计算机的核心和关键，计算机的性能主要取决于 CPU。

3）存储器

为了存储二进制代码，存储器（Memory）需要由具有两种稳定状态的物理器件（也称为记忆元件）来存储信息。记忆元件的两种稳定状态分别表示为"0"和"1"。存储器是由成千上万个"存储单元"构成的，每个存储单元存放一定位数（微型计算机上为 8 位）的二进制数，每个存储单元都有唯一的地址。计算机中的程序在执行的过程中，每当需要访问数据时，就向存储器送去指定位置的地址，同时发出一个"存"（写）命令或者"取"（读）命令，如果是"写"命令，会同时在数据总线上送出要存放的数据。

由于各种存储器特性、价格不同，为了追求整个计算机系统的性能与价格的合理性，现代计算机系统中往往采用不同种类的存储器配合工作，从而构成了存储器子系统。计算机存储器分为内存储器和外存储器两大类。

（1）内存储器

内存储器简称内存，又称主存，是 CPU 能根据地址线直接寻址的存储空间，由半导体器件制成。内存是主机的一部分，它用来存放正在执行的程序或数据，可与 CPU 直接交换信息，其特点是存储的信号类型是电信号，存取速度快，基本上能与 CPU 速度相匹配，但其由于使用半导体材料，造价相对较高，所以容量相对较小。

内存按其功能特性和存储信息的原理又可分成两大类，即随机存储器和只读存储器。

随机存储器（Random Access Memory，RAM）在计算机工作时，既可以从中读出信息，也可以随时写入信息，所以 RAM 是一种在计算机正常工作时可读/写的存储器。RAM 掉电后会丢失信息，因此，用户在操作过程中应养成随时存盘的习惯，以防断电丢失数据。通常所说内存容量是指 RAM 容量。

只读存储器（Read Only Memory，ROM）与 RAM 的不同之处是 ROM 在计算机正常工作时只能读出信息，而不能写入信息。ROM 的最大特点是不会因断电丢失信息，利用这一特点，可以将操作系统的基本输入和输出程序固化其中，机器通电后，立刻执行其中的程序，计算机主板上的 ROM BIOS 就是指含有这种基本输出程序的 ROM 芯片。

内存中还有一类比较特殊的存储器：高速缓冲存储器（Cache）。随着 CPU 主频的不断提高，CPU 对 RAM 的存取速度加快了，而 RAM 速度提升相对较慢，造成了工作过程中 CPU 等待时间过长，降低了处理速度，浪费了 CPU 的能力。为了协调二者之间的速度差，在内存和 CPU 之间设置一个与 CPU 速度接近的、高速的、容量相对较小的存储器，把正在执行的指令地址附近的一部分指令或数据从内存调入这个存储器，供CPU 在一段时间内使用。其原理是利用了数据和程序的局部性：即 CPU 使用的指令和数据具有连续性（指令执行具有顺序性，数据使用通常也有很大概率的连续性），由 Cache 根据预测结构提前将数据读入 Cache 中，可以高速提交给 CPU 使用。通常作为 CPU 的缓存，特点是速度快（与 RAM 相比），但价格高。其原理类似于一个垒墙的熟练工人需要多个搬砖的工人配合工作，只要搬砖工人可以预知需要的砖，就可以顺畅地合作完成整体工作了。

内存的主要缺点是不能断电保存数据，如果计算机系统停电，则存储的数据将全部丢失。所以计算机系统中通常需要搭配具有"非易失"特性的外存储器来解决这一问题（毕竟要保证计算机系统的永不断电是一个难度很大的课题）。

（2）外存储器

外存储器简称外存，又称辅助存储器，简称辅存，它作为一种辅助存储设备，主要用来存放一些暂时不用而又需长期保存的程序或数据，由于存储的信号类型通常不是电信号，所以可以断电保存，但存取速度慢，所以在系统设计中，外存不能与 CPU 直接交换数据（影响处理器的工作速度）；当需要执行外存中的程序或处理外存中的数据时，必须通过输入/输出指令，将其调入 RAM 中才能被 CPU 执行和处理。外存特点是存储容量大，但其存取速度相对较慢。常见的外存有磁带、软盘、硬盘、U 盘、光盘等。随着技术的进步，软盘、磁带在日常生活中已不常用，新型的外存也在不断出现（固态硬盘）。存储器的分类如图 1.14 所示。

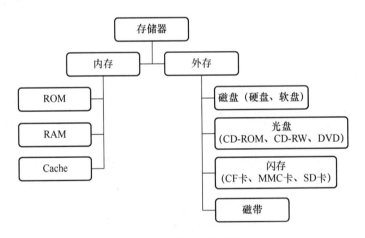

图 1.14　存储器的分类

4）输入设备

输入设备（Input Device）的主要功能是把原始数据和处理这些数据的程序转换为计算机能够识别的二进制代码，通过输入接口输入计算机的存储器中，供 CPU 调用和处理。常用的输入设备有鼠标、键盘、扫描仪、数字化仪、数码摄像机、条形码阅读器、数码相机、A/D 转换器等。

5）输出设备

输出设备（Output Device）是指从计算机中输出信息的设备，其功能是将计算机处理的数据、计算结果等二进制编码转换成人们习惯接受的数据形式（如字符、图形、声音等），然后将其输出。它由输出接口电路和输出装置两部分组成，最常用的输出设备是显示器、打印机和音箱，还有绘图仪、各种数模转换器（D/A）等。

上述 5 大部件必须连接在一起才能构成一个完整的系统。

2．软件系统

软件是指计算机运行所需的程序、数据和有关文档的总和。数据是程序的处理对象，文档是与程序的研制、维护和使用有关的资料。

我们可以把计算机程序类比为使用计算机能读懂的语言编写的能够解决一个复杂数据处理问题的"操作手册"，计算机执行程序就好像人按照操作手册依次执行操作手册中的每个步骤。在操作手册中的每个操作步骤都可以执行的前提下（计算机程序的指令都是计算机硬件可以执行的命令），问题得以解决。所以说，计算机软件是在硬件提供的基本功能（指令功能）的基础上拓展计算机的功能，提高计算机实现和运行各类任务的能力。

计算机软件可以对计算机硬件资源进行有效管理和控制，提高计算机资源的使用效率，协调计算机各组成部分的工作，也可以解决某个具体的专业数据处理问题，根据软件解决问题的层次不同，计算机软件通常分为系统软件和应用软件两大类。

1）系统软件

系统软件是指能够直接控制和协调计算机硬件、维护和管理计算机的软件。系统软件居于计算机软件系统中最靠近硬件的一层，它主要包括操作系统（Operating System，OS）、语言处理程序、数据库管理系统（DBMS）、系统支撑和服务程序等。

（1）操作系统

操作系统是一组对计算机资源进行控制与管理的系统化程序的集合，是用户和计算机硬件系统之间的接口，为用户和应用软件提供了访问和控制计算机硬件的桥梁（详细的内容请参考第 3 章）。

（2）语言处理程序

编写计算机程序的语言种类繁多，通常分为三类：机器语言、汇编语言和高级语言。简单地说，机器语言是二进制语言，可以直接被机器硬件识别执行，其他两种语言都必须经过翻译（对汇编语言源程序翻译有一个专业名词，称为"汇编"，对高级语言源程序翻译则有两种方式，分别是编译或解释）才能执行。原来这些翻译工作都由人工完成，后来编写了完成这些翻译工作的计算机程序能够让计算机自己翻译，这些能够完成翻译工作的程序就是语言处理程序，包括汇编程序、各种高级语言的编译程序和解释程序等，它们的基本功能是把用面向用户的高级语言或汇编语言编写的源程序翻译成机器可执行的二进制语言程序。

（3）系统支撑和服务程序

系统支撑和服务程序又称为工具软件，如系统诊断程序、调试程序、排错程序、编辑程序和查杀病毒程序等，都是为维护计算机系统的正常运行或支持系统开发所配置的软件系统。

（4）数据库管理系统

数据库管理系统主要用来实现有效的数据管理工作，由于数据收集和存储技术的发展，计算机中存储的数据量越来越大，如何管理好这些数据，是大多数计算机都必须面对的基本问题，类似企业中的仓储管理工作；研究数据规律，并对其进行管理和维护，从而产生了数据库技术。常用的数据库管理系统有针对个人用户的 FoxBase+、FoxPro 和 Access 等，大型数据库管理系统如 Oracle、DB2、Sybase 和 SQL Server 等。

系统软件解决的问题通常是计算机数据处理中的共性问题和基本问题，所以计算机中基本都需要安装系统软件。

2）应用软件

为解决计算机各类应用问题而编写的软件称为应用软件。应用软件具有很强的问题针对性和实用性。随着计算机应用领域的不断拓展和计算机应用的广泛普及，各种各样的应用软件与日俱增，如 Microsoft Office、WPS Office 和 Adobe Photoshop 等。专用软件是只为完成某一特定的专业任务而设计的软件，它往往是针对某行业和某用户的特定需求而专门开发的，如某个公司的管理系统（MIS）、医院信息系统（HIS）、企业资源管理计划（ERP）等。随着计算机应用的不断深入，系统软件与应用软件之间已不再有明显的界限。一些具有通用价值的应用程序，可以纳入系统软件之中，作为一种资源提供给用户。

3）计算机硬件系统、软件系统的相互关系

计算机系统的组成如图 1.15 所示。

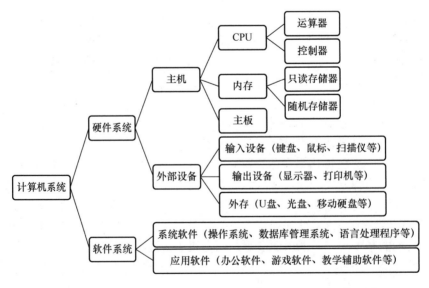

图 1.15　计算机系统的组成

计算机系统包括硬件和软件两部分，软件又分为系统软件和应用软件。操作系统是直接控制和管理硬件的系统软件，它向下控制硬件，向上支持其他软件，所有其他软件都必须在操作系统支持下才能运行，操作系统是用户与计算机的接口。计算机系统的层次结构如图 1.16 所示。

图 1.16　计算机系统的层次结构

1.2.4　微型计算机系统

1. 微型计算机的发展与分类

1）微型计算机的分类

微型计算机按其性能、结构、技术特点等可分为以下几种。

（1）单片机：将微处理器、一定容量的存储器以及 I/O 接口电路等集成在一个芯片上，就构成了单片机。单片机功能比较简单，适合于对数据处理要求不高的应用场所，例如洗衣机的自动洗衣控制过程。单片机价格低廉，支持简单程序开发。

（2）单板机：将微处理器、存储器、I/O 接口电路安装在一块印刷电路板上，就成为单板机。单板机广泛应用于工业控制领域。

（3）个人计算机（Personal Computer，PC）：供个人用户使用的微型计算机一般称为 PC，是目前使用最多的一种微型计算机。

（4）便携式微型计算机：便携式微型计算机大体包括笔记本计算机和个人数字助理（PDA）等，是在个人计算机基础上进一步微型化的结果，其体积小，携带方便，可以满足用户的一般性功能需求。

单片机和单板机主要用于工业控制，这里我们就不多做介绍，我们大家最常用的是个人计算机，我们下面重点介绍此种类型。

2）微处理器

随着大规模、超大规模集成电路技术的发展，计算机朝着微型化和巨型化两个方向发展。尤其是微型计算机，自 1971 年第一片微处理器诞生之后，它异军突起，以迅猛的发展渗透到工业、教育、生活等许多领域之中。

微处理器是大规模和超大规模集成电路的产物。以微处理器为核心的微型计算机属于第 4 代计算机。通常人们以微处理器为标志来划分微型计算机，如 286、386、486、Pentium、PII、PIII、P4、多核处理器等，Intel 公司的 CPU 如图 1.17 所示。微型计算机的发展史实际上就是微处理器的发展史。目前主流的微处理器多为 4～8 核。

2. 微型计算机的基本结构及配置

1）微型计算机的基本结构

微型计算机的基本结构与普通计算机基本相同，也由运算器、控制器、存储器、输入设备和输出设备 5 大部分组成。在具体实现时，微型计算机系统将运算器与控制器集成在一片大规模或超大规模集成电路中，构成微型计算机的核心部件——微处理器，现代微型计算机系统在实现部件之间连接时都采用了总线结构，如图1.18所示。

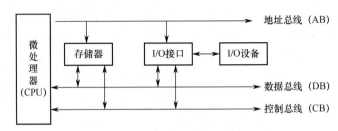

图1.17　Intel公司的CPU　　　　　图1.18　微型计算机系统的总线结构

总线（Bus）结构是指连接多于两个部件时的一种方法，连接多个部件时使用一组公共连线而不是将各个部件之间单独连接。总线结构使得各个部件之间进行数据传输时需要轮流使用同一组总线，每次两个部件间需要数据传输，必须先取得总线使用权，这样就需要一个"总线管理器"，它负责管理总线的使用。该技术的好处是连接简单，扩充部件比较容易，但总线管理复杂，需共享使用。通常，我们把使用这种技术连接部件的线路成为"总线"。

这一组总线的线路数量高达几百根，一般微型计算机将总线划分成几个部分，每部分分别传输不同的信息数据，按照在总线上传送信息的内容，可分为数据总线（Data Bus，DB）、地址总线（Address Bus，AB）和控制总线（Control Bus，CB）。在微型计算机中，数据信息在数据总线上流通，通过控制总线上的控制信息确定数据的流向，地址总线上的信息确定所传输的数据信息的传输地址。总线实现了CPU、存储器和I/O设备的信息交换。

如果把总线想成"马路"，不同的总线就好像是"人行道"、"快车道"和"慢车道"等。在不同的机器中，根据具体需求，总线有不同的划分方案，例如有的64位字长的机器中，数据总线高达128根，这样就可以允许同时传送两个字长的数据，加快了数据传输速度；如果数据总线是64根，就没有这样的速度了。通常是根据内存单元地址长度来规划地址总线的数量（宽度），例如机器允许的最大内存空间是4GB，需要32根地址总线。这就好像我们需要根据一条马路的具体情况来设计不同的"道"，如果快车多，就需要多条"快车道"。

总线结构就是指一组总线中各种类型（数据、地址、控制）总线的具体划分和指定方法。微型计算机中常用的总线结构标准有ISA、PCI、AGP、USB等多种。

2）微型计算机系统硬件组成

（1）主机

主机是微型计算机的主要部件，它由主板、软盘驱动器、硬盘驱动器、显卡和多功能接口卡、机箱、电源构成，目前软盘驱动器在主机中基本已被淘汰。

① 主板

主板是微型计算机的主要部件，是微型计算机系统中最大的一块电路板，有时又称为母板或系统板，是一块带有各种插口的大型印刷电路板。它将主机的CPU芯片、存储器芯片、控制芯片、ROM　BIOS芯片等结合在一起，如图1.19所示为某型号主板。

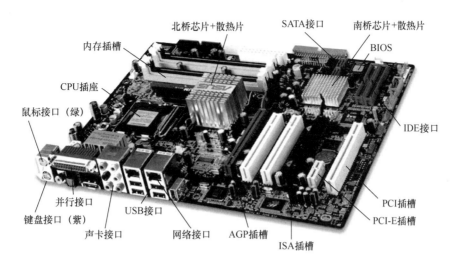

内存插槽   北桥芯片+散热片   SATA接口   南桥芯片+散热片

CPU插座   BIOS

鼠标接口（绿）   IDE接口

并行接口   PCI插槽

键盘接口（紫）   PCI-E插槽

USB接口   声卡接口   网络接口   AGP插槽   ISA插槽

图 1.19　主板

主板上还有两个重要的系统：BIOS 和 CMOS。BIOS（基本输入/输出系统）是一个固化的 EPROM 芯片，它的重要性仅次于 CPU，它是微型计算机处理信息时最基本的输入与输出接口，每次打开计算机时，BIOS 都要进行自检，它检测所有主要部件以确认它们都能正常运行，当计算机正常运行后，所有操作都是通过 BIOS 对计算机进行控制的。许多 BIOS 还有内置的诊断和实用程序。在主板上还有 CMOS（互补金属氧化物半导体），用于存放系统配置或设置，这种 CMOS 晶体管用电量非常少，关机后由主板上的电池供电，所以关机后系统配置不会消失。CMOS 保存的系统配置主要有系统时间、硬盘参数、软件类型等。

② 内存条

现在微型计算机中 RAM 集成芯片都放在一个长方形的小条形板上，称为"内存条"（如图 1.20 所示），使用时将它插入主板上，因而使得微型计算机内存容量的扩充变得很容易。

目前市场有多代内存条，如 DDR1、DDR2、DDR3、DDR4、DDR5 等，目前较流行的是 DDR4 内存条，内存条还有一个重要的性能指标是存取速度，以纳秒（ns）表示。

图 1.20　内存条

③ 硬盘

硬盘驱动器主要由磁盘组（两面可记录的多个磁盘片）、读/写磁头、定位机构和传动系统等部分组成。磁盘片由两面镀有镍钴合金并涂上磁性材料的铝合金圆盘制成。它的主要性能指标是容量（单位为 TB 或 GB 字节）、读写速度（单位为 ns）、接口类型等。现在硬盘常见的容量配置有 1T、4T、8T 及以上等，硬盘实物与磁盘片结构如图 1.21 所示。

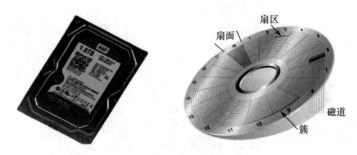

图 1.21　硬盘实物与磁盘片结构

新一代固态硬盘（Solid State Disk 或 Solid State Drive，SSD）又称固态驱动器，是用固态电子存储芯片阵列制成的硬盘。固态硬盘由控制单元和存储单元（FLASH 芯片、DRAM芯片）组成。

固态硬盘在接口的规范和定义、功能及使用方法上与普通硬盘的完全相同，在产品外形和尺寸上基本与普通硬盘一致（新兴的 U.2，M.2 等形式的固态硬盘尺寸和外形与SATA接口的机械硬盘不同），被广泛应用于军事、车载、工控、视频监控、网络监控、网络终端、电力、医疗、航空、导航设备等诸多领域。

新一代固态硬盘普遍采用 SATA-2 接口、SATA-3 接口、SAS 接口、MSATA接口、PCI-E接口、M.2 接口、CFast接口、SFF-8639 接口和NVME/AHCI协议。

固态硬盘的存储介质分为两种，一种是采用闪存（FLASH芯片）作为存储介质，另一种是采用DRAM作为存储介质。最新的固态硬盘还采用Intel的 XPoint 颗粒技术。

基于闪存的固态硬盘采用FLASH 芯片作为存储介质，这也是通常所说的固态硬盘。它的外观可以被制作成多种模样：笔记本硬盘、微硬盘、存储卡、U 盘等样式。这种固态硬盘最大的优点就是可以移动，而且数据保护不受电源控制，能适应各种环境，适合于个人用户使用而且寿命较长、可靠性很高，高品质的家用固态硬盘可轻松达到普通家用机械硬盘十分之一的故障率。

基于DRAM的固态硬盘采用DRAM作为存储介质，应用范围较窄。它仿效传统硬盘的设计，可对绝大部分操作系统的文件系统工具进行设置和管理，并提供工业标准的PCI 和 FC 接口用于连接主机或者服务器。它是一种高性能的存储器，理论上可以无限写入，但是需要独立电源来保护数据安全。基于 DRAM 的固态硬盘属于非主流的设备。

基于 3D XPoint 的固态硬盘的原理上接近基于 DRAM 的固态硬盘，但是它属于非易失存储，读取延时极低，可轻松达到现有固态硬盘延时的百分之一，并且有接近无限的存储寿命。缺点是密度相对较低，成本极高，多用于发烧级台式机和数据中心。

固态硬盘（如图 1.22 所示）具有传统机械硬盘不具备的快速读写、质量轻、能耗低以及体积小等特点，同时其劣势也较为明显。尽管固态硬盘已经进入存储市场的主流行列，但其价格仍较为昂贵，容量较低，一旦硬件损坏，数据较难恢复等；并且也有人认为固态硬盘的耐用性（寿命）相对较短。

由于固态硬盘与普通磁盘的设计及数据读写原理的不同，使得其内部的构造也有很大的不同。一般而言，固态硬盘的构造较为简单，并且也可拆开；所以我们通常看到的有关固态硬盘性能评测的文章之中大多附有固态硬盘的内部拆卸图。

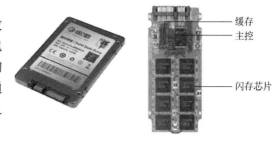

图 1.22　固态硬盘

④ 光盘和光盘驱动器

光盘存储技术是 20 世纪 70 年代的重大科技发明，由于制作简便、存储量大，且存放的信息图文俱全，声像并茂，被广泛使用在多媒体计算机中。

光盘是一个直径为 120mm、用塑料等材料压制成的刚性盘片，它存储的数据信息用强激光束以光的形式烧结在光盘的表面上，形成一组组凹坑。数据的读取是靠光盘驱动器（CD-ROM）上的光头把经过聚焦的激光束投射到光盘上，激光在凹坑上的反射强弱又通过光电转换器件转变成不同的电信息，最终变为各种信息。光盘驱动器如图 1.23 所示。

⑤ 声卡

声卡（Sound Card）是计算机处理音频的主要设备，其主要功能是处理（生成、编辑和播放）声音，包括处理数字化波形声音、合成器产生的声音和光盘的音频。

声卡按位数可分为 8 位、16 位和 32 位声卡等，一般 8 位声卡放出的声音是单声道，16 位以上的声卡放出的声音是立体声。

⑥ 显卡

显卡又称显示适配器、显示控制器，是显示器与主机的接口部件，以硬件插卡的形式插在主板上，包括显示控制电路、绘图处理器、显示存储器和接口电路等部件。某型号显卡如图 1.24 所示。

图 1.23　光盘驱动器

图 1.24　显卡

（2）显示器

显示器通常也称为监视器或屏幕，它是用户与计算机之间对话的主要信息窗口，其作用是在屏幕上显示从键盘输入的命令或数据，程序运行时能自动将机内的数据转换成直观的字符或图形输出，以便及时观察必要的信息和结果。

显示器的主要性能指标是屏幕类型、屏幕大小、分辨率、点间距、色彩数。

分辨率：指显示器垂直和水平显示的像素数，一般有 640×480、800×600、1024×768、1080×1024、1680×1050 等，从理论上来讲，分辨率越高，每行显示的像素也越多，字符、图形也越完整清晰，但实际显示效果还与显卡的性能以及显卡上的显示缓冲存储器有关。

点间距：指在最高分辨率下屏幕上两个像素点之间的距离，它是决定屏幕分辨率的一个重要参数。点间距越小，图像越清晰。目前显示器常用的点间距有 0.28mm、0.26mm、0.21mm、0.18 mm 等几种。

色彩数：显示器有单色显示器和彩色显示器两类，单色显示器只能显示黑白及不同灰度的图像，而彩色显示器可以显示彩色图像，它不仅取决于显示器的制造技术，更取决于显卡的性能和显示缓冲的容量。色彩数分为 16、256、64K、16.7M、32M 种颜色（真彩色）等。

性能优良的显示器还有如下特点：防静电、防炫光、低辐射、数字控制、符合能源之星标准和色温可调等。

（3）键盘

使用较普遍的计算机键盘有 101 个键或 104 个键，部分特殊造型键盘如图 1.25 所示。

（4）鼠标

按工作方式分，常见的鼠标有机械式鼠标和光电式鼠标两种。

机械式鼠标：光标移动是依靠鼠标下方的可滚动的小球，通过鼠标在桌面上移动时小球与桌面摩擦产生的转动来控制光标的移动，目前机械式鼠标基本已被淘汰。

光电式鼠标：光标移动是依靠鼠标下方的两个平行光源，鼠标在专用的反射板上移动，光源发出的光经反射板反射后被鼠标接收，成为移动信号。

按工作原理分，鼠标分为有线鼠标与无线鼠标两种。无线鼠标采用无线技术与计算机通信，从而摆脱了电线的束缚。其通常采用的无线通信方式包括蓝牙、Wi-Fi（IEEE 802.11）、Infrared（IrDA）、ZigBee（IEEE 802.15.4）等多个无线技术标准，无线鼠标如图 1.26 所示。

鼠标有 2 个或 3 个按键，其功能由所使用的软件来确定。鼠标有 Microsoft 和 PC两种标准，PC 标准是用 3 个按键，Microsoft 标准用 2 个按键。

图 1.25　特殊造型键盘　　　　　　　　　图 1.26　无线鼠标

（5）打印机

打印输出是计算机系统输出的重要手段。

目前计算机系统中使用的打印机种类繁多、功能各异。按输出方式，打印机可分为逐字打印机和逐行打印机。逐字打印机是先将欲打印输出的一行数据存放在控制器的数据缓冲器中，然后逐字打印，直到打印完为止。逐行打印机将存储在数据缓冲器的一行中的字符一次同时打印出来。按字符印出方式，打印机可分为击打式打印机和非击打式打印机。击打式打印机通过机械撞击方式形成字符；而非击打式打印机是通过电、磁、光、热等手段形成字符，在打印过程中无机械击打动作，如激光打印机、喷墨打印机等。按字符形成方式，打印机可分为活字（字模）式打印机和点阵式打印机两种。打印机通过接口与打印机控制器相连，CPU 通过打印机控制器控制打印机的工作。

① 点阵式打印机

点阵式打印机有 9 针、24 针之分，价格便宜，适应于多种规格的打印纸张，使用与维护费用低，在学生机房、办公室等广泛使用，但噪声大，速度慢、分辨率低。当然，在打印多页纸或蜡纸时，点阵式打印机仍然是不可替代的。

② 激光打印机

激光打印机利用电子照相的原理，与静电复印机类似。激光打印机是页式输出设备，每次打印一页，以每分钟输出的页数定义它的速度。激光打印机的分辨率高，可产生高质量的图像及复杂的图形。目前，激光打印机广泛用于桌面印刷系统的输出设备。激光打印机主要有 HP（HP1007 激光打印机如图 1.27 所示）、Canon、联想、方正等公司的系列产品。

③ 喷墨打印机

喷墨打印机是将带电墨水泵出，由聚焦系统将墨水微粒聚成一条射线，再由偏转系统控制墨水微粒线扫描到打印纸上。激光打印机和喷墨打印机的共同特点是印字质量高、速度快、无噪声、成本低、价格便宜等，因此被广大计算机用户所使用。市场上流行的喷墨打印机产品有 Canon BJC 系列喷墨打印机、HP DeskJet 系列喷墨打印机、Epson Stylus Color 系列喷墨打印机。

选择打印机时，应掌握打印机的一些基本技术指标。

打印精度：打印精度指标 DPI（Dot Per Inch）是指打印机在每英寸可打印的点数。300DPI 是人的眼睛能否辨别输出文本图像锯齿边缘的临界点。

打印速度：打印速度指标 PPM（Page Per Minute）是指打印机每分钟能打印多少页。

另外打印驱动程序的版本也是应该考虑的，打印驱动程序的版本越高越好。HP1000彩色喷墨打印机如图 1.28 所示。

3. 微型计算机系统性能的主要技术指标

微型计算机系统的主要技术指标有以下几个。

1）字长

字长是指计算机能够一次同时处理的数据的长度，由于计算机内部使用二进制，所以字长是指二进制数据的位数。它决定了计算机一次数据处理的能力。计算机的字长越长，表明计算机单次处理数据的能力越强，一般认为该计算机运算精度越高，处理速度越快。

图 1.27　HP1007 激光打印机　　　　图 1.28　HP1000 彩色喷墨打印机

在这里我们要区分一下 CPU 字长和计算机系统字长概念，两者有所区别，CPU 字长单指 CPU 的一次运算能力，而整个计算机系统字长就要综合考虑所有硬件（存储器、总线、输入/输出设备）的数据处理能力。

2）主频

主频是指计算机工作时使用的时钟频率，它是 CPU 在单位时间（秒）内平均要"动作"次数。计算机电路元件在一个时钟周期内可以完成一次基本"动作"（如电子开关的一次开合，从而完成数据输出这一类基本操作），所以主频在很大程度上决定了整个计算机系统的工作速度。主频以 MHz 或 GHz 为单位。

主频和字长是从两个不同的角度衡量计算机工作能力的指标，字长是每次处理数据的量的多少，主频是单位时间能完成数据运算的次数，两者结合起来就可以衡量出计算机单位时间内可以处理数据的总量了，也就是该计算机的数据处理能力了。有些计算机主频高但字长短，其综合性能可能不如一台主频低但字长较长的计算机。

3）运算速度

计算机的运算速度是对整个计算机系统综合数据处理能力的一个衡量指标，一般用每秒能执行多少条指令来表示；一般来讲，主频越高，运算速度越快，但主频并不是决定运算速度的唯一因素，系统的整体性能表现与所有系统成员相关。常用标识计算机运算速度的单位是 MIPS（Million Instructions Per Second，每秒百万条指令）和 BIPS（Billion Instructions Per Second，每秒十亿条指令），现在有各种各样的测试计算机运算速度的程序，这种程序会尽量包含计算机指令系统的多数指令，根据程序的运行时间估算出一个数字结果。

4）内存容量

内存容量大小反映了内存存储数据的能力。内存容量越大，就可以把尽量多的数据存放在内存中，CPU 运算时需要的数据就能够尽快获取，所以计算机整体速度就越快，毕竟从外存读取数据需要花费的时间太多了。当然内存的价格也是很高的，所以增加内存容量会造成计算机整体的价格升高，这是一个永恒的矛盾。目前，市场上主流微型计算机内存容量一般为几 GB 到几十 GB，专业的服务器级别的计算机内存容量更高，个别能达到 TB 级别。

5）内核数

内核数指 CPU 内执行指令的运算器和控制器的数量。随着并行运算技术的出现和发展，这种早期多用于大型计算机的技术也开始应用在微型计算机中：在 CPU 中，使用多套运算部件，甚至有的机器中使用多套控制器部件，称为多核技术，这项技术可以将数据处理工作安排在多条数据处理"流水线"上同步进行，大大提高了 CPU 的整体性能表现，尤其是对多任务系统的处理性能，将计算机需要执行的多个任务交给不同的运算控制部件执行，用数量换取速度的解决问题的"思路"在很多领域都有不俗表现。目前流行微型计算机中 CPU 的内核数量已经高达 8 个。

1.3 计算机信息安全

1.3.1 计算机安全概述

随着计算机技术的飞速发展，计算机应用已进入国民经济的各个方面，在政治、军事、经济、金融领域得到广泛应用。计算机系统自身的脆弱性、人为的破坏，对计算机系统构成巨大威胁，已成为计算机发展的主要障碍，因此，维护计算机安全无疑是一个重要课题。

国际标准化委员会（ISO）对计算机安全的定义是："为数据处理系统建立和采取的技术的和管理的安全保护，确保计算机硬件、软件、数据不因偶然的或恶意的原因而遭到破坏、更改、显露"。我国公安部的定义是："计算机安全是指计算机资产安全，即计算机信息系统资源和信息资源不受自然和人为有害因素的威胁和危害"。由此可见，计算机安全实际上应该包括以下 4 个方面。

（1）实体安全。实体安全是指计算机硬件、软件媒体的安全及机房环境的安全。确保系统设备及相关设施运行正常，无事故。

（2）软件安全。软件安全是指软件系统的可靠性与软件保护，防止非法复制、修改和破坏等。保证软件安全，需要严格遵守操作规程，防止非法用户进入。

（3）数据安全。数据安全是指数据和信息的完整、有效、使用合法，确保不被破坏、泄漏。数据安全保护的主要措施是数据加密与防止非法复制。

（4）运行安全。运行安全是指系统资源和信息资源使用合法，包括电源、人事、机房管理、数据与媒体管理、运行管理等。

1.3.2 计算机病毒及防治

计算机病毒是人为设计的程序，这些程序会侵入计算机系统中。计算机病毒往往会利用计算机系统的漏洞进行传播，满足一定条件即被激活，从而给计算机系统造成一定损害甚至严重破坏。

1. 计算机病毒的定义与特点

《中华人民共和国计算机信息系统安全保护条例》中明确定义，计算机病毒指"编制或者在计算机程序中插入的破坏计算机功能或者破坏数据，影响计算机使用并且能够自我复制的一组计算机指令或者程序代码"。它存在的目的就是影响计算机的正常工作，甚至破坏计算机的数据以及硬件设备。

计算机病毒具有以下几个特点。

（1）可执行性。计算机病毒可以直接或间接地运行，可以隐藏在可执行程序和数据文件中运行而不易被察觉。

（2）破坏性。计算机病毒的破坏性主要表现在两个方面：一是占用系统资源，影响系统正常运行；二是干扰或破坏系统的运行，破坏或删除程序或数据文件。

（3）传染性。计算机病毒具有自我复制的能力，感染病毒的文件能够将病毒传染给其他文件，计算机病毒会很快传染到整个系统、整个局域网，甚至广域网。

（4）潜伏性。计算机病毒并不是一旦感染就立即发作，计算机病毒的触发是由一定的条件来决定的。计算机病毒在触发条件满足前没有明显的表现症状，不影响系统的正常运行，一旦触发条件具备，计算机病毒就会发作。这一特点往往造成该病毒在某一时期的大规模爆发，造成大范围的破坏，带来巨大的损失。

（5）针对性。一种计算机病毒并不能传染所有的计算机系统或程序，通常计算机病毒都具有一定的针对性，如感染某种类型的机器、某种类型的文件等。

2. 计算机病毒的传播途径

计算机病毒具有自我复制和传播的特点，研究计算机病毒的传播途径，对预防和阻止计算机病毒传播有重要作用。计算机病毒一般通过以下几种途径进行复制和传播。

（1）计算机病毒通过不可移动的计算机硬件设备进行传播，这些设备通常有计算机的专用集成电路芯片（ASIC）和硬盘等。硬盘是计算机数据的主要存储介质，因此也是计算机病毒感染的重灾区。硬盘传播计算机病毒的途径是：硬盘向软盘上复制带病毒文件、带病毒情况下格式化软盘、向光盘上刻录带病毒文件、硬盘之间的数据复制以及将带病毒文件发送至其他地方等。

（2）计算机病毒通过移动存储设备来进行传播，这些设备包括软盘、U 盘、移动硬盘等。U 盘成为目前使用最广泛、最频繁的移动存储介质，也成为计算机病毒传播的重要途径。

（3）计算机病毒通过计算机网络进行传播。现代网络技术的巨大发展已使空间距离不再遥远，网络已经融入了人们的生活、工作和学习中，成为了社会活动中不可或缺的组成部分。同时，计算机病毒也走上了高速传播之路，网络已经成为计算机病毒的首要途径。浏览网页、收看电子邮件等操作，都有可能会传播计算机病毒。

（4）计算机病毒通过点对点通信系统和无线通道进行传播。

3．计算机病毒的类型

计算机病毒的分类方法很多，微型计算机上的计算机病毒通常可分为引导区型病毒、文件型病毒、混合型病毒和宏病毒等 4 类。

（1）引导区型病毒主要通过软盘在操作系统中传播，感染软盘的引导区（引导区是磁盘上的一个特定存储区域）。当已感染了计算机病毒的软盘被使用时，就会传染到硬盘的主引导区。一旦硬盘中的引导区被计算机病毒感染，计算机病毒就试图感染每一个插入计算机的软盘的引导区。

（2）文件型病毒是寄生病毒，运行在计算机存储器中，通常感染扩展名为.com、.exe、.sys 等类型的文件。每次激活时，感染文件把自身复制到其他文件中，并能在存储器中保留很长时间。

（3）混合型病毒具有引导区型病毒和文件型病毒两者的特点。

（4）宏病毒寄存在 Office 文档中，影响对文档的各种操作。当打开 Office 文档时，宏病毒程序就被执行，这时宏病毒处于活动状态，当条件满足时，宏病毒便开始传染、表现，并造成破坏。

由于 Office 应用的普遍性，宏病毒已成为计算机病毒的主体，在计算机病毒历史上它是发展最快的病毒。宏病毒与其他类型的计算机病毒不同，它能通过电子邮件、软盘、网络下载、文件传输等途径很容易地进行传播。

4．常见的计算机病毒

1）蠕虫病毒

蠕虫病毒是一类常见的计算机病毒。蠕虫病毒的传染原理是利用网络进行复制和传播，传染途径是网络和电子邮件。与一般计算机病毒不同，蠕虫病毒不需要将其自身附着到宿主程序，它是一种独立智能程序。蠕虫病毒的一般防治方法是：使用具有实时监控功能的杀毒软件，并及时更新病毒库，同时注意不要轻易打开不熟悉的邮件附件。

2）木马病毒与黑客病毒

木马病毒因"特洛伊"战争中著名的"木马计"而得名；其前缀是 Trojan，黑客病毒的前缀一般为 Hack。它们的共有特性是通过网络或者系统漏洞进入用户的系统并隐藏，然后向外界泄露用户的信息，而黑客病毒则有一个可视的界面，能对用户的计算机进行远程控制。木马、黑客病毒往往是成对出现的，即木马病毒负责侵入用户的计算机，而黑客病毒则会通过该木马病毒来控制用户的计算机，现在这两种类型的计算机病毒都越来越趋向于整合了。木马病毒与计算机网络中常用到的远程控制软件有些相似，但由于远程控制软件是"善意"的控制，通常不需具有隐蔽性；木马病毒则完全相反，木马病毒要达到的是"偷窃"性的远程控制，通常采用了极其狡猾的手段来隐蔽自己，使普通用户很难发觉。

木马病毒的传播方式主要有两种：一种是通过 E-mail，控制端将木马病毒以附件的形式在邮件中发送出去，收件人只要打开附件文件就会感染木马病毒；另一种是软件下载，一些非正规的网站以提供软件下载为名义，将木马病毒捆绑在软件安装程序上，下载后，只要运行这些程序，木马病毒就会被自动安装。

对于木马病毒的防范措施主要有：用户提高警惕，不要随便下载和运行来历不明的程序，对于来历不明的邮件附件也不要随意打开。

3）电子邮件炸弹

电子邮件炸弹是指发件人以不明来历的电子邮件地址不断重复将电子邮件发送给同一个收件人，由于情况就像是战争时利用某种战争工具对同一个地方进行大轰炸，因此称为电子邮件炸弹。

4）"熊猫烧香"病毒

"熊猫烧香"病毒是一种蠕虫病毒的变种，是蠕虫病毒和木马病毒的结合体，而且是经过多次变种而来的。由于中毒计算机的可执行文件会出现"熊猫烧香"的图标，所以称为"熊猫烧香"病毒。用户计算机中毒后可能会出现蓝屏、频繁重启和系统硬盘中数据文件被破坏、浏览器会莫名其妙地开启或关闭等现象。同时，该病毒的某些变种可以通过局域网进行传播，进而感染局域网内所有计算机系统，最终导致企业局域网瘫痪，无法正常使用。该病毒的制作者是一名大学生，因传播计算机病毒而触犯了法律，值得警醒。

5）震网病毒

震网病毒也称为 Stuxnet 病毒，是一个席卷全球工业界的病毒，是世界上首个网络"超级武器"，伊朗遭到的震网病毒攻击最为严重。震网病毒主要利用 Windows 操作系统的漏洞，通过移动存储介质和局域网来进行传播，它利用了微软视窗操作系统之前未被发现的 4 个漏洞。震网病毒不会通过窃取个人隐私信息来牟利，它的攻击对象是全球各地的重要目标，所以它被一些专家定性为全球首先投入实战舞台的"网络武器"。

5．计算机病毒的防治

预防计算机病毒，应该从管理和技术两方面进行。

1）从管理上预防计算机病毒

计算机病毒的传染是通过一定途径来实现的，为此必须重视制定措施和法规，加强职业道德教育，不得传播更不能制造计算机病毒。另外，还应采取一些有效方法来预防和抑制计算机病毒的传染。

（1）谨慎使用公用软件或硬件。

（2）任何新使用的软件或硬件（如磁盘）必须先进行计算机病毒检查。

（3）定期检测计算机上的磁盘和文件并及时清除计算机病毒。

（4）对系统中的数据和文件要定期进行备份。

（5）对所有系统盘和文件等关键数据要进行写保护。

2）从技术上预防计算机病毒

从技术上对计算机病毒的预防有硬件保护和软件预防两种方法。

任何计算机病毒对系统的入侵都是利用内存提供的自由空间及操作系统所提供的相应的中断功能来达到传染的目的。因此，可以通过增加硬件设备来保护系统，此硬件设备既能监视内存中的常驻程序，又能阻止对外存的异常写操作，这样就能达到预防计算机病毒的目的。

软件预防方法是使用反病毒软件。反病毒软件是一种可执行程序，它能够实时监控系统的运行，当发现某些病毒入侵时可防止病毒入侵，当发现非法操作时，及时警告用户或直接拒绝这种操作，使计算机病毒无法传播。

3）计算机病毒的清除

如果发现计算机感染了病毒，应立即清除。通常用人工处理或反病毒软件方式进行清除。人工处理的方法主要有用正常的文件覆盖被病毒感染的文件、删除被病毒感染的文件、修改注册表、重新格式化磁盘、重新安装操作系统等。这些方法有一定的危险性，容易造成对文件的破坏。用反病毒软件对病毒进行清除是一种较好的方法。

需要特别注意的是，要及时对反病毒软件进行升级更新，及时更新病毒库，才能保持软件的良好杀毒性能。有时为了能及时清除新出现的病毒，还可以从网上下载一些专杀工具软件来进行杀毒。

随着计算机应用的推广和普及以及软件的大量流行，计算机病毒的滋扰也愈加频繁，给计算机的正常运行造成严重威胁。如何保证数据的安全性，防止计算机病毒的破坏，已成为当今计算机研制人员和应用人员所面临的重大问题。研究完善的抗病毒软件和预防技术成为目前亟待攻克的新课题。

1.3.3　信息安全技术

1. 数据加密技术

1）密码技术的基本概念

密码技术是网络信息安全与保密的核心和关键。密码技术的变换或编码，可将机密、敏感的消息变换成难以读懂的乱码型文字，以此达到以下两个目的：

其一，使不知道如何解密的攻击者不可能从其截获的乱码中得到任何有意义的信息；

其二，使攻击者不可能伪造或篡改任何乱码型的信息。

遵循国际命名标准，加密和解密可以翻译成"译成密码"（Encipher）和"解译密码"（Decipher），也可以命名为"加密"（Encrypt）和"解密"（Decrypt）。消息也称为明文，用某种方法伪装消息以隐藏它的内容的过程称为加密，加密的消息称为密文，而把密文转变为明文的过程称为解密，图 1.29 描述了数据的加密和解密的过程。

2）单钥密码体制与双钥密码体制

传统密码体制所用的加密密钥和解密密钥相同，或从一个可以推出另一个，这样的密码体制称为单钥或对称密码体制。若加密密钥和解密密钥不相同，从一个难以推出另一个，这样的密码体制则称为双钥或非对称密码体制。

单钥密码体制的优点是加密、解密速度快，缺点是随着网络规模的扩大，密钥的管理成为一个难点；无法解决消息确认问题；缺乏自动检测密钥泄露的能力。双钥密码体制的特点是一个密钥是可以公开的，可以像电话号码一样进行注册公布；另一个秘钥则是秘密的，因此双钥密码体制又称为公钥密码体制。由于双钥密码体制仅需保密解密密钥，所以双钥密码体制不存在密钥管理问题。双钥密码体制还有一个优点是可以拥有数字签名等新功能。双钥密码体制的缺点是算法一般比较复杂，加密、解密速度慢。

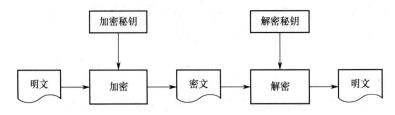

图1.29　数据的加密和解密过程

3）著名密码算法简介

数据加密标准（DES）是迄今为止世界上最为广泛使用和流行的一种分组密码算法。DES 是一种单钥密码体制，是一种典型的按分组方式工作的密码算法。其他的分组密码算法还有 IDEA 密码算法、LOKI 算法等。最著名的双钥密码体制是 RSA 算法。

RSA 算法于 1977 年由 Rivest、Shamir 和 Adleman（当时他们三人都在麻省理工学院工作）发明，是第一个既能用于数据加密也能用于数字签名的算法。RSA 算法是一种用数论构造的、也是迄今为止理论上最为成熟完善的一种双钥密码体制，该密码体制已得到广泛应用。

2．防火墙

当构筑和使用木质结构房屋的时候，为防止火灾的发生和蔓延，人们将坚固的石块堆砌在房屋周围作为屏障，这种防护构筑物称为防火墙。在如今的电子信息世界里，人们借助了这个概念，使用防火墙来保护计算机网络免受非授权人员的骚扰与攻击者的入侵，不过这些防火墙是由先进的计算机系统构成的。防火墙系统部署如图 1.30 所示。

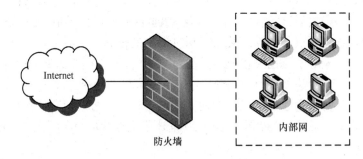

图1.30　防火墙系统部署

防火墙本质上就是一种能够限制网络访问的设备或软件。它可以是一个硬件的"盒子"，也可以是计算机和网络设备中的一个"软件"模块。许多网络设备均含有简单的防火墙功能，如路由器、调制解调器、无线基站、IP 交换机等。

现代操作系统中也含有软件防火墙：Windows 和 Linux 操作系统均自带了软件防火墙，可以通过策略（或规则）定制相关的功能。防火墙是最早出现的 Internet 安全防护产品，其技术已经非常成熟，有众多的厂商生产和销售专业的防火墙。对个人用户而言，一般用操作系统自带的防护墙或启用杀毒软件中的防火墙。对于企业用户而言，购买专业的防火墙是比较好的选择。购买专业防火墙会有很多好处：

第一，防火墙厂商提供的接口会更多、更全。

第二，过滤深度可以定制，甚至可以达到应用级的深度过滤。

第三，可以获得厂商提供的技术支持服务。

3. VPN 技术

虚拟专用网是虚拟私有网络（Virtual Private Network，VPN）的简称，它被定义为通过一个公用网络（通常是 Internet）建立一个临时的、安全的连接，是一条穿过混乱的公用网络的安全、稳定的隧道。VPN 是对企业内部网的扩展。目前，能够用于构建 VPN 的公共网络包括 Internet 和服务提供商（ISP）所提供的 DDN 专线（Digital Data Network Leased Line）、帧中继（Frame Relay）、ATM 等，构建在这些公共网络上的 VPN 将给企业提供集安全性、可靠性和可管理性于一身的私有专用网络。远程用户访问企业内网示意图如图 1.31 所示。

VPN 的功能是将 Internet 虚拟成路由器，将物理位置分散的局域网和主机虚拟成统一的虚拟企业网。VPN 综合利用了隧道技术、加密技术、鉴别技术和密钥管理等技术，在公共网之上建立一个虚拟的安全通道，实现两个网络或两台主机之间的安全连接。

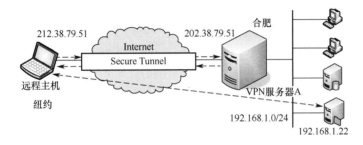

图 1.31　远程用户访问企业内网示意图

人物介绍

香农

香农（全名：克劳德·艾尔伍德·香农，1916 年 4 月 30 日—2001 年 2 月 24 日）是美国数学家、信息论的创始人。1936 年获得密歇根大学学士学位，1940 年在麻省理工学院获得硕士和博士学位，1941 年进入贝尔实验室工作。

香农提出了信息熵的概念，为信息论和数字通信奠定了基础。为纪念他而设置的香农奖是通信理论领域最高奖，也称为"信息领域的诺贝尔奖"。

香农定理给出了信道信息传送速率的上限（比特每秒）和信道信噪比及带宽的关系。香农定理可以解释现代各种无线制式由于带宽不同，所支持的单载波最大吞吐量的不同。

在有随机热噪声的信道上传输数据信号时，信道容量 R_{max}、信道带宽 W 与信噪比 S/N 关系为：$R_{max}=W*\log_2(1+S/N)$。注意，这里的 $\log_2$ 是以 2 为底的对数。为了理解，我们可以将之类比为以下问题：城市道路上的汽车车速（业务速率）和什么有关系？

除了和自己车的动力有关，城市道路上的汽车车速主要还受限于道路的宽度（带宽）和车辆多少、红灯疏密等其他干扰因素（信噪比）。俗话说："有线的资源是无限的，而无线的资源却是有限的。"无线信道并不是可以任意增加传送信息的速率，它受其固有规律的制约，就像城市道路上的汽车一样不能想开多快就开多快，还受到道路宽度、其他车辆数量等因素影响。这个规律就是香农定理。

图灵

图灵（全名：阿兰·麦席森·图灵）是英国著名数学家、逻辑学家、密码学家，被称为"计算机科学之父""人工智能之父"。图灵在从事的密码破译工作涉及电子计算机的设计和研制，但此项工作严格保密。从一些文件来看，很可能世界上第一台电子计算机不是 ENIAC，而是与图灵有关的另一台机器，即图灵在战时服务的机构于 1943 年研制成功的 CO-LOSSUS（巨人）机，这台机器的设计采用了图灵提出的某些概念。它用了 1500 个电子管，采用了光电管阅读器；利用穿孔纸带输入；并采用了电子管双稳态线路，执行计数、二进制算术及布尔代数逻辑运算，"巨人"机共生产了 10 台，它们出色地完成了密码破译工作。

图灵在破解德军密码、拯救国家上发挥了关键作用，是一个"了不起的人"（英国首相卡梅伦评价）。

图灵认为自动计算就是人或者机器对一条两端无限延长的纸带上的一串 0 和 1，执行指令，一步步地改变纸带上的 0 和 1，经过有限步骤得到结果的过程。

指令由 0 和 1 表示，例如：

- 00 表示停止
- 01 表示转 0 为 1
- 10 表示翻转 1 为 0
- 11 表示移位

图灵机（Turing Machine）是指一个抽象的计算模型，如图 1.32 所示。

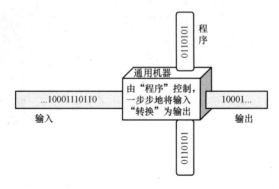

图 1.32 图灵机模型

图灵机被认为是计算机的基本理论模型，它是一种离散的、有穷的、构造性的问题求解思路，一个问题的求解可以通过构造器图灵机来解决。

图灵测试是图灵提出的一个关于机器人的著名判断原则，它是一种测试机器是否具备人类智能的方法。

If 电脑能在 5 分钟内回答问题，超过 30%的回答让测试者误认为是人类所答，Then 电脑通过测试，具有人类智能。

冯·诺依曼

冯·诺依曼是美籍匈牙利数学家、计算机科学家、物理学家，是 20 世纪最重要的数学家之一。冯·诺依曼是罗兰大学数学博士，是现代计算机、博弈论、核武器和生化武器等领域内的科学全才之一，被后人称为"现代计算机之父""博弈论之父"。1933 年担任普林斯顿高级研究院教授。当时高级研究院聘有六名教授，其中包括爱因斯坦，而年仅 30 岁的冯·诺依曼是他们当中最年轻的一位。

冯·诺伊曼对世界上第一台电子计算机 ENIAC 的设计提出过建议，1945 年 3 月，他在共同讨论的基础上起草了一个全新的"存储程序通用电子计算机方案"——EDVAC（Electronic Discrete Variable Automatic Computer）。这对后来计算机的设计有决定性的影响，特别是确定计算机的结构，采用存储程序以及二进制编码等，至今仍为电子计算机设计者所遵循。

冯·诺依曼体系结构计算机特征如下：

（1）计算机由控制器、运算器、存储器、输入设备和输出设备 5 个部分构成；

（2）确定了计算机采用二进制，指令和数据均以二进制数形式存储在存储器中；

（3）计算机按照程序规定的顺序将指令从存储器中取出，并逐条执行。

国家网络安全卫士——王小云

王小云（中国科学院院士、密码学家）多年从事密码理论及相关数学问题研究。她提出了密码哈希函数的碰撞攻击理论，即模差分比特分析法，破解了包括 MD5、SHA-1 在内的 5 个国际通用哈希函数算法；将比特分析法进一步应用于带密钥的密码算法包括消息认证码、对称加密算法、认证加密算法的分析，给出系列重要算法 HMAC-MD5、MD5-MAC、SIMON、Keccak-MAC 等重要分析结果；在"高维格"理论与"格密码"研究领域，给出了格最短向量求解的启发式算法二重筛法以及带 Gap 格的反转定理等成果；设计了我国哈希函数标准 SM3，在金融、交通、国家电网等重要经济领域广泛使用，并于 2018 年 10 月正式成为 ISO/IEC 国际标准。王小云院士承担并完成了国家自然基金重点项目、杰出青年基金项目、国家 863 项目等。

王小云教授带领的研究小组于 2004 年、2005 年先后破解了被广泛应用于计算机安全系统的 MD5 和 SHA-1 两大密码算法，获得密码学领域刊物 *Eurocrypto* 与 *Crypto*

2005 年度最佳论文奖。MD5 破解的论文获得 2008 年汤姆森路透卓越研究奖（中国）。王小云将她多年积累的密码分析理论的优秀成果深入应用到密码系统的设计中，先后设计了多个密码算法与系统，为国家密码重大需求解决了实际问题，为保护国家重要领域和重大信息系统安全发挥了极大作用。其中，她设计的两个加密算法，用于国家重大航天工程，为保障航天安全通信做出了重要贡献。

思 考 题

1. 什么是数据？什么是信息？两者有何关系？
2. 电子计算机和一般的计算工具之间最重要的区别是什么？
3. 计算机为什么采用二进制数表示信息？
4. 简单说明计算机系统的各个组成部分的作用，思考系统化的意义。
5. 计算机的存储器为什么要使用内存和外存？比较两者的优缺点。
6. 评价一台计算机的性能主要有哪些技术指标。
7. 通过网络搜索了解一下目前计算机技术的最新进展情况。
8. 计算机病毒的主要传播方式有哪些？我们在日常工作中应该如何做好保护工作？

第 2 章　计算思维

本章导读

随着计算机这种高效、经济的运算工具的普及，如何培养、提高人类使用计算机解决问题的任务就显得迫切起来。同时，掌握计算机的使用方法是一个现代高素质人才必须具备的基本信息素养，本章学习的计算机思维实质是人类分析现实问题，将之转换为计算机可以处理的运算问题的一种解决问题的方式，其本质是抽象和自动化。

2.1　计算思维概论

计算思维是人类科学思维活动的重要组成部分，人类在认识世界、改造世界过程中表现出三种基本的思维特征：理论思维、实验思维和计算思维。

（1）理论思维又称推理思维，以推理和演绎为特征，以数学学科为代表。

（2）实验思维又称实证思维，以观察和总结自然规律为特征，以物理学科为代表。

（3）计算思维又称构造思维，以设计和构造为特征，以计算机学科为代表。

这三种思维模式各有特点，相辅相成，共同组成了人类认识世界和改造世界的基本科学思维内容。

2.1.1　计算思维的定义

2006 年 3 月，时任美国卡内基·梅隆大学计算机系主任的周以真教授明确提出计算思维的概念：计算思维是运用计算科学的基础概念进行问题求解、系统设计以及人类行为理解等涵盖计算机科学的一系列思维活动。

计算思维的核心是计算思维方法。计算思维方法有很多，周以真教授具体阐述了以下七类方法。

（1）约简、嵌入、转化和仿真等方法，用来把一个看似困难的问题重新阐释成一个人们知道问题怎样解决的思维方法。

（2）递归方法、并行方法、把代码译成数据又能把数据译成代码的方法、多维分析推广的类型检查方法。

（3）抽象和分解的方法，用来控制庞杂的任务或进行巨大复杂系统的设计以及基于关注分离的方法（SoC 方法）。

（4）选择合适的方式去陈述一个问题的方法、对一个问题的相关方面建模使其易于处理的思维方法。

（5）按照预防、保护及通过冗余、容错、纠错的方式，并从最坏情况进行系统恢复的一种思维方法。

（6）利用启发式推理寻求解答，即在不确定情况下的规划、学习和调度的思维方法。

（7）利用海量数据来加快计算，在时间和空间之间、在处理能力和存储容量之间进行折中的思维方法。

计算思维的本质是抽象和自动化，即在不同层面进行抽象，以及将这些抽象机器化。

计算思维是一种基于数学与工程、以抽象和自动化为核心的、用于解决问题、设计程序、理解人类行为的概念。计算思维是一种思维，它以程序为载体，但不仅是编程。计算思维着重于解决人类与机器各自计算的优势。人类的解决思维是用有限的步骤去解决问题，讲究优化与简洁；而计算机可以从事大量的、重复的、精确的运算。

2.1.2 计算思维的基本内容

1. 二进制 0 和 1 的基础思维

计算机的本质是以 0 和 1 为基础来实现的。这种"0"和"1"的思想体现了"语义符号化→符号计算化→计算 0、1 化→0、1 自动化→分层构造化构造集成化"的思维，体现了软件与硬件之间基本的连接纽带，体现了如何将"社会自然"问题变成"计算问题"，进一步变成"自动计算问题"的基本思维模式，是基本的抽象与自动化机制，是一种重要的计算思维。

2. 指令和程序的思维

问题由计算机系统来解决，由计算机系统实现，需要将问题涉及的数据进行一系列动作并控制这些动作的执行，而对基本动作的控制就是指令，指令的各种组合及其次序就是程序。指令与程序的思维体现了基本的抽象、构造性的表达与自动执行思维。计算机系统就是能够执行各种程序的机器或系统，也是一种重要的计算思维。

3. 递归的思维

计算机系统的一大优势就是可以实现大量重复性的计算，而递归正是以自相似方式或者自身调用的方式不断重复的一种处理机制，是以有限的表达方式来表达无限对象实例的一种方法，是典型的构造性表达手段与重复执行手段，它体现了计算技术的典型特征，是实现问题求解的一种重要的计算思维。

4. 计算机系统发展的思维

计算机系统发展的思维指计算系统的发展和进化中体现出的思维方式，对于专业化计算手段的研究有重要意义。从 ENIAC 不能存储程序、程序不能自动执行，到冯·诺依曼计算机可以存储程序和程序自动执行，这个过程体现的是程序如何存储、如何执行的基本思维。从单机计算环境到并行和分布计算环境，都体现了程序在单个操作系统协助下由硬件执行的基本思维，以及网络环境下如何利用多核、多存储器，在操作系统协助下，程序由硬件并行、分布执行的思维。当今"云计算"的发展，体现了按需索取、提供、使用的一种计算资源虚拟化、服务化的基本思维。理解计算环境的进化思维，对计算环境的创新和基于先进计算环境的跨学科创新都有重要的意义，它是一种重要的计算思维。

5．问题求解的思维

从一个问题中洞悉和发现问题并提出问题，到抽象归纳出解决问题的算法，直到最终解决问题的整个思维过程，正是计算思维的问题求解的全过程。利用计算手段进行问题的求解，主要包含两个方面的问题，即算法和系统。

其中，算法是计算机的"灵魂"，问题求解的关键是构造与设计算法，算法是一个有穷规则的集合，这些规则就是解决问题的步骤序列，设计算法需要考虑每步运算的可行性与运算复杂度。

6．网络化的思维

计算与社会自然环境的融合促进了网络化社会的形成，由计算机构成机器网络，由网页等构成信息网络，再到物联网、数据网、服务网、社会网等，形成了以物物互连、物人互连、人人互连为特征的网络化环境，极大地改变了人们的思维方式，影响着人们的工作和生活。

计算思维的目的是让所有人都能像计算机科学家一样思考，将计算技术与各学科理论、技术与艺术进行融合实现创新。

2.2　计算思维之抽象

抽象是从考虑的问题出发，通过对各种经验事实的观察、分析、综合和比较，在人们的思维中撇开事物现象的、外部的、偶然的方面，抽出事物本质的、内在的、必然的方面，从空间形式和数量关系上揭示客观对象的本质和规律，或者抽出某一种属性作为新的抽象对象，以此表现事物本质和规律的一种解决方法，即抽象是从众多的事物中抽取出共同的、本质性的特征，而舍弃其非本质的特征。例如，苹果、葡萄、草莓、香蕉、梨、桃子等，它们共同的特征就是水果，得出水果概念的过程，就是一个抽象的过程。进行抽象前，首先确定要解决的问题，这决定了抽象的结果。例如，"点"的概念是从现实世界中的水点、雨点、起点、终点等其体事物中抽象出来的，它舍弃了事物的各种物理、化学等性质，不考虑其大小，仅保留表示位置的性质。如果换一个领域解决其他问题，例如研究雨滴的物理特性，抽象的结果就完全不同了。

2.3　计算思维之自动化

计算思维中的自动化本质是对问题的分解能力，对应计算机中的算法设计。

算法是解决一个问题所采取的一系列步骤。

著名的计算机科学家 Nikiklaus Wirth 提出如下公式：

$$程序=数据结构+算法$$

算法给出了解决问题的方法和步骤，是程序的灵魂，决定如何操作数据、如何解决问题。

算法类问题求解的第一步是数学建模。数学建模是一种基于数学的思维方式，运用数学的语言和方法，通过抽象和简化建立对实际问题的描述和定义数学模型。将现实世界的问题抽象成数学模型，可以发现其本质以及能否求解，找到求解问题的方法和算法。

【例】旅行商问题（Traveling Salesman Problem，TSP）：给定一系列城市和每对城市之间的距离，求解一条最短路径，使得一个旅行商从某个城市出发访问每个城市且只能在每个城市停留一次，最后回到出发的城市。

2.4 计算思维的应用

计算机的诞生与发展给计算思维的研究与发展带来了根本性的变化。计算机对数据处理的速度快、记忆力强的特点，使得原本只能在理论上实现的过程，变成实际可行的过程，大大拓展了人类认知世界的广度与深度，提升了人类分析、解决问题的能力，加快了社会发展的进程。反过来，对计算思维的广泛、深入的研究，也推进了计算机的发展。计算思维与计算机的结合产生了很多重要的应用技术。

2.4.1 物联网

1．物联网的概念

由于目前对于物联网的研究尚处于起步阶段，物联网的确切定义尚未统一。物联网一般的英文名称为"Internet of Things"。顾名思义，物联网就是一个将所有物体连接起来所组成的物物相连的互联网络。

目前物联网的一个普遍被大家接受的定义为：物联网是通过使用射频识别（RFID）、传感器、红外感应器、全球定位系统（GPS）、激光扫描器等信息采集设备，按约定的协议，把物品与互联网连接起来，进行信息交换和通信，以实现智能化识别、定位、跟踪、监控和管理的一种网络。

2．物联网的特征

目前较公认的物联网有三大特征：全面感知、可靠传输和智能处理。

（1）全面感知，就是利用 RFID、传感器、GPS 等随时随地对物品的各种信息进行及时、全面的感知与识别，其作用相当于人的皮肤和五官等神经末梢，将客观世界中的物品信息最大程度地进行数据化，这是物联网发展和应用的基础。

（2）可靠传输，就是利用各种有线或无线通信网络将任何地方的任何信息以最快的速度传送出去，实现可靠、实时的信息交互和共享。

（3）智能处理，是指信息被感知和传输后，运用数据挖掘、云计算等各种智能计算技术，在短时间内进行海量的处理和整理，以达到各行业应用的智能化的决策、控制和管理。

3．物联网的四大关键领域

（1）RFID 射频识别，也称为电子标签。

（2）传感网，即随机分布的集成有传感器、数据处理单元和通信单元的微小节点，通过自组织的方式构成无线网络。

（3）M2M 指人与人（Man to Man）、人与机器（Man to Machine）、机器与机器（Machine to Machine）之间的通信，即物-物通信。

（4）两化融合，两化融合是信息化和工业化的高层次深度结合，是指以信息化带动工业化、以工业化促进信息化，走新型工业化道路。

此外，纳米技术、智能嵌入技术的发展将使物联网得到更加广泛的应用。

4．物联网的应用

物联网的应用主要面向用户需求，利用所获取的感知数据，经过前期分析和智能处理，为用户提供特定的服务。目前，物联网应用的研究已经扩展到智能农业、智能交通、智能物流、智能医疗等多个领域。

1）智能农业

物联网在"精准农业""智能耕种"等方面得到了较好的运用，例如在牛的养殖过程中，可以给牛安装信息采集设备，及时收集牛的运动信息（运动步数、站立时间、行动轨迹），根据这些收集到的数据就可以及时发现问题，及时解决问题，从而提高劳动生产率。同样地，物联网在水产养殖、葡萄酒酿造等行业中的应用也比较成功。

2）智能交通

智能交通系统通过在基础设施和交通工具中广泛应用先进的感知技术、识别技术、定位技术、网络技术、计算技术、控制技术、智能技术对道路和交通进行全面感知，对交通工具进行全程控制，对每条道路进行全时空控制，以提高交通运输系统的效率和安全性，同时降低能源消耗和对地球环境的负面影响。智能交通系统中的物联网技术主要有以下几种。

（1）感知技术：使用多种车载传感器、道路传感器进行感知。

（2）计算决策：对传感器信号进行处理；对驾驶过程中存在的威胁进行评估；在模棱两可的威胁情况下做出决策。

（3）定位技术：嵌入式 GPS 接收器，接收多个不同卫星的信号。

（4）视频检测识别技术：具有很大优势，并不需要在路面或者路基中部署任何设备，因此也称为"非植入式"交通监控，如自动识别车牌。

（5）探测车辆设备技术：探测车辆。

智能交通系统的应用有以下几个方面。

（1）智能交通监测。对交通情况进行实时监测，为驾驶人员和交通管理系统提供及时、全面、准确的交通信息，如拥堵情况、交通事故等，其应用有车流监控和电子警察系统等。

（2）电子收费系统，指在网络环境下，采用电子标签作为通行券，收费过程完全由计算机及其外围设备与通行券自动交换信息，实现车辆的自动识别、费用的自动收取，并自动结账的收费系统。

3）智能医疗

医疗物联网中的"物"就是各种与医学服务活动相关的事物，如患者、医生、护士、医疗器械、检查设备、药品等。医学物联网中的"联"，即信息交互连接，把上述"事物"产生的相关信息进行交互、传输和共享。医学物联网中的"网"是通过把"物"有机地连成一张"网"，就可感知医学服务对象、各种数据的交换和无缝连接，达到对医疗卫生保健服务的实时动态监控、连续跟踪管理和精准的医疗健康决策。例如在医院住院时，将腕式 RFID 标签佩戴于医护人员和患者手腕上，确保只有经过许可的人员才能进入医院重要区域。

4）智能物流

智能物流就是利用条形码、RFID、传感器、GPS 等先进的物联网技术通过信息处理和网络通信技术平台广泛应用于物流业运输、仓储、配送、包装、装卸等基本活动环节，实现货物运输过程的自动化运作和高效率优化管理，提高物流行业的服务水平，降低成本，减少自然资源和社会资源消耗。智能物流有以下特点。

（1）智能化。不再局限于存储、搬运、分拣等单一作业环节的自动化，而是大量应用智能化设备与软件，实现整个物流流程的自动化与智能化。

（2）协同化（一体化）。这是保证智能制造与智能物流活动高度融合的关键。

（3）高度柔性化。真正根据市场及消费者个性化需求的变化来灵活调节产品生产，并兼顾生产成本的降低。

（4）社会化、细粒度、实时性、可靠性等。

2.4.2 云计算

我们为什么需要云计算？我们首先来看一个具体的应用案例：淘宝网后台设置约15 万台服务器，服务于不同的应用系统，而不同的应用系统的负载不同，忙闲不均。据淘宝网后台的分析、测算，如果能在不同的应用之间合理调配计算资源，大约可省去约10 万台服务器，以每台服务器 3 万元计算，可节省约 30 亿元！

"云计算"的概念在 2006 年由谷歌正式提出，但最初的思想雏形可追溯到更早的时间，一般认为：云计算通过集中式远程计算资源池，以按需分配方式，为终端用户提供强大而廉价的计算服务能力。

云计算是一种资源利用模式。它能以简便的途径和以按需使用的方式通过网络访问可配置的计算资源（网络、服务器、存储、应用、服务等），这些资源可快速部署，并能以最小的管理代价或只需服务提供商开展少量的工作就可实现资源发布。

云计算是一种计算模式，在这种模式中，应用、数据和 IT 资源以服务的方式通过网络提供给用户使用；云计算也是一种基础架构管理的方法论，大量的计算资源组成资源池，用于动态创建高度虚拟化的资源以供用户使用。

云计算是分布式计算、并行计算和网格计算等传统计算机技术和网络技术的融合及发展，或者说云计算是这些计算机科学概念的商业实现，是一种 IT 基础设施的交付和使用模式——通过网络以按需、易扩展的方式获得所需的资源（硬件、平台、软件）。

云计算将计算任务分布在大量计算机构成的资源池上，使各种应用系统能够根据需要获取计算力、存储空间和各种软件服务。

云计算的"云"就是指存在于互联网上的服务器集群上的资源，它包括硬件资源（如服务器、存储器、CPU 等）和软件资源（如应用软件、集成开发环境等）。本地计算机只需要通过互联网发送一个需求信息，远端就会有成千上万的计算机提供需要的资源，并将结果返回本地计算机。

1. 云计算的特点

云计算具有超大规模、虚拟化、高可靠性、可扩展性、通用性、按需服务和极其廉价等多个特点。

2. 云计算的核心技术

1）海量数据管理技术

对海量数据进行管理是一项艰巨而复杂的任务，原因有以下几个方面：数据量过大、软硬件要求高，要求很高的处理方法和技巧。

2）虚拟化技术

虚拟化技术是云计算最重要的核心技术之一，它为云计算服务提供基础架构层面的支撑，是 ICT 服务快速走向云计算的最主要驱动力。可以说，没有虚拟化技术也就没有云计算服务的落地与成功。从技术上讲，虚拟化是一种在软件中仿真计算机硬件的技术，以虚拟资源为用户提供服务的计算形式，旨在合理调配计算机资源，使其更高效地提供服务。它打破了应用系统各硬件间的物理划分，从而实现架构的动态化，实现物理资源的集中管理和使用。虚拟化技术的最大好处是增强系统的弹性和灵活性、降低成本、改进服务、提高资源利用效率。从表现形式上看，虚拟化技术又分为两种应用模式。一种应用模式是将一台性能强大的服务器虚拟成多个独立的小服务器，服务不同的用户。另一种应用模式是将多个服务器虚拟成一个强大的服务器，完成特定的功能。这两种应用模式的核心都是统一管理，动态分配资源，提高资源利用率。在云计算中，这两种应用模式都有比较多的应用。

3）海量数据的分布式存储技术

云计算的另一大优势就是能够快速、高效地处理海量数据。在数据爆炸的今天，众多应用场景落地，随之而来的是用户激增、应用增加、海量数据增长，海量数据的存储给本地存储带来了巨大的压力。随着计算机系统规模的增加，原本将所有业务单元集中部署的方案，显然已经无法满足当今需求。为了保证数据的高可靠性，云计算通常会采用分布式存储技术，即将数据存储在不同的物理设备中。这种模式不仅摆脱了硬件设备的限制，而且扩展性更好，能够快速响应用户需求的变化。

在当前云计算领域，谷歌开发的 Google 文件系统（GFS）和 Hadoop 开发的

Hadoop 分布式文件系统（HDFS）是两种流行的云计算分布式存储系统。目前，除谷歌之外的大多数 ICT 供应商的"云"计划是基于 HDFS 进行数据存储的。未来分布式存储技术的发展将集中于超大规模的数据存储、数据加密和安全保障，以及对 I/O 速率的持续改进。

3．云计算的应用

在互联网飞速发展的时代，云计算已经成为 IT 行业的基础平台，其应用领域相当广泛，下面介绍几种面向普通用户的云计算应用。

1）云安全

云安全是云计算在网络安全领域的应用，即采用大量客户端监测网络中软件的异常行为，获得网络中木马、恶意程序等相关信息，推送到服务端，由服务端对这些信息进行分析和处理，将相应的解决方案分发到每一个客户端。

2）云盘

云盘是一种网络存储工具，它通过互联网为企业和个人提供信息的储存、读取、下载共享、同步等服务，数据存放在"云"中。相对于传统的实体磁盘来说，用户不需要把存储重要资料的实体磁盘带在身上，只要能够上网，用户就可以随时随地轻松地从云端读取所存储的信息。云盘具有安全稳定、海量存储的特点，一些云盘服务商提供的免费容量达到 TB 级，实际上是充分地运用了云计算的弹性扩容功能，并且数据重合的资源并不会重复存储，节省了大量的存储空间。用户间的数据共享也十分方便，只要给好友一个提取码就可以轻松地分享数据，实际上云端的存储量并没有任何增加。百度云、微云、360 云盘、金山快盘等都是当前比较知名的云盘服务商。

2.4.3　大数据与数据挖掘

1．大数据的概念

"大数据"（Big Data）指的是这样一种现象：一个公司日常运营所生成和积累用户行为数据"增长如此之快，以至于难以使用现有的数据库管理工具来进行管理，困难存在于数据的获取、存储、检索、共享、分析和可视化等方面"。这些数据量是如此之大，已经不能以我们所熟悉 GB 或 TB 为单位来衡量，而是以 PB、EB 或 ZB 为单位，所以称之为大数据。

大数据是一个比较抽象的概念，维基百科将大数据描述为：大数据是现有数据库管理工具和传统数据处理应用很难处理的大型、复杂的数据集，大数据的挑战包括采集、存储、搜索、共享、传输、分析和可视化等。

大数据系统需要满足以下特性。

（1）规模性（Volume）。需要采集、处理、传输的数据容量大。

（2）多样性（Variety）。数据的种类多、复杂性高。

（3）高速性（Velocity）。数据需要频繁地采集、处理并输出。

（4）价值密度（Value）。存在大量的不相关信息，可以对未来趋势与模式进行预测分析。

2．大数据的特点

在大数据的背景下，数据的采集、分析、处理与传统方式有很大的不同，主要体现为以下几点。

（1）数据的采集方式。在大数据时代，数据的产生方式发生了巨大的变化，数据的采集方式由以往的被动采集数据转变为主动生成数据。

（2）数据采集密度。以往我们进行数据采集时的采样密度较低，获得的采样数据有限；在大数据时代，有了大数据处理平台的支撑，我们可以对需要分析的事件的数据进行更加密集的采样，从而精确地获取事件的全局数据。

（3）数据源。以往我们多从各个单一的数据源获取数据，获取的数据较为孤立，不同数据源之间的数据整合难度较大；在大数据时代，我们可以通过分布式计算、分布式文件系统、分布式数据库等技术对多个数据源获取的数据进行整合处理。

（4）数据处理方式。以往我们对数据的处理大多采用离线处理的方式，即对已经生成的数据集中进行分析处理，不对实时产生的数据进行分析；在大数据时代，我们可以根据应用的实际需求对数据采取灵活的处理方式，对于较大的数据源、响应时间要求低的应用，我们可以采取批处理的方式进行集中计算，而对于响应时间要求高的实时数据处理则采用流处理的方式进行实时计算，并且可以通过对历史数据的分析进行预测分析。

大数据需要处理的数据大小通常达到 PB（1024TB）或 EB（1024PB）级，数据的类型多种多样，包括结构化数据、半结构化数据和非结构化数据。巨大的数据量和种类繁多的数据类型给大数据系统的存储和计算带来很大的挑战，单节点的存储容量和计算能力成为瓶颈。

分布式系统是对大数据进行处理的基本方法，分布式系统将数据切分后存储到多个节点上，并在多个节点上发起计算，可以解决单节点的存储和计算瓶颈。常见的数据切分方法有随机方法、哈希方法和区间方法。随机方法将数据随机分布到不同的节点，哈希方法根据数据的某一行或者某一列的哈希值将数据分布到不同的节点，区间方法将不同的数据按照不同区间分布到不同节点。

3．数据挖掘技术

数据挖掘是从大量的、不完全的、有噪声的、模糊的、随机的数据中，提取隐含在其中人们事先不知道的但潜在的有用信息和知识的过程。经典案例就是啤酒与婴儿尿布的关联规则问题，感兴趣的读者可以搜索相关知识。

4．大数据的影响

（1）在科学研究方面，大数据使得人类科学研究在经历了实验、理论、计算 3 种范式之后，迎来了第四种范式——数据。图灵奖获得者、著名数据库专家吉姆•格雷（Jim Gray）博士总结认为，人类自古以来在科学研究上先后历经了实验、理论、计算和数据四种范式：

实验 → 理论 → 计算 → 数据

（2）在思维方式方面，大数据具有"全样而非抽样、效率而非精确、相关而非因果"三大显著特征，完全颠覆了传统的思维方式。

（3）在社会发展方面，大数据决策逐渐成为一种新的决策方式，大数据应用有力地促进了信息技术和各行业的深度融合，大数据开发大大推动了新技术和新应用的不断涌现。

5. 大数据的应用

大数据在社会生活的各个领域得到广泛的应用，如科学计算、金融、社交网络、移动数据、物联网、网页数据、多媒体等，不同领域的大数据应用具有不同的特点，其对响应时间、系统稳定性、计算精确性的要求各不相同。

大数据在城市管理领域的应用已经屡见不鲜。北京、上海、广州、深圳、厦门等各大城市都已经建立了公共车辆管理系统，道路上正在行驶的所有公交车和出租车都被纳入实时监控，通过车辆上安装的 GPS 导航定位设备，管理中心可以实时获得各个车辆的当前位置信息，作为乘客而言，只要在智能手机上安装了"掌上公交"等软件，就可以通过手机随时随地查询各条公交线路及公交车当前的位置，以便做出自己的乘坐选择。

2.4.4　区块链

1. 区块链的概念

区块链是分布式数据存储、点对点传输、共识机制、加密算法等计算机技术的新型应用模式。它利用块链式数据结构来验证与存储数据、利用分布式节点共识算法来生成和更新数据、利用密码学的方式保证数据传输和访问的安全、利用由自动化脚本代码组成的智能合约来编程和操作数据。

区块链就是一种去中心化的分布式（分布在多地、能够协同运转的）账本数据库系统。区块链中的区块结构如图 2.1 所示。

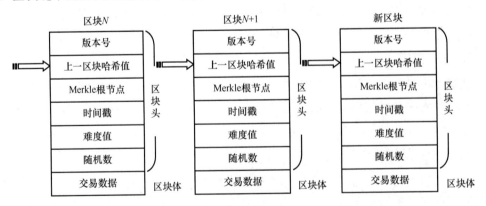

图 2.1　区块链中的区块结构

从狭义上讲，区块链是一个开放的分布式账本或分布式数据库；从广义上讲，区块链是一种全新的去中心化基础架构和分布式计算范式。

2．区块链解决的问题

区块链解决的核心和本质问题是：当无可信中心机构时，如何在信息不对称、不确定的环境下，建立满足活动赖以发生、发展的"信任"生态体系。

区块链能有效解决中心化所带来的负面问题，包括隐私问题、安全问题、数据滥用问题、信息封闭问题、践踏个人权利问题等。

区块链通过去中心化将给社会一个更自由、更透明、更公平的环境，能有效降低信任的成本。

3．区块链的运作原理

区块链区别于传统数据库系统运作原理，任何有能力架设服务器的人在自己喜欢的地方部署了自己的服务器，并连接到区块链网络中，就可以成为这个分布式数据库存储系统中的一个节点；一旦加入，该节点享有与其他节点完全一样的权利与义务。同时，对于在区块链上参与价值转移的人，可以在这个系统中的任意节点进行读写操作，最后全世界所有节点会根据一种共识机制完成同步，从而实现在区块链网络中所有节点的数据完全一致。

4．区块链的缺点

（1）不可篡改、撤销。在区块链里没有后悔机制，任何人对区块链的数据变动几乎无能为力，主要体现在：如果转账地址填错，会直接造成永久损失且无法撤销；如果丢失密钥也一样会造成永久损失无法挽回。

（2）数据公开。区块链是分布式系统，等于每个人手上都有一份完整账本，并且由于区块链计算余额、验证交易有效性等都需要追溯每笔交易记录，因此交易数据都是公开透明的，没有隐私可言。

（3）性能问题。在区块链网络上每个人都有一份完整账本，并且有时需要追溯每笔交易记录，因此随着时间推进，交易数据超大的时候，就会有性能问题，如第一次使用需要下载历史上所有交易记录才能正常工作，每次交易为了验证你确实拥有足够的钱而需要追溯历史每笔交易来计算余额。虽然可以通过一些技术手段（如索引）来缓解性能问题，但问题还是明显存在的。

（4）数据延迟。区块链的交易是存在延迟的，对于比特币来说，当前产生的交易的有效性受网络传输影响，因为要被网络上大多数节点得知这笔交易，还要等到下一个记账周期。

2.4.5 人工智能

人工智能（Artificial Intelligence，AI）是指研究用机器代替和模仿人脑的某些智能功能，通过编写程序模拟人类的思维活动，如感知、判断、理解、学习、问题求解、图像识别等，其应用包括人机对弈、定理证明、翻译语言文字、诊断疾病、海底作业等。

1．人工智能的定义

人工智能是研究和开发用于模拟、延伸和扩展人的智能的理论、方法、技术及应用系统的一门新的技术科学。人工智能是计算机科学的一个分支，它企图了解智能的实质，并生产出一种新的能以人类智能相似的方式做出反应的智能机器，该领域的研究包括机器人、语言识别、图像识别、自然语言处理和专家系统等。人工智能从诞生以来，理论和技术日益成熟，应用领域也不断扩大，可以设想，未来人工智能带来的科技产品，将会是人类智慧的"容器"。

人工智能是对人的意识、思维的信息过程的模拟。人工智能不是人的智能，但能像人那样思考，也可能超过人的智能。

2．人工智能的应用与发展

1）人机对弈

1996 年 2 月，Garry Kasparov 以 4：2 战胜"深蓝"（Deep Blue）。

1997 年 5 月，Garry Kasparov 以 2.5：3.5 输于改进后的"深蓝"。

2003 年 2 月，Garry Kasparov 以 3：3 战平"小深"（Deep Junior）。

2003 年 11 月，Garry Kasparov 以 2：2 战平"X3D 德国人"。

2016 年，AlphaGo 以 4：1 战胜人类围棋选手李世石。

2）模式识别

模式识别主要有 2D 识别引擎、3D 识别引擎、驻波识别引擎及多维识别引擎。目前，2D 识别引擎已推出指纹识别、人像识别、文字识别、图像识别、车牌识别等应用。

3）语音识别

语音识别的目标是将人类语音中的词汇内容转换为计算机可读的输入结果，如按键、二进制编码或字符序列。

语音识别所涉及的领域包括信号处理、模式识别、概率论和信息论、发声机理和听觉机理、人工智能等。

国内关于语音识别的研究与探索从 20 世纪 80 年代开始，取得了许多成果并且发展飞速。清华大学语音技术与专用芯片设计课题组研发的非特定人汉语数码串连续语音识别系统的识别精度达到 94.8%（不定长数字串）和 96.8%（定长数字串）。在有 5% 的拒识率情况下，系统识别精度可以达到 96.9%（不定长数字串）和 98.7%（定长数字串），这是目前国际最好的识别结果之一，其性能已经接近实用水平。中国科学院自动化所及其所属模式科技（Pattek）公司 2002 年发布了他们共同推出的面向不同计算平台和应用的"天语"中文语音系列产品——PattekASR，结束了中文语音识别产品自 1998年以来一直由国外公司垄断的历史。

语音识别常用的方法有以下 4 种：基于语言学和声学的方法、随机模型法、利用人工神经网络的方法、概率语法分析，其中最主流的方法是随机模型法。

4）人脸识别

过去我们购物买单时，收银员会问"刷卡还是现金"，而后这句则变成了"微信还是支付宝"，时至今日，提起刷脸支付，相信大家也都不再陌生。"刷脸支付"的实现离不开人工智能中人脸识别这一技术的日渐成熟。人脸识别是基于人的脸部特征，对输入的人脸图像进行身份确认的一种生物识别技术，它是计算机视觉技术中应用较为成熟的一种技术，被广泛地应用在安防、支付等领域，如人脸解锁、刷脸过门禁、刷脸支付等。人脸识别过程为：首先对图像进行处理，包括人脸检测、面部关键点检测与对齐、人脸编码等。然后，对于有身份信息的不需要识别的人脸编码，将其存储到数据库中以备身份识别使用；对于没有身份信息的需要识别的人脸编码，利用数据库进行身份识别得到对应的身份信息。

（1）人脸检测

人脸识别的第一步需要在采集的照片中找到人脸并确定人脸的位置。手机拍照在人们日常生活中的使用频率也越来越高，我们发现在拍照过程中相机可以比较精准地对焦在所有人脸上，这就是相机的人脸检测功能。那么这一功能是如何实现的呢？一般情况照片多为彩色，但从中检测人脸时并不需要颜色信息，因此需先将彩色图片变为黑白图片，然后通过方向梯度直方图（HOG）的方法从黑白图片上提取特征得到 HOG，最终便可在 HOG 中寻找人脸。

（2）面部关键点检测与对齐

若数据库中每人只有一张人脸照片，那么计算机如何把对同一个人从不同角度所拍摄的照片判断为同一人呢？面部关键点估计算法很好地解决了这一问题，其基本思路是找出人脸中普遍存在的 68 个关键点，如眉毛的内部轮廓、眼睛的外部轮廓、下巴的顶部等。通过在大量人脸数据上的训练，这一算法已经可以在所有人脸中找出这 68 个关键点，然后根据这些关键点对不同角度拍到的人脸图片进行平移、缩放、旋转等相应操作，进而解决同一个人不同角度的人脸识别问题。

（3）人脸编码

对于计算机来说，所有的信息都必须使用数字来表示，这样才能够被计算机读取、存储与计算。信息转化成用数字表示的过程称为编码。人脸编码通常使用一种固定的方法从一张人脸上提取一些基本特征来表示人脸，如眼睛间距、鼻子长度、耳朵大小等。然后，以相同方法检测被测人脸，最终通过比对找到数据库中与被测人脸最相似的已知的脸。在计算机视觉领域中通常使用人工智能中的卷积神经网络来对图片进行特征提取，卷积神经网络可提取到更加精细的人脸特征，进而提高人脸识别的准确率。

（4）身份识别

经过人脸编码后，有对应身份信息的人脸编码将存储到数据库中以备使用。没有身份信息的人脸编码，应通过编码从数据库中找出最相似的人脸。

5）自动工程

从 2017 年开始，分拣机器人在物流行业被迅速、广泛应用，物流公司纷纷使用分拣机器人进行快递分拣业务，该分拣机器人有以下特点：

（1）自动扫描快递条形码并确认快递的目的地；

（2）可以实现自动充电；

（3）可以自动躲避其他分拣机器人；

（4）分拣速度快，可以高效率工作。

那么，分拣机器人的工作原理是什么呢？

不同类型的分拣机器人无论外形如何，都有图像识别系统，通过磁条引导、激光引导、超高频 ARFID（射频自动识别技术）引导，以及机器人视觉识别技术，分拣机器人可以自动行驶，"看到"不同物品的形状之后，分拣机器人可以将托盘上的物品自动运送到指定的位置。随着我国电子商务和物流业的发展，分拣机器人在物流系统中体现出了非常大的应用优势和推广价值。

尽管国内外对智能机器人的研究已经取得了很多成果，但是机器人智能化的总体水平还不是很高，因此必须加快智能机器人的发展，推动社会的进步和发展。

人工智能已经应用到我们生活的各个领域，正在改变着整个世界。人工智能的发展是人类科学技术的必然趋势。面对这一趋势，我们应该不断拓展，锐意创新，真正让人工智能促进社会的进步与发展。

6）知识工程

知识工程以知识本身为处理对象，研究如何运用人工智能和软件技术，设计、构造和维护知识系统，包括专家系统、智能搜索引擎、计算机视觉和图像处理、机器翻译和自然语言理解、数据挖掘和知识发现。

（1）专家系统

专家系统是一种在特定领域内具有专家水平和解决问题能力的程序系统，能有效地运用专家多年积累的有效经验和专业知识，并模拟专家解决问题时的思维过程，进而解决专家才能解决的问题。专家系统是利用专家知识来求解领域内的具体问题，需要有一个推理机构，能根据用户提供的已知事实，通过运用知识库中的知识，进行有效的推理，从而实现问题的求解，其核心是知识库和推理机，二者既相互联系又相互独立，这样既保证了推理机可利用知识库中的知识进行推理以实现对问题的求解，同时还保证了当知识库发生适当更新变化时，只要推理方式不变，推理机部分就可以不变，这样便于系统扩充，具有一定的灵活性。一般的专家系统结构如图 2.2 所示。

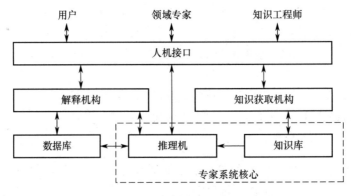

图 2.2 一般的专家系统结构

（2）知识获取技术

① 人工神经网络

人工神经网络是一个由神经元组成的高度复杂网络，是一个并行的非线性信息处理系统。自从图灵提出"机器与智能"起，有学者认为如果能够模拟人类大脑里的神经网络制造出一台机器，那这台机器就有智能了。

人工神经网络是为了模拟人脑神经网络而设计的一种计算模型，它从结构、实现机理和功能上模拟人脑的神经网络。人工神经网络与生物神经元（如图 2.3 所示）类似，是由多个节点（即人工神经元）相互连接而成的，可用于对数据之间的复杂关系进行建模。不同节点之间的连接被赋予了不同权重，每个权重代表了一个节点对另一个节点的影响大小。早期的神经网络模型不具备学习能力，"赫布网络"是第一个可学习的人工神经网络。感知器是最早具有机器学习思想的神经网络，但其学习方法无法扩展到多层的神经网络上。直至 1980 年左右，反向传播算法才有效地解决了多层神经网络的学习问题，且成为最为流行的神经网络学习算法。

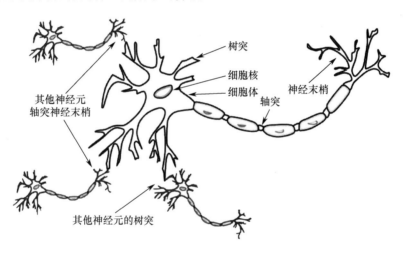

图 2.3　生物神经元

② 深度学习

深度学习是机器学习诸多算法中的一种，而机器学习又是人工智能的一个子集。随着互联网产生的海量数据与神经网络的结合，深度学习技术得以产生，引发了新一轮人工智能的研究和应用热潮。深度神经网络（Deep Neural Network，DNN）通过数学和工程技巧结合大数据来增加神经网络隐含层的数量（深度）。

3. 人工智能的意义

（1）人工智能使当前的计算机更好用、更有用，以扩大和延伸人类智能。

（2）人工智能是信息化社会的迫切要求。

（3）人工智能是自动化发展的必然趋势。

（4）人工智能有利于探索人类自身智能的奥秘。

4．人工智能的研究内容

（1）搜索与求解问题，主要研究图（或空间）搜索与问题求解。

（2）知识与推理，主要研究知识在计算机中的表示与机器推理问题。

（3）学习与发现，主要研究机器学习与知识发现。

（4）发明与创造，主要研究机器的自主发明与创造。

（5）感知与响应，主要研究机器感知与响应。

（6）理解与交流，主要研究机器的自然语言理解与交流。

（7）记忆与联想，主要研究机器的记忆与联想机制。

（8）竞争与协作，主要研究智能体（如智能机器人）之间的竞争与协作，例如如何使得一组无人机在空中组成一定的队形。

（9）系统与建造，主要研究智能系统的设计和实现技术。

（10）应用与工程，主要研究人工智能的应用和工程技术。

2.4.6　博弈论

计算思维应用于解决社会或自然领域中问题，一方面是社会或自然的计算化，即社会或自然的演化规律可以通过计算化来实现。其基本过程是：将社会或自然现象进行抽象，表达成可以计算的对象，构造研究这种对象的算法和系统来实现社会或自然的计算，进而通过这种计算分析其演化的规律等。另一方面是计算求解的自然化，即用社会或自然所能接受的形式或者与其相一致的形式来展现计算及求解过程与结果。例如，多媒体形式是将结果以听觉、视觉化的形式展现；虚拟现实是将结果以触觉形式展现；自动控制是将结果以现实世界可感知的形式展现。其中最为著名的当属博弈论。

博弈论，又称为对策论、赛局理论等，既是现代数学的一个新分支，也是运筹学的一个重要学科。近代对于博弈论的研究，开始于策梅洛、波莱尔及冯·诺依曼。

1928 年，冯·诺依曼证明了博弈论的基本原理，从而宣告了博弈论的正式诞生。1944 年，冯·诺依曼和摩根斯坦共著的划时代巨著《博弈论与经济行为》将二人博弈结构推广到 n 人博弈结构，并将博弈论应用于经济领域，从而奠定了这一学科的基础和理论体系。

1950—1951 年，约翰·纳什利用不动点定理证明了均衡点的存在，为博弈论的一般化奠定了坚实的基础。约翰·纳什的开创性论文《n 人博弈的均衡点》和《非合作博弈》等给出了"纳什均衡"的概念和均衡存在定理。此外，莱因哈德·泽尔腾、约翰·海萨尼的研究也对博弈论发展起到了推动作用。今天博弈论已发展成一门较完善的学科。

博弈论主要研究公式化了的激励结构间的相互作用，是研究具有斗争或竞争性质现象的数学理论和方法。博弈论考虑游戏中个体的预测行为和实际行为，并研究它们的优化策略。博弈论已经成为经济学的标准分析工具之一，在金融学、证券学、生物学、经济学、国际关系、计算机科学、政治学、军事战略和其他很多学科中都有广泛的应用。

人物介绍

约翰·纳什

约翰·纳什（John Nash，1928 年 6 月 13 日—2015 年 5 月 23 日）提出"纳什均衡"的概念和均衡存在定理，是著名的数学家、经济学家，前麻省理工学院助教，后任普林斯顿大学数学系教授，主要研究博弈论、微分几何学和偏微分方程。由于他与另外两位数学家在非合作博弈的均衡分析理论方面做出了开创性的贡献，对博弈论和经济学产生了重大影响，因此获得 1994 年诺贝尔经济学奖。

影片《美丽心灵》（*A Beautiful Mind*）是一部改编自同名传记并获得奥斯卡金像奖的电影。这部影片以约翰·纳什与他的妻子艾莉西亚（曾离婚，但 2001 年复婚）以及普林斯顿的朋友、同事的真实感人的故事为题材，艺术地重现了这个爱心呵护天才的传奇故事。

周以真

周以真是美国计算机科学家，曾任卡内基·梅隆大学教授，美国国家自然基金会计算与信息科学工程部助理部长，ACM 和 IEEE 会士。她的主要研究领域是形式方法、可信计算、分布式系统、编程语言等。现为哥伦比亚大学数据科学研究院主任、计算机科学教授，其长期研究兴趣主要集中于网络安全、数据隐私以及人工智能。

周以真毕业于麻省理工学院电气工程和计算机科学专业，先后在麻省理工获得学士、硕士以及博士学位。1983—1985 年，周以真在南加州大学任助理教授。

自 1985 年起，周以真任教于卡内基梅隆大学。2004—2007 年间，曾担任该校计算机系主任。2013 年，周以真加盟微软，担任微软全球副总裁兼微软研究院海外负责人，负责微软除美国本土以外所有研究院的工作。

思 考 题

1. 计算机思维的本质是什么？

2. 简单描述计算机思维解决问题的几个主要步骤。

3. 你对人工智能技术的发展趋势有哪些认知？

4. 你所了解的人工智能技术应用有哪些？尝试分析该应用中所使用的人工智能技术。

5. 你学习博弈论知识后，思考博弈论可以应用到你所学专业的哪些应用中？

6. 你从北京冬奥会中看到了哪些人工智能项目的应用？这些应用给我们带来了什么样的好处？你觉得还有哪些可应用的场所？

7. 你如何看待"人工智能技术的发展将会给人类带来威胁"这一说法？

8. 请举例分析说明你在现实生活中用到的物联网技术应用项目。

9．大数据技术与一般我们用到的数据库技术有什么异同？

10．能否用一个案例印证：我们可以从海量数据中，挖掘出事物运动存在的基本规律（知识），这些知识可以帮助我们分析预测、解决问题。

11．我们经常使用的云盘与云计算技术是什么关系？

12．区块链技术可以用于超市物品的信息记录（物品产地、生产者、运输方式、交易信息等），请分析该应用的价值。

第3章　Windows 操作系统

本章导读

　　Windows 操作系统是微软开发的一种图形用户界面操作系统，它利用图像、图标、菜单和其他可视化部件控制计算机，使用鼠标可以方便地实现各种操作，而不必记忆和输入控制命令。熟练使用 Windows 操作系统是我们学会使用计算机迈出的第一步。不同版本的 Windows 操作系统的界面有很大的不同。掌握操作系统的有关基础知识就可以更好、更快地适应新版本、新界面。

　　本章以 Windows 10 操作系统为例，学习 Windows 桌面组成、Windows 窗口的组成、文件资源管理器下的文件和文件夹操作、Windows 基本设置等基础知识，为我们熟练使用 Windows 操作系统打下良好的基础。

3.1　操作系统的分类

　　操作系统是为了对计算机的硬件资源和软件资源进行有效的控制和管理，合理地组织计算机的工作流程，充分发挥计算机的工作效率以及为了使用户方便使用计算机而配置的一种系统软件。引入操作系统的主要目的有两个：一是方便用户使用计算机，用户只要通过一条简单的命令或者单击相应图标就可以完成复杂功能；二是统一管理计算机的软件资源和硬件资源，合理安排计算机工作流程，因此形象地称操作系统为计算机"管家"。

3.1.1　操作系统的类型

　　目前操作系统的类型繁多，有多种分类方法。根据使用环境和对作业处理方式分类，操作系统可分为批处理操作系统、分时操作系统和实时操作系统；根据所支持的用户数量分类，操作系统可分为单用户操作系统和多用户操作系统；根据硬件结构分类，操作系统可分为网络操作系统、分布式操作系统、嵌入式操作系统。

1. 批处理操作系统

　　批处理操作系统是一种早期用在大型机上的操作系统，批处理操作系统的基本工作方式是用户将作业交给系统操作员，系统操作员在收到作业后，并不立即将作业输入计算机，而是在收到一定数量的作业之后，组成一批作业，再把该批作业输入计算机，在系统中形成一个自动转接的连续的作业流，然后启动操作系统，系统自动、依次执行每个作业，最后由系统操作员将作业结果交给用户。批处理操作系统的特点是成批处理，追求的目标是系统资源利用率高、作业吞吐率高。

2．分时操作系统

为了弥补批处理操作系统不能向用户提供交互式快速服务的缺点而发展起来了分时操作系统，它允许多个用户共享同一台计算机的资源，分时操作系统将 CPU 的时间资源分成极短的时间片，一个时间片通常是几十毫秒，计算机系统按固定的时间片轮流为各个终端服务。由于计算机的处理速度很快，用户感觉不到等待时间，似乎这台计算机专为自己服务一样。分时操作系统的主要目的是对联机用户的服务响应，具有多路性、独占性、及时性和交互性等特点。

3．实时操作系统

实时操作系统是保证在一定时间限制内完成特定功能的操作系统。实时操作系统有硬实时和软实时之分，硬实时要求在规定的时间内必须完成操作，这是在操作系统设计时保证的；软实时则只要按照任务的优先级，尽可能快地完成操作即可，通常用在工业过程控制和信息实时处理方面。工业过程控制主要包括数控机床、电力生产、飞行器、导弹发射等方面的自动控制；信息实时处理主要包括民航中的查询班机航线和票价、银行系统中的财务处理等。实时操作系统的主要特点是高响应性、高可靠性、高安全性等。

4．单用户操作系统和多用户操作系统

单用户操作系统是指一台计算机在同一时间只能由一个用户使用，一个用户独自享用系统的全部硬件资源和软件资源；如果在同一时间允许多个用户同时使用计算机，则称为多用户操作系统。

Windows 操作系统是单用户多任务的操作系统，同一时刻只能供一个用户使用，但可以同时运行多个任务。UNIX、Linux 操作系统属于多用户多任务操作系统。

5．网络操作系统

网络操作系统是网络的心脏和灵魂，是向网络计算机提供服务的特殊的操作系统，它借由网络达到互相传递数据与各种消息的目的，分为服务器（Server）及客户端（Client）。服务器的主要功能是管理服务器和网络上的各种资源和网络设备，加以整合并管控流量，避免网络瘫痪的可能性，而客户端有能接收服务器所传递的数据并进行运用的功能，这样客户端可以清楚地搜索所需的资源。

6．分布式操作系统

多台分散的计算机经互连网络的联接可以获得极高的运算能力及数据共享能力，这样的一类系统称为分布式系统，用于管理分布式系统资源的操作系统称为分布式操作系统。在分布式操作系统控制下，系统中的各台计算机组成一个完整的、功能强大的计算机系统。分布式操作系统打破了传统的集中式单机局面，从分散处理的概念出发来组织计算机系统，具有较高的性价比，具有灵活的系统可扩展性和良好的实时性、可靠性与容错性等潜在优点。

7．嵌入式操作系统

嵌入式操作系统是指用于嵌入式系统的操作系统，通常包括与硬件相关的底层驱动软件、系统内核、设备驱动接口、通信协议、图形界面、标准化浏览器等。嵌入式操作系统

负责嵌入式系统的全部软件资源和硬件资源的分配、任务调度，控制、协调并发活动。它必须体现其所在系统的特征，能够通过装卸某些模块来达到系统所要求的功能。目前在嵌入式领域广泛使用的嵌入式操作系统有：嵌入式实时操作系统 µC/OS-II、嵌入式 Linux、Windows Embedded 和 VxWorks 等，以及应用在智能手机和平板电脑的 Android、iOS 等。

3.1.2 常用操作系统介绍

在微型计算机应用史上，出现过许多不同的操作系统，其中最为常用的有 DOS 操作系统、UNIX 操作系统、Linux 操作系统、Windows 操作系统，以下分别介绍其特点。

1．DOS 操作系统

DOS 操作系统自 1981 年问世以来，经历了几次大的版本升级，其功能得到不断地改进和完善，但是 DOS 操作系统的单用户、单任务、字符界面和 16 位的大格局没有变化，因此它对于内存的管理也局限在 640KB 的范围内。

常用的 DOS 操作系统有 3 种不同的品牌，它们是微软的 MS-DOS、IBM 的 PC-DOS 以及 Novell 的 DR-DOS。这 3 种 DOS 操作系统都是兼容的，但仍有一些区别，使用最多的是 MS-DOS，到 20 世纪 90 年代后期，它被 Windows 操作系统所取代。

2．Unix 操作系统

Unix 操作系统是一种多用户多任务的分时操作系统，一般用于服务器、中小型机、工作站等。

Unix 操作系统多数是硬件厂商针对自己的硬件平台使用的操作系统，主要与 CPU 等有关，例如 Sun 的 Solaris 主要应用在其使用的 SPARC/SPARCII CPU 的工作站及服务器上。

3．Linux 操作系统

Linux 操作系统是一套免费使用和自由传播的类 Unix 操作系统，它主要应用在基于 IntelX86 系列 CPU 的计算机上。Linux 操作系统是由世界各地成千上万的程序员设计和实现的，其目的是建立不受任何商品化软件版权制约的、全世界都能自由使用的 Unix 操作系统兼容产品。Linux 操作系统以其高效性和灵活性而著称，它能够在计算机上实现全部 Unix 操作系统的特性，并具有处理多用户多任务的能力。

目前，Linux 操作系统正在全球各地迅速普及并推广，各大软件厂商如 Oracle、Sybase、Novell、IBM 等均发布了针对 Linux 操作系统的产品，我国自主研发的有红旗 Linux 操作系统、蓝点 Linux 操作系统等。

4．Windows 操作系统

Windows 操作系统是微软开发的基于图形用户界面的单用户多任务操作系统。Windows 操作系统从 1983 年开始研制，1985 年 Windows 1.0 问世，1987 年推出了 Windows 2.0，1990 年微软推出的 Windows 3.0 成为当时最流行的微型计算机操作系统。之后，Windows 操作系统又经历了 Windows 95、Windows 98、Windows 2000、Windows XP、Windows Vista、Windows 7、Windows 8、Windows 10 的发展过程。

3.2　Windows 10 入门

3.2.1　Windows 10 的启动与退出

1．Windows 10 的启动

打开计算机电源后，Windows 10 被载入计算机内存，Windows 10 会进行系统自检和引导程序的加载过程，如果系统运行正常，则无须进行其他任何操作。若没有创建系统用户和密码，则可以直接进入 Windows 10 的桌面。若设置了多个用户使用同一台计算机，启动过程中将需要选择用户，输入正确的用户名和密码，然后继续完成启动，进入 Windows 10 桌面，也是用户操作计算机的工作界面，如图 3.1 所示。

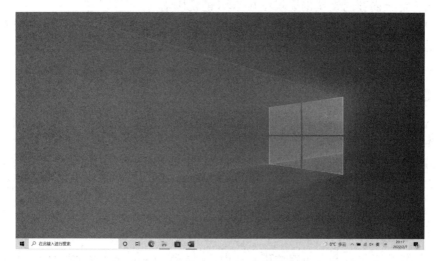

图 3.1　Windows 10 桌面

2．Windows 10 的退出

在使用完计算机后，需要退出 Windows 10。首先保存文件或数据，然后关闭所有打开的应用程序。单击"开始"按钮，在打开的"开始"菜单中单击"电源"按钮，然后在打开的列表中选择"关机"命令即可，如图 3.2 所示。成功关闭计算机后，再关闭显示器的电源。

1）关机

系统首先会关闭所有运行中的程序，然后关闭系统后台服务，接着系统向主板和电源发出特殊信号，让电源切断对所有设备的供电，计算机彻底关闭。

图 3.2　退出 Windows 10

2）重启

重启是先关闭计算机，然后计算机立即自动启动并进入 Windows 10 的过程。通常重启是在安装系统软件、应用软件或者进行有关配置后，为了使配置生效而进行的操作。如果计算机出现系统故障或死机现象，也可以重启计算机。

3）睡眠

睡眠是计算机处于待机状态下的一种模式。睡眠可以节约电源，省去烦琐的开机过程，增加计算机使用寿命。在计算机进入睡眠状态时，显示器将关闭，通常计算机的风扇也会停转，计算机机箱外侧的一个指示灯将闪烁或变黄。Windows 操作系统将记住并保存正在进行的工作状态，因此在睡眠前不需要关闭程序和文件。计算机处于睡眠状态时，耗电量极少，将切断除内存外其他配件的电源。工作状态的数据将保存在内存中。若要唤醒计算机，可以通过按计算机电源按钮恢复工作状态。

3.2.2 Windows 10 桌面

计算机启动完成后，显示器上显示的整个屏幕区域称为桌面（Desktop）。它就和人们的办公桌面一样，为操作方便，人们通常把经常操作的应用程序快捷方式、文件或文件夹放到桌面。桌面由桌面图标和任务栏等部分组成，用户可以根据需要进行个性化设置。在默认情况下，Windows 10 桌面由桌面图标、鼠标指针和任务栏 3 个部分组成。

1. 桌面图标

桌面图标是位于桌面上的一个个小的图像，可以是"此电脑""回收站"等系统自带图标，也可以是安装的应用软件（如 Office、Photoshop 等）、文件或文件夹等图标。双击这些桌面图标可以快速打开对应的应用程序、文件或文件夹，如图 3.3 所示。

桌面图标分为普通图标和快捷方式图标两类。普通图标是Windows 10 为用户设置的图标；快捷方式图标是用户自己设置的图标，在左下角带有弧形箭头标识。快捷方式图标是原对象的"替身"，它是快速打开应用程序和文档的最主要的方法。当删除快捷方式图标时，不会删除程序和文档，而只是删除原程序或文件的一个链接；当删除了一个普通图标时，该图标和程序文档一起被删除。

图 3.3　桌面图标

1）桌面几个重要的图标

（1）"此电脑"图标。双击桌面上的"此电脑"图标，可以打开"此电脑"窗口，如图 3.4 所示。在"此电脑"窗口中可以快速查看有关硬盘、桌面、下载等信息，还可以进行相应的管理。

（2）"回收站"图标。回收站是硬盘的一块区域，用来存放用户从硬盘中删除的文件、文件夹或 Web 页面。当用户误删除或再次需要访问这些文件时，还可以在回收站中将其还原。双击"回收站"图标，打开"回收站"窗口，如图 3.5 所示。

在 Windows 10 中，对某个文件或者文件夹进行删除操作时，并不直接将文件或者文件夹进行物理删除，比较慎重的做法是，先让其进入回收站，即逻辑删除，然后再判断是否要真正删除，即物理删除。

图 3.4 "此电脑"窗口

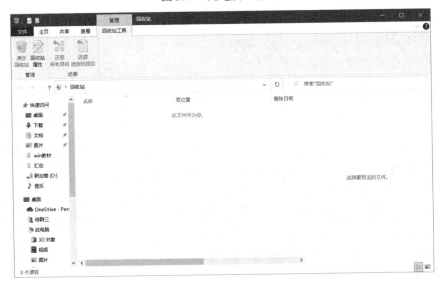

图 3.5 "回收站"窗口

2）桌面图标的操作

（1）添加桌面图标

Windows 10 安装完成后，Windows 10 桌面图标可以通过下述方法添加。

右击桌面空白处，在弹出的快捷菜单（在窗口或桌面任意处右击，出现的由几条命令组成的小型菜单，因为方便快捷，所以称为快捷菜单）中选择"个性化"命令，打开"个性化"窗口。单击窗口左侧的"主题"选项，在"主题"窗口右侧单击"桌面图标设置"选项，打开"桌面图标设置"对话框，如图 3.6 所示。在"桌面图标"选项区域，勾选需要添加图标所对应的复选框（如"计算机"复选框），单击"确定"按钮，在桌面上立即添加相应的图标。

（2）重新排列桌面图标

右击桌面空白处，在弹出的快捷菜单中，选择"查看"级联菜单下的命令，如图 3.7 所示，桌面上的图标将按设置重新排列。例如，选中"中等图标""自动排列图标""将图标与网格对齐""显示桌面图标"命令，Windows 10 将会自动按中等图标的大小将桌面图标排列整齐。

图 3.6 "桌面图标设置"对话框　　　　　图 3.7 排列桌面图标

2．任务栏

1）任务栏的组成

Windows 10 的任务栏（Taskbar）是指位于桌面最下方的小长条，由"开始"按钮 、搜索图标、"任务视图"按钮 、任务区、通知区域和"显示桌面"按钮组成，如图 3.8 所示。

图 3.8 任务栏的组成

（1）"开始"按钮

"开始"按钮位于任务栏最左边，用于打开"开始"菜单。"开始"菜单包含了可使用的大部分程序和最近用过的文档，是计算机程序、文件夹和设置的主门户，使用它可以方便地打开文件夹或文件、访问 Internet 和收发邮件等，也可以对系统进行各种设置和管理。

单击"开始"按钮，打开"开始"菜单，Windows 10 的"开始"菜单如图 3.9 所示。

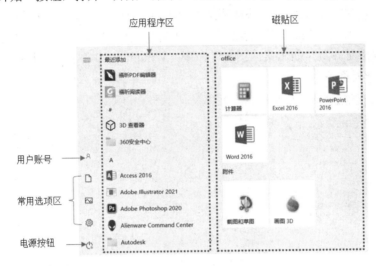

图 3.9　Windows 10 的"开始"菜单

① 系统控制区。"开始"菜单左侧窗格是 Windows 10 的系统控制区，是操作计算机的核心部分。系统控制区的最上方是用户信息区，显示"用户账户头像"。系统控制区的下方是操作计算机的常用选项区，如"文档""图片""设置"等，单击某项将打开相应的窗口对计算机进行操作。系统控制区的最下方是电源按钮，单击该按钮会上弹"睡眠"、"关机"和"重启"选项，以供用户选择。

② 应用程序区。应用程序区列出安装到计算机的应用程序的快捷方式，单击快捷方式即可启动相应的应用程序。应用程序的排序以拼音字母顺序排列。

③ 磁贴区。可以将经常使用程序的快捷方式添加到磁贴区，方便使用。磁贴区的磁贴可以添加、移除，也可以分组，分组的磁贴如图 3.10 所示。

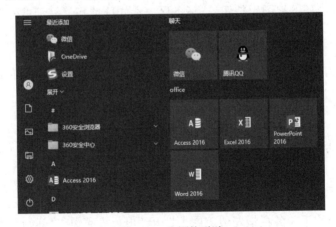

图 3.10　分组的磁贴

（2）搜索图标

单击搜索图标打开搜索框，输入搜索内容，不仅能够显示本地计算机中的搜索结果，还会显示网络搜索结果。例如，需要使用画图程序时，可以直接在搜索框中输入"画图"两个字符，计算机会自动搜索这个程序并显示出来，用户可以直接在搜索结果中单击打开这个应用。

（3）"任务视图"按钮

单击"任务视图"按钮就可以快速在打开的多个软件、应用、文件之间切换，还可以在任务视图中新建桌面，在多个桌面间进行快速切换，如图 3.11 所示。右击任务栏空白处，在快捷菜单中，可以显示或隐藏"任务视图"按钮。

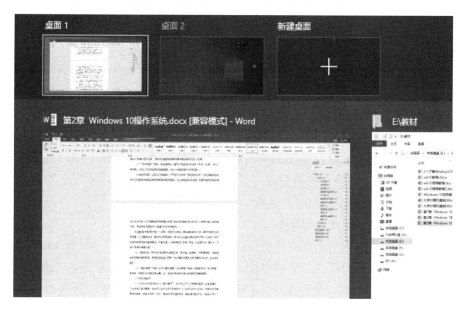

图 3.11　任务视图

（4）任务区

正在运行的程序、打开的文件夹和锁定到任务栏的应用程序都会在任务栏的任务区以程序按钮的形式呈现。将鼠标指向预览标签可以在任务栏上方的缩略图中预览窗口内容，单击预览标签可以在它们之间进行窗口的快速切换。单击某程序图标可以快速打开该应用程序。

右击任务区的任意一个程序按钮或者向上拖动，都会弹出跳转列表。跳转列表显示软件快捷入口及最常访问、最近访问的信息等，其内容会依据对象类别而不同。它简化了用户在程序间的切换和跳转操作，可视为一个特殊的微型"开始"菜单，从这里开始，要比从"开始"菜单开始更方便。

（5）通知区域

任务栏的右侧为通知区域，显示输入法图标、扬声器图标、网络图标和日期时间图标等，有些程序的运行图标（如计算机设置状态及杀毒软件动态）也会在此显示。

（6）"显示桌面"按钮

任务栏最右侧是"显示桌面"按钮，单击"显示桌面"按钮，所有打开的窗口都会最小化，显示桌面；再次单击该按钮，还原到初始状态。

2）任务栏的操作

（1）改变任务栏区域的大小

默认情况下，任务栏位于桌面的底部，且高度确定，不会被其他窗口覆盖，但也可以改变任务栏区域的大小。右击任务栏空白处，在弹出的快捷菜单中选择"锁定任务栏"命令，取消任务栏锁定状态（默认是锁定状态，"锁定任务栏"前出现"√"），然后将鼠标指针悬停在任务栏靠近桌面内侧的边框，鼠标指针变成一个双向箭头时，按住鼠标左键拖动任务栏，可以改变任务栏区域的大小。

（2）改变任务栏位置

改变任务栏位置的前提是任务栏为非锁定状态，将鼠标指针指向任务栏的空白处，按住鼠标左键可以将任务栏拖放到桌面的顶部或左、右两侧。改变了任务栏的位置或尺寸后，任务栏的各个组成部分会自动调整相应的位置和大小。

（3）锁定任务栏

右击任务栏的空白处，在弹出的快捷菜单中选择"锁定任务栏"命令，"锁定任务栏"前出现"√"，即可将任务栏锁定。任务栏锁定后，将不能改变任务栏区域的大小或位置。

（4）添加或移除快速启动应用程序

若要通过任务栏快速启动某应用程序，则可以先将其"固定"到 Windows 10 任务栏的程序按钮区，然后即可在任务栏中快速打开该应用程序。在桌面空白处右击或右击"开始"菜单中想要锁定的应用程序，在弹出的快捷菜单中选择"固定到任务栏"命令，即可在程序按钮区出现该应用程序图标。若要将快速启动程序图标从任务栏中的程序按钮区移除，则只要右击程序图标，在弹出的快捷菜单中选择"从任务栏取消固定"命令即可。

（5）"任务管理器"管理程序

在任务栏空白处右击，在弹出的快捷菜单中选择"任务管理器"命令或按 Ctrl+Alt+Delete 或者 Ctrl+Shift+Esc 组合键，均可打开"任务管理器"窗口，如图 3.12 所示。任务管理器提供了有关计算机性能的信息，并显示了计算机上所运行的程序和进程的详细信息；如果计算机连接到网络，那么还可以在任务管理器中查看网络状态并迅速了解网络是如何工作的。

这里只介绍应用程序的管理功能，即结束一个程序或启动一个程序。在"任务管理器"窗口中，选择"应用程序"选项卡，用户可以看到系统中已启动的应用程序及当前状态。在该窗口中，单击选中一个应用程序（任务），如果需要同时结束多个任务，可以按住 Ctrl 键复选，单击"结束任务"按钮，可以关闭选中的应用程序。此操作通常用于安全关闭一个没有响应的程序。

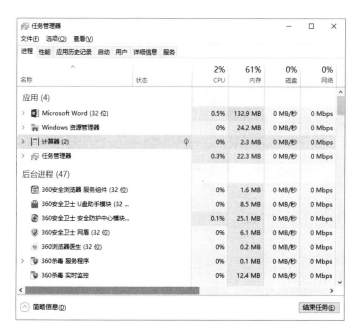

图 3.12 "任务管理器"窗口

3.2.3 Windows 10 窗口与对话框

1. Windows 10 窗口

Windows 操作系统及其应用程序均采用图形化界面，每当打开程序、文件或文件夹时，都会在屏幕上对应出现一个矩形区域，这个矩形区域称为窗口。窗口一般分为系统窗口和程序窗口。系统窗口是指如"此电脑"窗口等 Windows 10 操作系统窗口；程序窗口是各个应用程序所使用的执行窗口。尽管窗口的内容各不相同，但是在外观、风格和操作方式上都高度统一。

1）窗口的组成

典型的 Windows 10 窗口的组成大致相同，一般由边框、标题栏、选项卡、工作区域、导航窗格、滚动条等元素组成。下面以 Windows 10 "此电脑"窗口为例，介绍窗口的组成，如图 3.13 所示。

（1）边框

边框是窗口四周的框架。将鼠标指针指向边框出现双箭头时，可以按住鼠标左键拖动窗口边框以调节窗口的大小。

（2）标题栏

标题栏位于窗口顶部，包括控制菜单按钮、控制按钮（"最大化"按钮或"还原"按钮、"最小化"按钮和"关闭"按钮）。其中，控制菜单按钮是隐藏的，当用户在窗口左上角（控制菜单区域）单击时，可打开隐藏的控制菜单，如图 3.14 所示。

（3）快速访问工具栏

快速访问工具栏位于窗口顶部、控制菜单的右侧，其中列出常用的窗口操作，如"新建文件夹"和"属性"等，使用方便快捷。单击最右侧的下拉按钮，可以自定义快速访问工具栏，如图 3.15 所示。

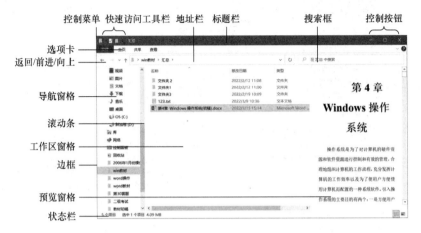

图 3.13 "此电脑"窗口组成

图 3.14 打开隐藏的控制菜单　　　　图 3.15 快速访问工具栏

（4）返回/前进/向上按钮

"返回"和"前进"按钮可以导航到曾经打开的其他文件夹，而无须关闭当前窗口。"向上"按钮可以回到上一层文件夹，当回到根目录时，此按钮显示为灰色。

（5）地址栏

地址栏用于显示或输入当前浏览位置的详细路径信息，每个路径都由不同的下拉按钮连接而成，单击这些下拉按钮可以在不同文件夹中切换。

（6）搜索框

在搜索框中输入关键字，系统将自动在选择的文件夹下搜索所有匹配的对象，并在窗口工作区中显示搜索结果。搜索时，地址栏中会显示搜索进度情况。

（7）选项卡

Windows 10 操作系统的窗口没有传统意义上的下拉菜单，取而代之的是选项卡。每个选项卡下有很多选项，直接展现在用户面前，方便操作。当鼠标指针指向选项卡下某个选项时，稍停片刻，将显示该选项的功能和名称，如图 3.16 所示。

图 3.16　选项卡

在菜单和选项卡中有一些约定的属性，这些约定的属性在任意菜单和选项卡中都有效，具体内容如下。

① 灰色选项。该选项是用灰色字体显示的，表示该命令在当前情况下不适用。

② 带有省略号"…"的选项。表示选择此选项后，将打开一个对话框或者一个设置向导，要求用户进一步输入信息进行设置。

③ 带有圆点符号"●"的选项。表示该选项正处于有效状态，在一组选项中只允许一个选项被选中，当前选中的选项左边会出现一个单选标记"●"。

④ 带有向右箭头"▼"的选项。表示该选项还有下一级选项，鼠标指针单击"▼"，将会显示下一级选项。

⑤ 有对勾符号"√"的命令。表示该命令处于有效状态，再单击此菜单命令将取消选择，此类选项是并列的，允许用户多选。

⑥ 带有字母的命令。在有些菜单命令后面有一个用圆括号括起来的字母，称为"热键"，当打开某个菜单后，该菜单处于激活状态，在键盘上按该字母键，即可执行该命令。

（8）导航窗格

导航窗格提供了树型结构文件夹列表，从而方便用户迅速地定位所需的目标。单击每个类别前的箭头 ▷ 或▼，可以进行展开或者合并。单击各类别中相应的选项，将在右侧的工作区快速显示相关内容。

（9）预览窗格

我们可以在预览窗格中看到缩略版的文件样式，直接浏览文件内容，还可以在预览窗格中对文档直接进行操作，如果只是需要文档中的部分内容，就完全省去了打开、复制、粘贴、关闭这一系列的麻烦操作，大大提高了工作效率。

（10）滚动条

如果窗口的内容较多而不能全部显示时，将出现垂直方向或水平方向的滚动条，拖动滚动条可以查看未被显示部分的内容。

（11）工作区窗格

窗口中面积最大的部分是应用程序的工作区窗格，用于显示当前窗口的内容或执行某项操作后显示的内容。

提示：窗口导航窗格、预览窗格的显示或隐藏可以通过"查看"选项卡 |"窗格"组中的选项来设置，如图 3.17 所示。

图 3.17　显示/隐藏预览窗格、详细信息窗格和导航窗格

2）窗口的操作

（1）打开、关闭窗口

打开窗口有多种方法：双击图标即可打开相应窗口；右击要打开的窗口图标，在弹

出的快捷菜单中选择"打开"命令；单击"开始"按钮，在弹出的"开始"菜单中，单击应用程序区的相应选项也可打开相应窗口。

在窗口中执行完操作后，需要关闭窗口，关闭窗口也有多种方法：右击标题栏，在弹出的快捷菜单中选择"关闭"命令；直接单击窗口右上角的"关闭"按钮；单击窗口左上角控制菜单按钮区，在打开的控制菜单中选择"关闭"命令；双击控制菜单按钮区；右击窗口在任务栏中对应的按钮，在弹出的快捷菜单中选择"关闭窗口"命令；将鼠标指向窗口在任务栏中对应的按钮，单击任务栏上方其对应缩略图中右上角的关闭按钮。

（2）改变窗口的大小

将鼠标指针指向窗口边框或窗口角上，鼠标指针自动变成双向箭头，按住鼠标左键沿箭头方向拖动，即可改变窗口的大小。

（3）移动窗口的位置

将鼠标指针移至窗口的标题栏，按住鼠标左键拖动，到达目标位置后释放鼠标左键即结束移动窗口。需要注意的是，当窗口为最大化时，不能移动窗口。

（4）最小化、最大化或还原窗口

单击窗口右上角的"最小化"按钮，窗口最小化显示，即窗口在屏幕上不显示；当打开多个窗口时，右击任务栏的空白处，在弹出的快捷菜单中选择"显示桌面"命令，实现所有窗口的最小化；单击任务栏的"显示桌面"按钮也可以实现所有窗口的最小化；将鼠标指针指向窗口的标题栏，按住鼠标左键在整个屏幕中晃动该窗口，则除该窗口外，其他窗口都会最小化，再次晃动，这些窗口又重新出现。

单击"最大化"按钮，可使窗口放大到占满整个屏幕，并且"最大化"按钮将变成"还原"按钮，此时若单击"还原"按钮，窗口则恢复到上次显示效果；双击窗口的标题栏，也可以最大化或还原窗口。

在标题栏处右击，在弹出的快捷菜单中选择相应的命令可完成窗口的最小化、最大化和还原操作。在控制菜单中也可以完成窗口的最小化、最大化和还原操作。

（5）切换窗口

用户可以同时打开多个窗口，在同一时刻只有一个程序处于当前运行状态，而其他运行的程序都在后台工作。处于前台运行的窗口称为当前窗口，也称为活动窗口，后台运行的窗口称为非活动窗口。将非活动窗口切换到前台运行，这种操作称为切换窗口。活动窗口总在其他窗口之上，处于最前端，允许接收用户当前输入的数据或命令。Windows 10 提供了多种方式切换窗口。

① 通过窗口可见区域切换窗口。如果此窗口是非当前窗口，并且它的部分区域是可见的，那么在该窗口的可见区域处单击即可切换到该窗口。

② 通过任务栏切换窗口。将鼠标指针指向该程序在任务栏中对应的按钮，此时在任务栏的上方会出现窗口的缩略图，单击该应用程序对应的缩略图，便可将该窗口切换为当前活动窗口。

③ 按 Alt+Tab 组合键切换窗口。按下 Alt+Tab 组合键后，屏幕上将出现任务切换面板，系统当前打开的窗口都以缩略图的形式在切换面板中排列出来。此时按住 Alt 键不放，再反复按 Tab 键，有个蓝色方框将在所有图标之间轮流切换，当方框移动到需要

的窗口图标上时释放 Alt 键，即可切换到该窗口。

④ 按 Alt+Esc 组合键切换窗口。按住 Alt 键不放，不断地按 Esc 键，打开的窗口轮流地在屏幕上出现，当出现需要的窗口时释放 Alt 键即可。

⑤ 按 Win+Tab 组合键切换窗口。在 Windows 10 中可以利用 Win+Tab 组合键进入任务视图。

（6）排列窗口

当在桌面上同时打开多个窗口时，可以对窗口进行重新排列，好的排列方式有利于提高工作效率。在任务栏空白处右击，在弹出的快捷菜单中分别选择"层叠窗口"、"堆叠显示窗口"或"并排显示窗口"命令，就可以重新排列窗口。

（7）复制窗口或整个屏幕

按 PrtSc 键可以复制整个屏幕到剪贴板（剪贴板是 Windows 10 在内存中开辟的一个临时存储区，用于存储被复制或剪切的内容），按 Alt+PrtSc 组合键复制当前活动窗口到剪贴板，然后到目标应用程序（如 Word）中粘贴，即可将整个屏幕或活动窗口图像截取下来。

2．Windows 10 对话框

对话框是用户与计算机系统对话、交互的界面，通常用来获取用户输入信息、配置系统、简短的信息显示和程序运行警告等。对话框分成两种类型，即模式对话框和非模式对话框。模式对话框是指当该种类型的对话框打开时，主程序窗口被禁止，只有关闭该对话框，才能处理主窗口。例如，Word 字处理系统中的"字体"和"段落"对话框就是典型的模式对话框。非模式对话框是指那些即使在对话框被显示时仍可处理主窗口的对话框。例如，Word 字处理系统中的"查找和替换"对话框就是典型的非模式对话框。

对话框与窗口很相似，对话框和窗口的最大区别就是没有"最大化"和"最小化"按钮。在早些时候，对话框是不能调整大小的，不过现在有些含有导航窗格或两个窗格的对话框也可以调整大小。

1）对话框的组成

对话框中的可操作元素主要包括选项卡、命令按钮、单选按钮、复选框、文本框、下拉列表框和数值框等，如图 3.18 所示，但并不是所有的对话框都包含以上所有元素。

（1）文本框□□□□。文本框用于文本信息的输入，单击文本框时，文本框内将会显示"I"形光标（也称为插入点），在插入点处输入内容。

（2）下拉列表框□□□□□。单击下拉列表框右侧的下拉箭头，可以打开列表供用户选择。当选项较多时，会在右边出现滚动条，可以通过滚动条查看列表，然后单击需要的选项。

（3）数值框□□□□。数值框既可以直接在数值框中输入数值，也可以单击数值框右边的微调按钮来改变数值的大小。

（4）复选框☑。复选框是一个或多个方形的小框，给出了一些具有开关状态的设置项，用来选中或者取消多个独立的选项，其中间有"√"时，表示该选项当前有效。

可以同时选择多项或全部不选。单击复选框，就可以选中或取消该项。

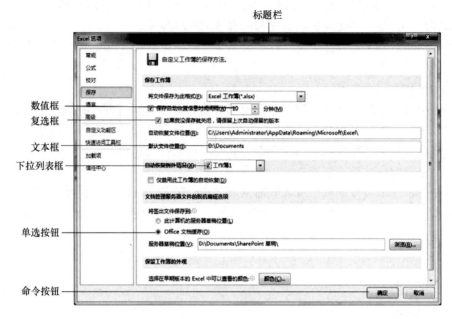

图 3.18 对话框的组成元素

（5）单选按钮◉。单选按钮是一组圆形按钮，选择时只要在某一单选按钮上单击，被选中的按钮中间会有一个圆点。在一组单选按钮中，用户只能选择其中一个。

（6）命令按钮 属性(E) 。命令按钮是带有命令名的矩形按钮，如"确定""关闭""应用"等。在命令按钮上单击，就可以执行该命令。当执行命令名后带有"…"的按钮命令时，将会弹出另一个对话框。如果命令按钮呈暗灰色，表示该命令按钮不可用。

2）对话框的操作

（1）选择操作项

在对话框内设置操作时，要选择对话框的操作项，只需单击某个操作项即可。

（2）移动和关闭对话框

用鼠标拖动对话框的标题栏可以直接移动对话框；要关闭对话框，可以单击"确定"按钮，并使设置和输入的选项生效。若要放弃在对话框中所进行的设置，可以单击"取消"按钮或按 Esc 键。

3.3 Windows 10 文件资源管理器

"文件资源管理器"是 Windows 操作系统提供的资源管理工具，用户可以使用它查看计算机中的所有资源，特别是它提供的树形文件系统结构，能够使用户更直观地进行浏览、查看、移动以及复制等各种操作。

Windows 操作系统采用生动的图标来标识文件夹，系统赋予每个文件夹独特的个性外观，文件夹的图标带有明显的文件特征，通过图标就能轻松地了解文件夹或者某个文件里对应的内容，这使得对文件的查找、复制、删除、移动等操作变得更加方便。

3.3.1 文件资源管理器的打开

在 Windows 10 中，可以有多种方法打开资源管理器，这里主要介绍 3 种方法打开的文件资源管理器窗口，如图 3.19 所示。

（1）右击"开始"按钮，在弹出的快捷菜单中单击"文件资源管理器"命令。

（2）单击"开始"按钮，选择应用程序区中的"Windows 系统"，下拉后单击"文件资源管理器"命令。

（3）在桌面上双击"此电脑"图标。

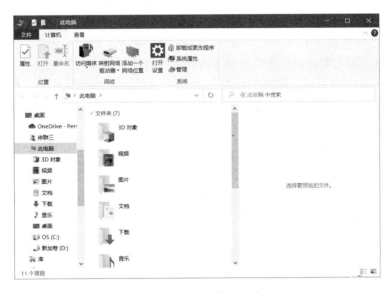

图 3.19　文件资源管理器窗口

Windows 10 的文件资源管理器窗口组成与前面介绍的"此电脑"文件夹窗口一样，默认包含两个窗格。左侧窗格是导航窗格，以树的形式列出了系统的所有资源，主要是方便用户更好地组织、管理及应用资源。右侧窗格是工作区窗格，用来显示当前文件夹下的子文件夹或文件的列表。单击导航窗格中某项内容，资源管理器窗口工作区显示的内容会随之而变，也可以直接双击工作区窗格中的子文件夹，打开并浏览它。

3.3.2 文件和文件夹

1. 文件和文件夹的概念

1）文件

文件是指存放在外存储器上的一组相关信息的集合。它可以是数据、文本、声音、图像和综合信息等。每个文件都有一个名字，称为文件名，文件名是操作系统中区分不同文件的唯一标志。根据文件类型（扩展名等）的不同，文件会以不同的图标显示在文件资源管理器或"此电脑"窗口中。

要打开一个文件，通常需要打开其对应的应用程序，然后在应用程序中打开它。如果某个文件没有与应用程序建立关联，双击该文件时，会弹出"打开方式"对话框，需要从"选择要使用的程序"列表框中选择打开文件的应用程序。文件的关联是自动建立的，并且是可以改变或删除的。

2）文件夹与 DOS 目录

为了便于管理计算机中的文件，将文件分门别类地保存在不同的逻辑组中，这些逻辑组就是文件夹。文件夹的命名规则与文件的命名规则相同，但一般不带扩展名。文件夹中不仅可以包含文件，而且可以包含其他文件夹，文件夹中包含的文件夹称为"子文件夹"。由于文件和文件夹的命名规则相同，因此，我们要根据图标的不同来区分文件和文件夹。在 DOS 系统中，文件夹被称为目录，子文件夹被称为子目录。

Windows 操作系统采用树形结构来进行组织和管理。此结构就像一棵倒立的树，最高层次的目录称为根目录，在根目录下除文件外，还可以有其他子目录，一直可以嵌套很多级。该结构中，上下级的目录之间为父子关系，即下级目录为上级目录的子目录，上级目录是下级目录的父目录；根目录在一个磁盘上，是唯一的，在磁盘格式化时生成，用户无法创建或删除，根目录没有父目录。

3）文件和文件夹的命名规则

文件和文件夹的命名规则相同，命名规则如下。

（1）文件名由主文件名和扩展名两部分构成，用分隔符"."分开。主文件名由用户给定，通常具有一定的意义；扩展名由用户给定或系统自动生成，通常用来识别文件的类型和性质。

（2）Windows 10 下的文件夹名及文件名最多包含 255 个字符，可以由英文字母、数字、下画线、空格和汉字等组成，但不允许使用/、\、：、、*、？、、"、<、>、|等符号。

（3）在同一文件夹中不允许有名称相同的文件或文件夹，英文字母不区分大小写。例如，BOOk.docx 等同于 Book.DOCX。

4）文件类型

根据文件所包含信息的不同，文件可以分成不同的类型，可以根据文件的图标或文件的扩展名来识别文件的类型。常见的文件扩展名和文件类型如表 4.1 所示。

表 4.1　常见的文件扩展名和文件类型

扩展名	文件类型	扩展名	文件类型
com	系统程序文件	txt	纯文本文件
exe	可执行文件	wri	书写器文件
bat	批处理文件	bmp、gif、jpg、tif	静态图像文件
sys	系统配置文件	avi、wmv、mpg、rm	动态图像文件
drv	硬件驱动程序	wav、midi、mp3	声音文件
dll	动态链接库文件	dbf、xls、mdb	数据文件
docx	Word 文档	html	网页文件

5）路径

路径是一串用"\"分隔开的文件夹名称，用来标识文件或文件夹在计算机中的位置。路径的结构一般包括：盘符、从根到指定文件（夹）所经过的各级文件夹名，它们之间用"\"隔开。例如，查找 D 盘 as 文件夹下的 song 子文件夹下的 music.mp3 文件的路径是：D:\as\song\music.mp3。

2. 文件和文件夹操作

1）打开、关闭文件或文件夹

打开文件或文件夹常用的方法如下。

（1）双击需要打开的文件或文件夹。

（2）右击需要打开的文件或文件夹，在弹出的快捷菜单中选择"打开"命令。

关闭文件或文件夹常用的方法如下。

（1）在打开的文件或文件夹窗口中，选择"文件"|"退出"或"关闭"命令。

（2）单击窗口中标题栏上的"关闭"按钮或双击控制菜单按钮（区域）。

（3）使用 Alt+F4 组合键。

2）选定文件或文件夹

在文件资源管理器窗口中管理资源的过程中，为了完成文件或文件夹的创建、打开、重命名、删除、复制、移动等操作，必须首先选定文件或文件夹，以明确要操作的对象，再进行相应的操作。

（1）选择单个文件或文件夹。单击要选定的文件或文件夹图标，该文件或文件夹会变为深色，表示被选定。

（2）选择多个连续的文件或文件夹。按下鼠标左键拖动鼠标，随即出现一个深色矩形框，释放鼠标，则将选定矩形框内的文件或文件夹；或者在第一个要选定的文件或文件夹上单击，然后按住 Shift 键，再单击最后一个要选定的文件或文件夹，此时将选定连续的文件或文件夹。

（3）选择不连续的文件或文件夹。按住 Ctrl 键，再依次在每个要选择的文件或文件夹上单击，被单击的文件或文件夹都变为深色，表示被选定。

（4）选择全部文件或文件夹。单击"主页"选项卡|"选择"组|"全部选择"命令（或按 Ctrl+A 组合键），"主页"选项卡如图 3.20 所示。

（5）反向选择。先采用上述方法选定不要的文件或文件夹，再单击"主页"选项卡|"选择"组|"反向选择"命令即可实现反向选择。

（6）取消选择的文件或文件夹。按住 Ctrl 键，并单击要取消选择的文件或文件夹，即可取消已选定的文件或文件夹；单击窗口空白处，即可取消全部选定的文件或文件夹。

图 3.20 "主页"选项卡

3）新建文件夹

文件夹是用来存放不同文件的容器，在一个文件夹中，还可以包含其他文件或文件夹。新建文件夹的操作步骤如下。

步骤 1：打开文件资源管理器窗口，在导航窗格中单击要新建文件夹所在的磁盘，在出现的工作区窗格中，打开要新建文件夹所在的文件夹，即选择需要新建文件夹的位置。

步骤 2：单击"主页"选项卡|"新建"组|"新建文件夹"命令；或者右击工作区窗格的空白处，在弹出的快捷菜单中选择"新建"|"文件夹"命令，都可以新建一个默认名称为"新建文件夹"的文件夹，如图 3.21 所示。

步骤 3：图标旁会有深色反白显示的"新建文件夹"字样，输入新建文件夹的名称，按 Enter 键或单击工作区窗格空白处即可。

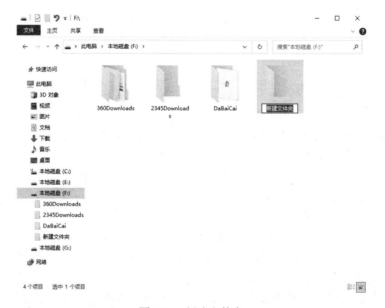

图 3.21　新建文件夹

4）新建文件

文件的创建一般是在应用程序中完成的，如"记事本"程序可以创建扩展名为".txt"的文本文件，"画图"程序可以创建扩展名为".bmp"的位图文件等。对于在系统中已注册的应用程序，在打开的资源管理器窗口中，打开需要创建文件所在的磁盘驱动器或文件夹后，可以使用以下两种方法新建文件。

（1）右击工作区窗格空白处，在弹出的快捷菜单中选择"新建"级联菜单下需要创建的文件类型命令，例如选择"文本文档"命令，会出现一个"新建文本文档.txt"新建文件的图标。输入新的文件名，按 Enter 键或单击工作区窗格空白处即可。

（2）单击"主页"选项卡|"新建"组|"新建项目"命令，在下拉列表中选择需要创建的文件类型命令，其他操作步骤同（1），如图 3.22 所示。

以上两种方法创建的新文件都是空文件，即文件中没有内容。若要创建一个含有内容的文件，通常先启动一个应用程序，在打开的应用程序窗口中按需进行相应的操作后，再将新建的文件保存至目标文件夹下，这也是新建文件最普遍的方法。

图 3.22　"新建项目"下拉列表

5）设置文件或文件夹属性

文件或文件夹属性定义了文件或文件夹的使用范围、显示方式及受保护的权限。通常文件或文件夹有 3 种属性，分别是"只读"、"隐藏"和"高级"属性，各属性的含义如下。

（1）只读属性。设置为只读属性的文件只能阅读，不能修改。注意，若将文件夹设置为只读属性，则只应用于文件夹中的文件。

（2）隐藏属性。设置为隐藏属性的文件或文件夹，在计算机中被隐藏了起来，不能被显示。

（3）高级属性。文件夹的高级属性主要用来设置"存档和索引属性"和"压缩或加密属性"两种属性，而文件的高级属性主要包括"文件属性"和"压缩或加密属性"两种属性。

设置文件或文件夹属性的操作步骤如下。

步骤 1：选定文件或文件夹，单击"主页"|"属性"|"属性"命令；或右击文件或文件夹，在弹出的快捷菜单中选择"属性"命令，均能打开文件或文件夹的属性对话框，分别如图 3.23、图 3.24 所示。注意文件夹和文件的属性对话框略有不同。

图 3.23　"文件夹属性"对话框

图 3.24　"文件属性"对话框

步骤 2：单击"常规"选项卡。此选项卡不仅列出了所选对象的图标、类型、位置、大小、占用空间、创建时间、文件的修改时间和文件最近一次访问时间等信息，而且可以根据需要对文件或文件夹属性进行新的设置。设置完成后，可以单击"确定"或

"应用"按钮。若单击"确定"按钮，则关闭对话框才保存修改的属性；若单击"应用"按钮，则不关闭对话框即可使所进行的修改有效。下面仅介绍设置隐藏和高级属性的操作方法。

① 设置隐藏属性。勾选"属性"区域的"隐藏"复选框，单击"确定"按钮，刷新窗口后，所选文件或文件夹即被隐藏。

若希望将已设置为隐藏属性的文件或文件夹显示出来，则单击查看选项卡，在"显示/隐藏"|"隐藏的项目"前面打上"√"，如图 3.25 所示。

图 3.25 设置隐藏属性

② 设置高级属性。单击"属性"区域的"高级"按钮，打开"高级属性"对话

框，如图 3.26 所示。勾选"压缩或加密属性"
选项区域的"加密内容以便保护数据"复选
框，单击"确定"按钮，返回属性对话框后，
再次单击"确定"按钮即完成加密操作。对文
件夹和文件加密，可以保护它们免受未经许可
的访问。

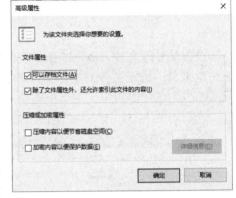

6）文件或文件夹的重命名

重命名可以更改任何一个文件或文件夹的
名称，通过以下 4 种方法可以实现文件或文件
夹的重命名。

（1）选定要重命名的对象，然后单击对象
的名字。

图 3.26 "高级属性"对话框

（2）选定要重命名的对象，然后按 F2 键。

（3）右击要重命名的对象，在弹出的快捷菜单中选择"重命名"命令。

（4）选定要重命名的对象，然后单击"主页"选项卡|"组织"组|"重命名"命令。

采用上述方法后，文件或文件夹的名称即被激活，呈反白显示，并出现闪烁的光标，直接输入新的文件名，按 Enter 键或单击工作区窗格的空白处即可。

提示：重命名文件时，不要轻易修改文件的扩展名，以便使用正确的应用程序打开它。

若文件的扩展名隐藏了，又需要修改文件的扩展名，则在如图 3.24 所示的查看选项卡，在"显示/隐藏"|"文件扩展名"前面打上"√"，就可以显示所有文件的扩展名。通过上面的重命名操作可以更改文件的扩展名。

7）复制、移动文件或文件夹

对象的移动一定要在不同的文件夹中进行，而对象的复制可以在同一个文件夹或不

同的文件夹中进行。有多种方法可以完成文件或文件夹的复制或移动。

（1）使用鼠标右键操作。首先选定要移动或复制的文件或文件夹，将鼠标指针指向选定的文件或文件夹，按住鼠标右键拖放至目标位置，释放鼠标时，将弹出一个快捷菜单，若选择"复制到当前位置"命令，则完成复制操作；若选择"移动到当前位置"命令，则完成移动操作。

（2）使用鼠标左键操作。首先选定要移动或复制的文件或文件夹，将鼠标指针指向选定的文件或文件夹，然后按住鼠标左键拖放到目标位置。至于鼠标"拖放"操作到底是执行复制还是移动，取决于源文件夹和目标文件夹的位置关系。

① 同一磁盘内：在同一磁盘内拖放文件或文件夹，完成文件或文件夹的移动；在拖动时按住 Ctrl 键，则完成文件或文件夹的复制。

② 在不同的磁盘间：在不同的磁盘间拖放文件或文件夹，完成文件或文件夹的复制；在拖动时按住 Shift 键，则完成文件或文件夹的移动。

（3）利用 Windows 10 的剪贴板操作。利用剪贴板完成移动、复制文件或文件夹的操作步骤如下。

步骤 1：选定要移动或复制的文件或文件夹。

步骤 2：若进行移动操作，则单击"主页"选项卡|"剪贴板"组|"剪切"命令（或按 Ctrl+X 组合键），选定的文件或文件夹的图标变为灰色，完成所选对象到剪贴板的移动；若进行复制操作，则单击"主页"选项卡|"剪贴板"组|"复制"命令（或按 Ctrl+C 组合键），完成所选文件到剪贴板的复制，而选定的文件或文件夹的图标仍然保留在原来的位置中不变。

步骤 3：双击要存放所选文件或文件夹的目标文件夹，进入该文件夹，单击"主页"选项卡|"剪贴板"组|"粘贴"命令（或按 Ctrl+V 组合键），可以完成文件或文件夹的移动或复制操作。如果是移动操作，原位置上的文件或文件夹会立即消失；如果是复制操作，原位置上的文件或文件夹将仍然存在。

8）删除与恢复文件或文件夹

删除文件或文件夹的方法包括逻辑删除和物理删除两种。逻辑删除是指将文件或文件夹移送入"回收站"，但并未从计算机中真正消失，需要时，被逻辑删除的部分或全部对象可以再从"回收站"中恢复到原来的位置；物理删除则是真正把对象从磁盘中清除，以后再也无法恢复。

（1）将文件或文件夹移动到回收站删除。

选定要删除的文件或文件夹，在资源管理器窗口单击"主页"选项卡 |"组织"组|"删除"|"回收"命令，如图 3.27 所示；或者右击选定的文件或文件夹，在弹出的快捷菜单中选择"删除"命令；或者按 Delete 键，均会出现"删除文件（夹）"对话框，"删除文件夹"对话框如图 3.28 所示，单击"是"按钮，即可将选定的文件或文件夹移动到回收站；单击"否"按钮，则取消本次删除操作。

另外，一个快捷的删除文件或文件夹的方法是直接将要删除的文件或文件夹的图标拖至桌面"回收站"图标上，当出现"移动到回收站"的字样时释放鼠标。同理也可以将回收站中的文件或文件夹拖到桌面或者某磁盘能够访问到的文件夹中。

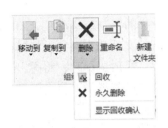

图 3.27 "删除"下拉列表　　　　图 3.28 "删除文件夹"对话框

（2）从"回收站"窗口中恢复文件或文件夹。

有些文件或文件夹可能是属于误删除的，但只要还存在于回收站中，就可以将其取出送回原处。在"回收站"窗口中，右击要恢复的文件或文件夹，在弹出的快捷菜单中选择"还原"命令，则将文件或文件夹恢复至原来的位置。如果在恢复过程中，原来的文件夹已不存在，Windows 操作系统会要求重新创建文件夹。

（3）永久地删除文件或文件夹。

把文件或文件夹永久地从磁盘中删掉，有以下两种操作方法。

① 先进行逻辑删除，再进行物理删除。先将文件或文件夹送入回收站，确定这些文件不需要了，再从回收站中删除（推荐使用此方法）。"回收站"窗口中的"文件"菜单中有"清空回收站"和"删除"两个命令，"清空回收站"命令是将该窗口内所有的对象都删除，而"删除"命令可有选择地进行删除。

如果要删除回收站中的部分文件或文件夹，可以采用的方法是：先按住 Ctrl 键不放，再依次单击要删除文件的图标，选定后，再单击"文件"菜单的"删除"命令，弹出"删除多个项目"对话框，单击"是"按钮即可删除。

② 直接进行物理删除。选定文件或文件夹，按 Shift+Delete 组合键；或按住 Shift键，并右击对象，在弹出的快捷菜单中选择"删除"命令，屏幕均将弹出删除文件（夹）询问对话框，"删除文件"对话框如图 3.29 所示。单击"是"按钮，被删除对象将直接从计算机的存储器中物理删除。

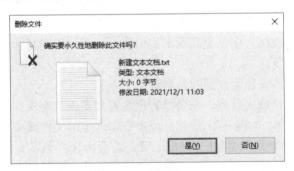

图 3.29 "删除文件"对话框

提示：从软盘、移动磁盘或网络服务器删除的文件或文件夹不保存在回收站中，直接被物理删除，不能被恢复。

9）创建文件或文件夹的快捷方式

在 Windows 操作系统中，快捷方式是一种特殊的文件类型，仅包含链接对象的位置信息，并不包含对象本身的信息，所以只占几个字节的磁盘空间。当双击快捷方式图标时，Windows 操作系统首先检查该快捷方式文件的内容，找到它所指向的对象，然后打开这个对象。删除快捷方式并没有删除对象本身。快捷方式图标与一般图标的根本区别是快捷方式图标的左下方有一个指向中心的箭头 。

创建快捷方式的方法有多种，以下介绍将快捷方式放置于当前文件夹及桌面上的两种方法。

（1）在当前文件夹创建快捷方式。在当前文件夹创建快捷方式的方法是：右击要创建快捷方式的对象，在弹出的快捷菜单中选择"创建快捷方式"命令，系统在当前文件夹中就可以为该对象创建一个快捷方式。

（2）在桌面上创建快捷方式。在桌面上创建快捷方式的方法主要有以下 3 种。

① 右击要创建快捷方式的对象，从弹出的快捷菜单中，选择"发送到"|"桌面快捷方式"命令。

② 将鼠标指针指向要创建快捷方式的对象上，按住鼠标右键将其拖到桌面上，然后在出现的快捷菜单中选择"在当前位置创建快捷方式"命令。

③ 按住鼠标左键，把在文件夹中已经创建的快捷方式拖放到桌面上。

10）文件与应用程序的关联

通常要打开一个文件，首先必须打开其对应的应用程序，然后在应用程序中打开它。将具有某种扩展名的文件和某个应用程序建立关联，当双击某文件时，与该文件相关联的应用程序首先打开，并自动打开该文件。

文件的关联是自动建立的，并且是可以改变或删除的。如果某个文件没有与应用程序建立关联，双击该文件时，会弹出"打开方式"对话框，需要从"选择您想用来打开此文件的程序"列表框中选择打开文件的应用程序。

如果要改变文件的打开方式，可以右击该文件，在弹出的快捷菜单中选择"打开方式"级联菜单下相应的命令即可。

3.4　Windows 10 设置

3.4.1　"Windows 设置"窗口的打开

"Windows 设置"窗口中包含由微软开发的 Windows 操作系统里的设置程序，相对于控制面板，它更加简洁、美观，更加适合使用。

单击"开始"按钮，单击常用选项区"设置"；或者单击任务栏搜索图标，然后在弹出的搜索框输入"设置"关键词，单击搜索结果中的"设置"；或者右击桌面"此电脑"，在弹出的快捷菜单单击"属性"，都可以打开"Windows 设置"窗口，如图 3.30 所示。

图 3.30 "Windows 设置"窗口

3.4.2 设置外观和主题

在打开的"设置"窗口中选择"个性化"链接；或右击桌面空白区域，在弹出的快捷菜单中选择"个性化"命令，都将打开"个性化"窗口，如图 3.31 所示。可以通过"个性化"窗口对 Windows 10 的外观进行设置，如更改主题、修改桌面背景、设置窗口的颜色、选择屏幕保护程序等。

图 3.31 "个性化"窗口

1. 设置窗口颜色和外观

单击"个性化"窗口左边的"颜色"选项，在右边区域显示"颜色"设置，如图 3.32 所示。用户可以在此对任务栏、标题栏、窗口边框等外观的颜色进行设置。

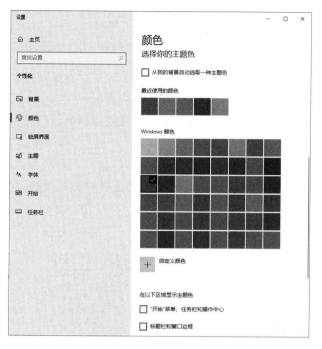

图 3.32 "颜色"窗口

2. 设置桌面背景

在打开的"个性化"窗口中，单击窗口左边的"背景"选项，在右边区域显示"背景"设置。背景可以是纯色，可以是图片。图片还可以采用"幻灯片放映"，展示多个背景图片。

3. 设置屏幕保护程序

屏幕保护是为了保护显示器而设计的一种专门的程序。当时设计屏幕保护是为了防止计算机因无人操作而显示器长时间显示同一个画面，导致显示器老化而缩短寿命。如今的显示器几乎不再有人担心老化的问题，屏幕保护程序更多地被赋予了娱乐功能。当系统空闲时间超过指定的时间长度时，屏幕保护程序将自动启动，在屏幕上展示移动的画面或动画。

在"个性化"窗口单击窗口左边的"锁屏界面"选项，在右边区域显示"锁屏界面"设置。单击最下方"屏幕保护程序设置"，打开"屏幕保护程序设置"对话框，如图 3.33 所示。在"屏幕保护程序"下拉列表中选择一种方案，在"等待"数值框中设置时间，勾选"在恢复时显示登录屏幕"复选框，可以当再次使用计算机时回到登录界面，如果需要对电源管理，单击"更改电源设置"选项，在打开的"电源选项"窗口中设置电源按钮的功能、关闭显示器的时间、更改计算机睡眠时间等。

4．设置主题

主题是图片、颜色和声音的组合。在 Windows 10 中，可以使用主题立即更改计算机的桌面背景、窗口边框颜色、屏幕保护程序和声音。

5．设置屏幕分辨率

屏幕分辨率是指屏幕上的水平和垂直方向最多能显示的像素点，它以水平显示的像素数乘以垂直扫描线数表示。例如，1440×900 表示每帧图像由水平 1440 像素、垂直 900 条扫描线组成。屏幕分辨率越高，屏幕中的像素点越多，可显示的内容就越多，所显示的对象就越小，图像就越清晰。

单击"设置"窗口下的"显示"，弹出"显示"窗口，如图 3.34 所示。默认右边区域为"显示"设置（或右击桌面，在弹出的快捷菜单中选择"显示设置"命令）。在窗口的"分辨率"下拉列表框中单击选择所需的分辨率，如选择"1920×1080（推荐）"，单击"确定"按钮即可。

图 3.33 "屏幕保护程序设置"对话框　　　　图 3.34 "显示"窗口

6．设置系统声音

系统声音是在系统操作过程中发出的声音，如 Windows 登录和注销的声音、关闭程序的声音、操作错误系统提示音等。在打开的"设置"窗口中，单击左边的"声音"，打开声音设置。在右侧区域下方单击"声音控制面板"，打开"声音"对话框，如图 3.35 所示，选择"声音"选项卡，可以在"声音方案"下拉列表框中选择使用系统提供的某种声音方案，也可以根据需要对方案中某些声音进行修改，用计算机中的其他声音替代。

3.4.3 设置输入法

Windows 10 支持不同国家和地区的多种自然语言，但在安装时一般只安装默认的语言系统，要支持其他语言系统，则需要安装相应的语言以及该语言的输入法和字符集。只要安装了相应的语言支持，不需要安装额外的内码转换软件就可以阅读该国的文字。

1．添加输入法

添加输入法的具体操作如下。

（1）在"设置"窗口中，单击"时间和语言"，打开"时间和语言"窗口，单击左侧"语言"，显示语言窗口，如图 3.36 所示。

（2）单击"首选语言"下的具体语言，单击弹出的"选项"按钮，打开"语言选项"窗口，如图 3.37 所示。

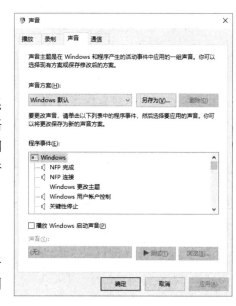

图 3.35　在"声音"对话框中设置系统声音

图 3.36　"语言"窗口

图 3.37　"语言选项"窗口

（3）单击"添加键盘"左侧"+"，弹出输入法，单击高亮度显示的输入法，即可添加输入法。

2．删除输入法

在"语言选项"窗口中，单击要删除的输入法，会弹出"删除"按钮，单击"删除"按钮即可删除输入法。

3.4.4 卸载或更改程序

在 Windows 操作系统中，大部分的应用程序都需要安装到 Windows 操作系统中才能使用。在大部分应用程序的安装过程中会有程序解压缩、复制文件、在系统注册表中注册必要信息以及设置程序自动运行等工作。同时，在安装时都会生成一个卸载程序，必须运行卸载程序才能将软件彻底删除。当然，Windows 10 也提供了"卸载程序"功能，可以帮助用户完成软件的卸载。下面介绍卸载程序的方法。

（1）在"设置"窗口中，单击"应用"链接，打开"应用"窗口，如图 3.38 所示。

（2）单击左侧"应用和功能"，在右侧区域会列出要卸载或更改的程序，单击程序，随即出现"修改"和"卸载"按钮，在弹出的卸载向导对话框中，单击"开始卸载"按钮。

图 3.38 "应用"窗口

3.5 Windows 10 磁盘管理和常用附件

3.5.1 Windows 10 磁盘管理

磁盘可以视为一个特殊的文件夹，有一些特殊的管理功能，在资源管理器窗口中可以进行磁盘加卷标、磁盘格式化和磁盘整理等操作。

1. 查看磁盘驱动器属性

在资源管理器窗口中，选定要查看属性的磁盘驱动器，选择"主页"选项卡的"属性"选项；或右击需要查看的磁盘驱动器图标，在弹出的快捷菜单中选择"属性"命令，均可弹出"属性"对话框。可以通过"常规""工具""硬件""共享""安全"选项卡查看磁盘驱动器的属性，如图 3.39 所示。

2. 格式化磁盘

格式化磁盘就是在磁盘上建立可以存放文件或数据信息的磁道和扇区，执行格式化操作后，每个磁片被格式化为多个同心圆，称为磁道（Track）。磁道进一步分成扇区（Sector），扇区是磁盘存储的最小单元。对磁盘进行格式化后，磁盘上原有的信息将被删除。当磁盘处于写保护状态或磁盘上有打开的文件时，磁盘不能被格式化。格式化磁盘的操作步骤如下。

步骤 1：在资源管理器窗口中，右击要格式化的磁盘驱动器图标，从弹出的快捷菜单中选择"格式化"命令；或者选定磁盘驱动器图标，单击"管理"|"驱动器工具"|"格式化"命令，如图 3.40 所示，均能弹出如图 3.41 所示的"格式化"对话框。

步骤 2：在"格式化"对话框中进行设置后，单击"开始"按钮，弹出警告的"格式化"对话框，若确认要进行格式化，单击"确定"按钮。

图 3.39　磁盘驱动器"属性"对话框

图 3.40　"管理"工具选项卡

图 3.41　"格式化"对话框

3. 磁盘清理和磁盘碎片整理

1）磁盘清理

用户在使用计算机的过程中，会进行大量的读写、安装、下载、删除等操作，这些操作会在磁盘中产生很多临时文件，使用磁盘清理程序可以删除一些不需要的临时文件、回收站内的文件等，释放硬盘驱动器空间。磁盘清理的方法有很多种，以下仅介绍其中的两种方法。

（1）使用 Windows 10 提供的"磁盘清理"应用程序。单击"开始"按钮，选择应

用程序区下"Window 管理工具" | "磁盘清理"命令，打开如图 3.42 所示的"磁盘清理：驱动器选择"对话框。在"驱动器"下拉列表中，选择要清理的磁盘（如 C 盘），单击"确定"按钮。

（2）在磁盘属性对话框中使用"磁盘清理"命令。打开资源管理器窗口，右击要清理的磁盘（如 G 盘），在弹出的快捷菜单中选"属性"命令，打开磁盘属性对话框，单击"磁盘清理"按钮。

图 3.42 "磁盘清理：驱动器选择"对话框

2）磁盘碎片整理

某些文件在磁盘上不呈连续存储状态，这种情况称为"碎片"。碎片的存在会使文件在读写操作时，操作效率大大降低，这时就需要进行磁盘碎片整理。对于容量较大的硬盘，磁盘碎片整理工作的耗时将非常长，而且中途不能关机或发生计算机掉电事故，否则磁盘上的数据将完全被破坏，信息全部丢失。

通过"磁盘碎片整理程序"进行磁盘碎片整理的操作步骤如下。

步骤 1：单击"开始"按钮，选择应用程序区下"Windows 管理工具" | "碎片整理和优化驱动器"命令，打开如图 3.43 所示的"优化驱动器"窗口。

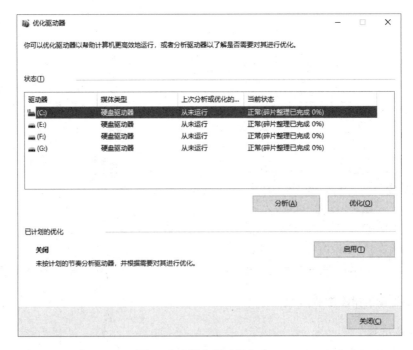

图 3.43 "优化驱动器"窗口

步骤 2：在"当前状态"列表框中选择一个磁盘（如 D 盘），单击"分析"按钮，系统将分析该磁盘的文件碎片程度。单击"优化"按钮，即可开始对磁盘进行碎片整理。

3.5.2　Windows 10 常用附件

Windows 10 提供了一些简单的实用程序，使用户不需要再安装其他程序就能开展一些简单的工作。

单击"开始"按钮，选择应用程序区下"Windows 附件"，在级联菜单中会有"计算器"、"画图"、"记事本"和"截图工具"等常用的程序。

1. "计算器"和"画图"程序

1）"计算器"程序

Windows 10 的计算器功能很丰富，除原有的科学计算器功能外，新的计算器还加入了编程和统计功能。除此之外，Windows 10 的计算器还具备了单位转换、日期计算及贷款、租赁计算等实用功能。

单击"开始"按钮，选择应用程序区下"Windows 附件"|"计算器"命令，弹出"计算器"窗口，如图 3.44 所示。

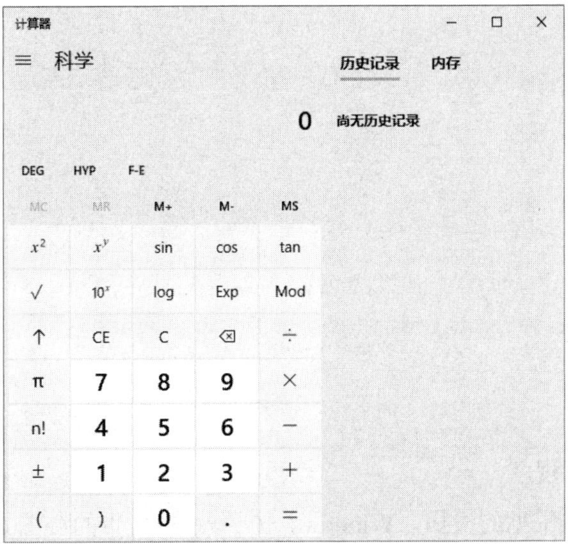

图 3.44　"计算器"窗口

（1）"标准型"计算器，类似平时生活中使用的掌上计算器。

（2）"科学型"计算器，会精确到 32 位数，并采用运算符优先级。

（3）"程序员"计算器，最多可精确到 64 位数，这取决于所选的字大小，同样采用运算符优先级。

（4）"历史记录"命令，会跟踪计算器在一个会话中执行的所有计算，这时只能选择标准模式或科学型模式。

2）"画图"程序

"画图"是一个用于绘制、调色和编辑图片的程序，用户可以使用它绘制黑白或彩色的图形，并可将这些图形保存为位图文件（.bmp），可以打印，也可以将它作为桌面背景，或者粘贴到另一个文档中，还可以使用"画图"程序查看和编辑扫描的照片等。

单击"开始"按钮，选择应用程序区下"Windows 附件"|"画图"命令，弹出如图 3.45 所示的"画图"窗口。

"画图"窗口由标题栏、快速访问工具栏、选项卡及功能区、绘图区和状态栏等部分构成。其中，快速访问工具栏包含常用操作的快捷按钮，"主页"和"查看"选项卡可完成画图程序的大部分操作，绘图区用于编辑和显示当前图像的效果，状态栏用于显示当前图像的有关信息。

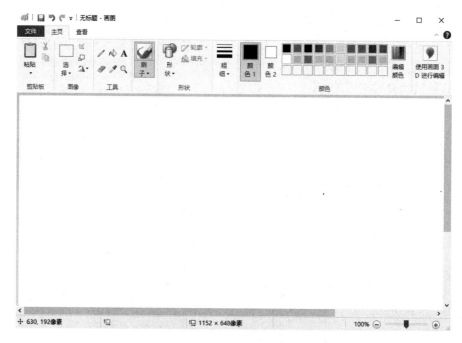

图 3.45 "画图"窗口

2. "截图工具"程序

屏幕图像截图是常见的操作，Windows 10 有系统自带的截图工具，不需要另外的工具就可以完成屏幕图像截图。

单击"开始"按钮，选择应用程序区下"Windows 附件"|"截图工具"命令，弹出"截图工具"窗口，如图 3.46 所示。

单击"新建"下拉按钮，下拉列表中有"任意格式截图"、"矩形截图"、"窗口截图"和"全屏幕截图"4 种命令。其中，"任意格式截图"命令是以画图形式截取任意形状的区域，"矩形截图"命令是截取任意矩形区域，"窗口截图"命令是截取整个窗口对象，"全屏幕截图"命令是截取整个屏幕图像。

（1）窗口截图。窗口截图的方法经常被采用，与其他截图方式不同的是，它能快速截取整个窗口的信息。在打开的"截图工具"窗口中，单击"新建"下拉按钮，在下拉列表中选择"窗口截图"命令，此时，当前窗口周围将出现红色边框，表示该窗口为截图窗口。单击该窗口，该窗口的图像就截取到了"截图工具"的窗口中。选择"文件"菜单的"另存为"命令，保存该图像。

（2）任意格式截图。在打开的"截图工具"窗口中，单击"新建"下拉按钮，在下拉列表中选择"任意格式截图"命令，按住鼠标左键拖动鼠标选取合适的区域，然后释放鼠标完成截图，这时"截图工具"窗口中显示的就是选取了"任意格式截图"命令截取的图形，如图 3.47 所示。

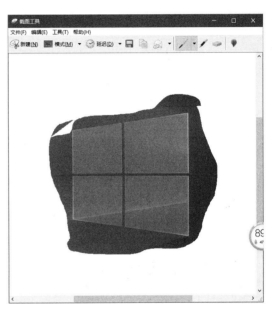

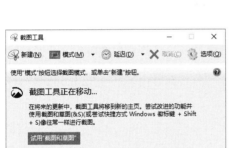

图 3.46 "截图工具"窗口　　　　　　图 3.47　任意格式截图

用 Windows 10 截图工具截图后，图像会暂时存放在系统的剪贴板里，之后就可以将截取的图像粘贴到其他图像软件或 Office 文档中。

3. "记事本"程序

在 Windows 10 附件中，记事本是一个简单的文本文件编辑器，常用来查看或编辑文本文件（.txt）。记事本虽然不具备像 Word 那样的高级字处理软件的编辑排版功能，不能插入图形，也没有格式设置、排版等功能，但对于创建纯文本格式的文件，记事本是一个非常方便的工具。

单击"开始"按钮，选择应用程序区下"Windows 附件"|"记事本"命令；或右击某文件夹空白处，在弹出的快捷菜单下选择"新建"|"文本文档"命令，均能打开"记事本"窗口，如图 3.48 所示。

记事本仅支持基本格式，不能保存特殊格式，而特殊字符或其他格式不能在所发布的网页上显示，所以，记事本还是创建网页的简单工具。另外，由于记事本占用内存小，所以打开速度与 Word 软件相比要快很多。

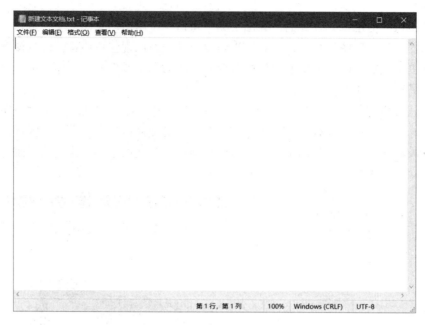

图 3.48 "记事本"窗口

思 考 题

1. Windows 10 的任务栏由哪几部分组成？
2. Windows 10 的窗口由哪几部分组成？
3. 启动文件资源管理器的方法有哪些？
4. 如何启动任务管理器？如何用任务管理器管理任务？
5. "记事本"有什么功能和优势？
6. 查阅资料，列举 Windows 10 新增哪些功能？

第 4 章 文字处理软件

本章导读

微软推出的 Microsoft Office 办公集成软件凭借其友好的界面、方便的操作、完善的功能和易学易用等诸多优点已经成为办公应用的主流工具软件。Microsoft Office 办公集成软件中包含多个组件，其中最常用的基础组件有 Word、Excel 及 PowerPoint。这些组件有着统一友好的操作界面、通用的操作方法及技巧，各个组件之间可以方便地传递、共享数据，这种统一性为人们的学习、生活、工作提供了极大的便利。

Word 是一款文字处理软件，主要用于日常办公文字处理，如编辑公文、简报、学术论文、商业合同等。我们可以使用其强大的文字、图片编辑功能，编排出精美的文档。

本章沿着文档编辑、文档排版、图文混排、页面布局这条主线，学习 Word 文档内容编辑、Word 文档格式设置、Word 文档图文混排、表格制作、页面设置等常用操作。

4.1 Word 2016 基础

4.1.1 Word 的启动

启动 Word 的方法很多，下面介绍几种常用的启动方法。

（1）通常 Windows 10 桌面上创建了 Word 快捷方式，双击桌面上的 Word 快捷图标即可启动。

（2）双击已保存的 Word 文档图标，启动 Word 同时加载该文档。

（3）通过"开始"菜单启动 Word。以 Windows 10 为例，单击"开始"按钮，弹出"开始"菜单，在应用程序区找到"Word"并单击。或者查看磁贴，找到"Word"并单击，如图 4.1 所示。

（4）通过任务栏启动 Word。可以将"Word"固定到任务栏，单击任务栏"Word"图标即可启动，如图 4.1 所示。

图 4.1 "开始"菜单和任务栏

4.1.2 窗口组成

使用 Word 2016 编辑文档之前，首先要了解它的窗口组成，Word 2016 窗口如图 4.2 所示。

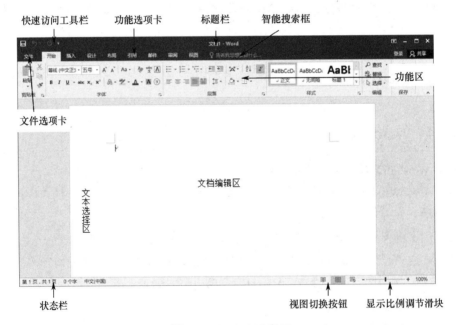

图 4.2 Word 2016 窗口

1. 快速访问工具栏

快速访问工具栏中显示了一些常用的工具按钮，默认按钮有"保存"按钮、"撤销键入"按钮和"重复键入"按钮。还可自定义按钮，单击快速访问工具栏右侧的"自定义快速访问工具栏"按钮，在打开的下拉列表中选择相应选项即可。

2．标题栏

标题栏显示了当前正在编辑的文件的名称，如果当前正在编辑的新文档尚未保存，则显示"文档×"（×代表数字）。

3．文件选项卡

Office 应用程序的文件选项卡与其他选项卡有所不同，因为文件选项卡上的设置允许管理文件本身，而不是文件中的内容，主要用于执行与该组件相关文档的新建、打开、保存、共享等基本命令，最下方的"选项"命令可打开"Word 选项"对话框，在其中可以对 Word 组件进行常规、显示、校对、自定义功能等多项设置。

4．功能选项卡

单击任一功能选项卡可以打开对应的功能区，每个功能选项卡中包含了相应的功能集合。还有更多功能选项卡处于隐藏状态，当鼠标指向某对象，会出现对应的功能选项卡。

5．智能搜索框

使用智能搜索框可以轻松找到相关的操作说明。例如，当我们需要在文档中插入水印，但不知道水印命令在哪里，便可以直接在智能搜索框中输入水印，此时会显示一些关于水印的操作，如图 4.3 所示，单击"水印"选项，就可直接打开水印对话框，进行相关操作。智能搜索框让搜索操作更加简单、快捷。

图 4.3　智能搜索框

6．文档编辑区

文档编辑区是输入与编辑文本的区域，对文本进行的各种操作都显示在该区域中。新建空白文档后，在文档编辑区的左上角将显示一个闪烁的光标，称为文本插入点，该光标所在位置便是文本的输入位置。

7．文本选择区

文本选择区位于文档编辑区的左侧空白区域，鼠标指向文本选择区，鼠标指针会变成空心斜箭头，上下拖动鼠标即可快速选定文本。

8．状态栏

状态栏位于操作界面的最底端，主要用于显示当前文档的工作状态，包括当前页数、字数、输入状态等。

9．视图切换按钮

Word 视图是指为满足用户在不同情况下的编辑、查看文档效果的需要，Word 提供了多种不同的页面显示方式。Word 共提供了 5 种视图模式：页面视图、阅读视图、Web 版式视图、大纲视图和草稿视图。不同的视图模式可以满足不同的排版需求。

Word 默认的视图模式为页面视图。编辑页眉和页脚、调整页边距以及处理边框、图像对象及分栏等，都需要在此视图下进行操作。页面视图是所见即所得的视图模式，页面视图下看到的效果和打印效果是一致的。

10．显示比例调节滑块

显示比例的调整可以让用户方便地了解文档，小的比例可以了解文档的整体状况，大的比例方便查看文档的局部情况。但无论如何放大、缩小，都不影响实际打印效果。

当了解了 Word 2016 窗口组成后，对旧版本比较熟悉的用户会发现 Word 2016 窗口的标题栏没有以前的三维外观，而是平面的选项卡和可定制的 Office 界面。状态栏也是二维的外观，更便于阅读。

如果想改变 Word 2016 的外观，具体操作步骤如下。

单击"文件"选项卡|"账户"命令，弹出相应的窗口，在"Office 主题"下拉列表中选择和更换 Office 主题。Word 2016 的主题色彩包括 4 种主题，分别是彩色、深灰色、黑色、白色，其中彩色和黑色是新增加的，而彩色是默认的主题颜色，如图 4.4 所示。

图 4.4　Office 主题设置

4.1.3　文档的基本操作

1．创建文档

只有创建一个新文档，才能输入和编辑文档内容。

用户启动 Word 2016 后，可以看到打开的主界面为 Windows 风格，左侧是最近使用的文件列表，右侧更大的区域则是罗列了各种类型文件的模板供用户直接选择，启动 Word 主界面如图 4.5 所示。

1）创建空白的新文档

（1）启动 Word 程序，如图 4.5 所示，选择创建 Word 空白文档。

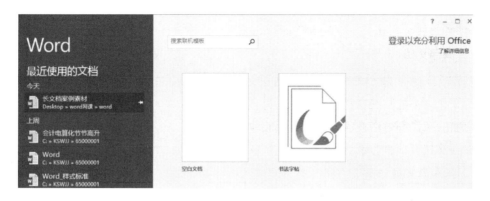

图 4.5　启动 Word 主界面

（2）在 Word 窗口下，单击"文件"选项卡|"新建"|"空白文档"，即可创建 Word
空白文档。

（3）在 Word 窗口下，按 Ctrl+N 组合键也可以创建 Word 空白文档。

2）利用模板创建文档

（1）使用已有的模板

Word 2016 提供了多种模板让用户快速建立所需的文档。单击"文件"选项卡|"新
建"，在出现的窗口中选择所需模板，如图 4.6 所示。

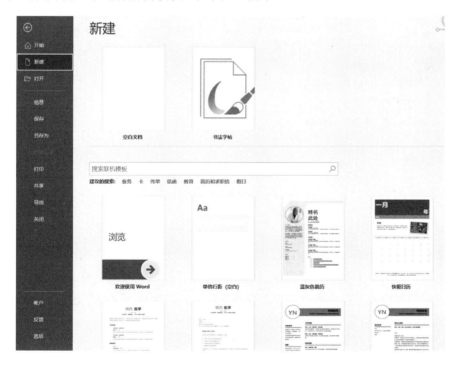

图 4.6　利用模板新建文档

（2）使用从 Office.com 下载的模板

单击"文件"选项卡|"新建"，在"搜索联机模板"文本框内输入关键词，可以打

开更多模板。

2. 保存文档

制作文档时，为了减少突发状况造成文档内容丢失，在编辑过程中一定要进行保存文档的操作，不能只在文档编辑结束时才将其保存，如果一遇到断电等问题没有保存会导致前面的工作都付诸东流，建议开启自动保存。

保存文档有 3 种方法。

1）保存新文档

保存新文档是指对于新建的、从未保存过的文档所做的保存操作。单击"文件"选项卡|"保存"或"另存为"命令，打开的都是"另存为"对话框，如图 4.7 所示。

图 4.7 "另存为"对话框

2）对修改后的文档进行保存

若需要保留修改前的文档并且保存修改后的文档，单击"文件"选项卡|"另存为"命令，打开"另存为"对话框，对修改后的文档存盘，操作完成后，修改前的文档将被保留，修改后的文档被另存。若仅需保存修改后的文档，单击"文件"选项卡|"保存"命令，修改前的文档会被修改后的文档覆盖。

3）自动保存文档

自动保存是指 Word 会按照用户设置的时间间隔自动保存文档。采用这种方法可以有效避免计算机断电引起编辑内容丢失。单击"文件"选项卡|"选项"，打开"Word选项"对话框，单击"保存"按钮，可以设置自动保存时间间隔，如图 4.8 所示。

图 4.8 "Word 选项"对话框

4.2 文档的编辑

4.2.1 输入文本

在 Word 2016 的操作过程中，输入文本是最基本的操作，通过"即点即输"功能定位光标插入点后，就可开始输入文本了。文本包括汉字、英文字符、数字符号、特殊符号及日期时间等内容。文本可以通过键盘手动输入，也可以从其他文件中复制过来，还可以从其他文件导入。我们首先学习输入文本的技巧和相关设置。

1. 插入/改写状态

状态栏显示"插入"，表示当前的输入状态为插入状态；状态栏显示"改写"，表示当前的输入状态为改写状态。在插入状态下，在插入点处输入文本，插入点后面的文本会自动后移；在改写状态下，在插入点处输入文本，插入点后面的文本会自动被替换。

插入/改写状态的切换可以通过单击状态栏上的"插入"/"改写"按钮或按 Insert 键来实现。

2. 换行、分段、分页

Word 里面有两种常见标记，一种是向下的箭头↓，一种是左拐的箭头↵。向下的箭头是软回车，左拐的箭头是硬回车。输入软回车，最便捷的操作是按下 Shift+Enter 组合键；输入硬回车，最便捷的操作是直接按下 Enter 键。当使用软回车时，文本可不满一行强行换行，但是不分段，上下文之间其实还是在一个段落。使用硬回车时，文本分段，前后文已经在两个段落中。

如果插入点位置，不满一页要强行分页，可以按下 Ctrl+Enter 组合键，在插入点位置插入分页符，插入点之后的文本到了下一页。

3．插入符号

普通符号可以通过键盘直接输入，如"#""%"等；特殊符号不能通过键盘直接输入，如"®""◆"等，可以通过插入符号的方法进行输入。

使用 Word 插入特殊符号的方法是单击"插入"选项卡|"符号"组|"符号"命令，单击"其他符号"，打开"符号"对话框，如图 4.9 所示。

4．自动更正

自动更正是 Word 的一项功能，可用自动更正功能自动检测并更正键入错误、误拼的单词、语法错误和错误的大小写。

单击"文件"选项卡|"选项"，打开"Word 选项"对话框，单击"校对"|"自动更正选项"命令，打开"自动更正"对话框。例如，设置"dg"自动更正为"电子工业"。在插入点位置输入"dg"并按下空格键，则会将"ld"自动更正为"电子工业"。

还可以使用自动更正快速插入图形或符号。例如，先在 Word 插入一张图片，选定图片，打开"自动更正"对话框，替换为"带格式文本"。在插入点位置输入替换文本，并按下空格，则替换文本会自动更正为图片，"自动更正"对话框如图 4.10 所示。

图 4.9 "符号"对话框

图 4.10 "自动更正"对话框

5．插入日期与时间

将鼠标移动到要插入日期与时间的位置，单击"插入"选项卡|"文本"组|"日期和时

间"命令，打开"日期和时间"对话框，选择日期格式，单击"确定"按钮即可插入日期与时间，如图4.11所示。

图 4.11 "日期和时间"对话框

4.2.2 选定文本

输入文本最常用的操作是对已有的文本进行复制或剪切，再粘贴到目标位置。复制或剪切的第一步是选定文本。

1. 常规选定文本的方法

将鼠标指针指向欲选定的文本首部，按住鼠标左键拖动到欲选定的文本尾部，释放鼠标，此时欲选定的文本灰底显示，表示选定完成。

2. 快捷选定文本

（1）选定词组：将鼠标指针指向词组，双击鼠标。

（2）选定句子：将鼠标指针移到该句子的任何位置，按住 Ctrl 键，单击鼠标。

（3）选定一行：将鼠标指针移到文本选择区，指向要选定的文本行，单击鼠标。

（4）选定连续多行：将鼠标指针移到文本选择区，按住鼠标左键，垂直方向拖曳选定多行。

（5）选定不连续多行：将鼠标指针移到文本选择区，先选定 1 行，然后按住 Ctrl 键，依次单击其他行。

（6）选定一段：将鼠标指针移到文本选择区，指向要选定的段，双击鼠标；或者在该段文本任意位置处三击鼠标。

（7）选定矩形块：将鼠标指针移到该矩形块的左上角，按住 Alt 键，拖动鼠标到右下角。

（8）选定整个文档：将鼠标指针移到文本选择区，按住 Ctrl 键，单击鼠标左键；或者将鼠标指针移到文本选择区后三击鼠标；或者按 Ctrl+A 组合键。

3．选定格式相似的文本

选定格式相似的文本，只是针对格式相同的文本，与文本的内容无关。例如，要选定所有字体颜色为绿色的文本，先选定某个字体颜色为绿色的文本，单击"开始"选项卡|"编辑"组|"选择"|"选定所有格式类似的文本"命令，所有字体颜色为绿色的文本被选定。

4.2.3 删除、复制和移动文本

1．删除文本

如果文档中输入了多余或重复的文本，可以使用删除键将不需要的文本从文档中删除。键盘中的删除键有 Backspace 键和 Delete 键，选定需要删除的文本，按下其中一个删除键，可删除选定的文本。

两个删除键的区别：在插入点位置不变的情况下，按 Backspace 键可以删除文本插入点前面的字符；按 Delete 键则可以删除文本插入点后面的字符。

2．复制文本

复制文本是指在目标位置为源位置的文本处创建副本，复制文本后，源位置和目标位置都有相同的文本。

1）通过剪贴板复制文本

步骤 1：选定文本，单击"开始"选项卡|"剪贴板"组|"复制"命令；或者选定文本，在选定文本上右击鼠标，在弹出的快捷菜单中选择"复制"命令。

步骤 2：定位到目标位置，单击"开始"选项卡|"剪贴板"组|"粘贴"下拉列表|"粘贴选项"，选择一种粘贴选项；或者定位到目标位置，右击鼠标，在弹出的快捷菜单中的"粘贴选项"下选择一种粘贴选项。

4 种粘贴选项的含义如下。

（1）"保留源格式"：被粘贴文本格式与源位置格式一致，与目标位置格式无关。

（2）"合并格式"：被粘贴文本保留源位置格式，并且合并目标位置格式。当源位置格式和目标位置格式冲突时，以目标位置格式为准。

（3）"图片"：被粘贴的文本转换成图片。

（4）"只保留文本"：被粘贴文本格式与源位置格式无关，与目标位置格式一致。

2）通过鼠标左键拖动复制文本

选定文本，按住 Ctrl 键不放，按住鼠标左键将其拖动到目标位置。

3）通过鼠标右键拖动复制文本

选定文本，将鼠标放在选中的文本上，按住鼠标右键向目标位置拖动，到达目标位置后，松开鼠标右键，在弹出的快捷键菜单中选择"复制到此位置"选项，即可完成文本的复制。

3．移动文本

移动文本是指将源位置的文本移动到目标位置，移动文本后，源位置不存在该文本。

1）通过剪贴板移动文本

步骤 1：选定文本，单击"开始"选项卡|"剪贴板"组|"剪切"命令；或者选定文本，在选定文本上右击鼠标，在弹出的快捷菜单中选择"剪切"命令。

步骤 2：定位到目标位置，单击"开始"选项卡|"剪贴板"组|"粘贴"下拉列表|"粘贴选项"，选择一种粘贴选项；或者定位到目标位置，右击鼠标，在弹出的快捷菜单中的"粘贴选项"下选择一种粘贴选项。

2）通过鼠标左键拖动移动文本

选定文本，按住鼠标左键不放，将其拖到目标位置处。

3）通过右击鼠标移动文本

选定文本，按住 Ctrl 键不放，将光标定位到目标位置处，右击鼠标即可移动文本。

4．关于剪贴板

剪贴板是用来临时存放文本（对象）的一块内存区域。在 Word 2016 中，可以不停地向剪贴板中复制文本（对象），最多可以复制 24 次。

单击"开始"选项卡|"剪贴板"组旁的对话框启动按钮 ，打开"剪贴板"任务窗格。剪贴板上复制的内容可以单个粘贴，也可以全部粘贴。

提示：复制文本可以使用 Ctrl+C 组合键；剪切文本可以使用 Ctrl+X 组合键；粘贴文本可以使用 Ctrl+V 组合键，粘贴选项默认为"保留源格式"。

4.2.4 插入文件

Word 里的文本还可以通过插入已有的整个文件的方法得到。

单击"插入"选项卡|"文本"组|"对象"下拉列表|"文件中的文字"命令，打开"插入文件"对话框，从中选择所要插入的文件，单击"插入"按钮即可，如图 4.12 所示。

图 4.12 "插入文件"对话框

4.2.5　查找与替换

Word 的"查找"与"替换"功能不仅可以快速定位到查找内容，还可以批量修改、删除文档中相应的查找内容。查找与替换内容不仅可以是文本，还可以是格式和特殊格式。

1）查找

首先通过选定文本的方式确定查找范围，如果要对整篇文档进行查找，可以不进行任何选定。单击"开始"选项卡|"编辑"组|"查找"下拉列表|"高级查找"命令，打开"查找和替换"对话框，如图 4.13 所示。在"查找内容"文本框输入要查找内容，然后单击"查找下一处"按钮，Word 会逐个找到要查找内容。

图 4.13　"查找和替换"对话框的"查找"界面

2）替换

替换功能既可以查找内容，还可以对找到的内容进行修改、删除。Word 的替换功能非常强大，在此只介绍常用的替换操作。

（1）对不带格式的文本进行查找和替换

首先通过选定文本的方式确定查找和替换的范围，如果要对整篇文档进行查找和替换，可以不进行任何选定。单击"开始"选项卡|"编辑"组|"替换"，打开"查找和替换"对话框。在"查找内容"文本框中输入要查找文本，如"文本"；在"替换为"文本框中输入替换后的文本，如"abc"，如图 4.14 所示。单击"查找下一处"按钮，查找到符合要求的文本，但不自动替换，若想替换，则单击"替换"按钮；如果想对所有符合要求的文本进行查找和替换，则单击"全部替换"按钮。

（2）对带格式的文本进行查找和替换

首先要确定是查找内容带格式，还是替换内容带格式，或者是查找内容和替换内容都带格式。例如，将整篇文档中的"文本"替换为红色、加粗的"abc"。打开"查找和替换"对话框，在"查找内容"文本框中输入"文本"；在"替换为"文本框中输入"abc"，因为是替换内容带格式，插入点一定要在"替换为"文本框内，单击"格式"下拉按钮，在弹出的列表中选择"字体"命令，打开"替换字体"对话框，在此对话框中设置字体颜色为红色和字体加粗，如图 4.15 所示。

图 4.14　"查找和替换"对话框的"替换"界面

图 4.15　带格式的"查找和替换"界面

提示：如图 4.15 所示，要把"替换为"文本框下方的格式去掉，只需把插入点定位在"替换为"文本框内,单击"不限定格式"按钮即可。

(3)通过查找和替换进行批量删除

如果要删除文档中大量相同文本或者相同格式,可以通过"查找"和"替换"功能进行批量删除。例如,要删除整篇文档中的字体颜色为红色的"文档"文本,非红色的"文档"文本不删除。打开"查找和替换"对话框,在"查找内容"文本框中输入"文档",插入点定位于"查找内容"文本框内,单击"格式"下拉按钮,在弹出的列表中选择"字体"命令,打开"替换字体"对话框,在此对话框中设置字体颜色为红色;"替换为"文本框内容为空;单击"全部替换"按钮,如图 4.16 所示。

提示:批量删除时不仅"替换为"文本框内容为空,而且"替换为"的格式也要不限定格式,否则不能批量删除。

图 4.16 批量删除的"查找和替换"界面

(4)特殊格式的查找和替换

Word 中会出现很多特殊格式的符号,如段落标记符、手动换行符等,这些非文本符号无法在文本框内输入,Word 提供了特殊格式的查找和替换功能。例如,将整篇文档的空段落删除。因为空段落和上一个段落的段落标记符是连续的,所以查找文档中连续两个段落标记符,替换为一个段落标记符,相当于删除了 1 个空段落。打开"查找和替换"对话框,将插入点定位于"查找内容"文本框内,单击"特殊格式"下拉按钮,单击"段落标记",再单击"段落标记",插入点定位于"替换为"文本框内,单击"特殊格式"下拉按钮,再单击"段落标记",如图 4.17 所示。单击"全部替换",Word 会提示已经完成多少处替换,如果替换次数不是 0,再次单击"全部替换",直到替换次数为 0 为止。

图 4.17 特殊格式的"查找和替换"界面

4.2.6　撤销、恢复和重复

1. 撤销和恢复

如果不小心执行了误操作，想回到误操作以前的状态，可以单击快速访问工具栏的"撤销"按钮，也可以按 Ctrl+Z 组合键撤销。

在执行撤销操作后，快速访问工具栏中的"重复"按钮将变为"恢复"按钮，这时，可以使用恢复功能，单击"恢复"按钮就可以恢复之前的撤销操作，恢复也可以使用 Ctrl+Y 组合键。

2. 字符或图形重复输入

在没有进行撤销操作的情况下，"恢复"按钮会显示为"重复"按钮，单击它或按 Ctrl+Y 组合键可重复上一步操作。首先输入要重复的字符或图形，例如从键盘输入"文本"，然后单击快速访问工具栏的"重复"按钮或者按 Ctrl+Y 组合键就可以实现重复输入。

4.3　文档的排版

4.3.1　字符格式

字符格式设置是指对字符的屏幕显示和打印输出形式的设定，通常包括字符的字体和字号、字符的字形（即加粗、倾斜等）、字符颜色、下画线、着重号、字符的阴影、空心、上标或下标等特殊效果、字符间距、为文字加各种动态效果等。

在新建文档中输入文本，默认为五号字，中文字体为宋体，英文字体为 Calibri 字体。但这不是绝对的，严格地说，默认的字体格式取决于"正文"样式。

1. 通过浮动工具栏设置字符格式

选定文本后，所选文本的右上角将会自动显示浮动工具栏。该浮动工具栏最初为半透明状态显示，将鼠标指针指向该浮动工具栏时会清晰地完全显示。其中包含常用的设置命令，单击相应的按钮即可对文本的字符格式进行设置，如图 4.18 所示。

图 4.18　浮动工具栏

2. 通过"字体"组设置字符格式

"开始"选项卡功能区为 Word 2016 默认功能区。通过"开始"选项卡|"字体"组，可以直接设置文本的字符格式，如图 4.19 所示。

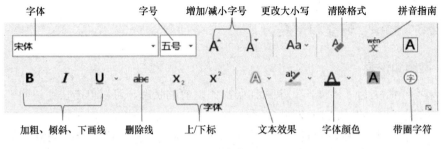

图 4.19 "字体"组

3. 通过"字体"对话框设置字符格式

单击"开始"选项卡|"字体"组旁的对话框启动按钮 ，打开"字体"对话框。在"字体"对话框中可以设置字体格式，如字体、字号、字体颜色、字形、下画线等，还可以预览设置字体后的效果，如图 4.20 所示。

图 4.20 "字体"对话框

4.3.2 段落格式

段落是文字、符号及其他项目与最后的段落标记符的集合。段落标记符标识一个段落的结束，还存储该段落的格式设置信息。移动或复制段落时注意选定区域应包括其段落标记符，否则选定的不是段落而是文本。

段落格式设置通常包括对齐方式、行间距、段间距、缩进方式、制表位设置等。

1. 通过"段落"工具组设置段落格式

通过"开始"选项卡|"段落"组，可以直接设置文本的段落格式，如图4.21所示。

2. 通过"段落"对话框设置段落格式

单击"开始"选项卡|"段落"组旁的对话框启动按钮 ，打开"段落"对话框。在"缩进和间距"选项卡中可以设置对齐方式、行间距、段间距、缩进方式等，还可以预览设置段落后的效果，如图4.22所示。

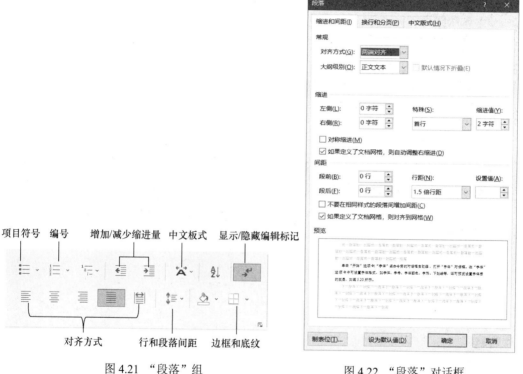

图4.21 "段落"组　　　　　　　图4.22 "段落"对话框

4.3.3 样式

样式是指用有意义的名称保存的字符格式和段落格式的集合，这样在编排重复格式时，先创建一个该格式的样式，然后在需要的地方套用这种样式，就无须一次次地对它们进行重复的格式化操作了。

1. 使用样式

Word自带大量的内置样式，可以直接使用。选定文本，单击"开始"选项卡|"样式"组旁的对话框启动按钮 ，打开"样式"对话框，单击要使用的样式，如图 4.23所示。

同一种样式，选择不同的样式集也会有不同的效果。单击"设计"选项卡|"文档格式"组，可选择更多的样式集，如果样式集改变，相应的样式效果也会发生变化。

2．向快速样式库中添加/删除样式

快速样式库里的样式可以直接在功能区界面中出现，无须打开"样式"对话框。经常使用的样式可以放入快速样式库中，便于操作。

1）添加隐藏样式

打开"样式"对话框，单击最下方的"管理样式"按钮，打开"管理样式"对话框，单击"推荐"选项卡，滑动滚动条，选定要显示的样式，通常是灰色显示，再单击"显示"按钮，单击"确定"按钮，隐藏样式就会出现在快速样式库中。

2）删除样式

在快速样式库中，鼠标指向要删除的样式后右击，弹出快捷菜单，单击"从样式库中删除"选项，该样式就从快速样式库中消失。但在"样式"对话框中还可以找到该样式，若想把该样式重新添加到快速样式库中，可在"样式"对话框中找到该样式，用鼠标指针指向样式，然后单击右边出现的下拉按钮，在下拉列表中单击"添加到样式库"即可。

3．创建样式

Word 还允许用户自己创建新的样式。打开"样式"对话框，单击下方的"新建样式"按钮，打开"根据格式化创建新样式"对话框，如图 4.24 所示。

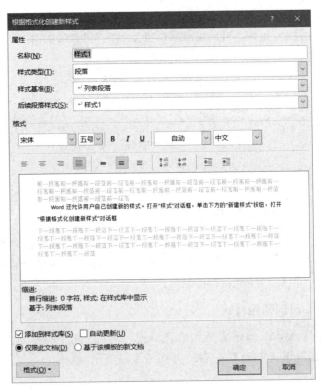

图 4.23 "样式"对话框　　　　图 4.24 "根据格式化创建新样式"对话框

4．修改样式

用户在使用样式时，有些样式不符合自己排版的要求，可以对样式进行修改，甚至删除。Word 只允许用户删除自己创建的样式，Word 的内置样式只能修改不能删除。

鼠标指向要修改的样式后右击，弹出快捷菜单，在快捷菜单中选择"修改"命令，打开"修改样式"对话框，可对该样式进行修改。

5．样式的导入/导出

某样式创建或修改完毕，这个样式应用通常是"仅限此文档"。新建或打开一个文档，如果需要应用另一个文档中定义好的样式，可以用"管理样式"中的"导入/导出"功能。在当前文档中打开"管理样式"对话框，单击左下角"导入/导出"按钮，打开"管理器"对话框，如图 4.25 所示。

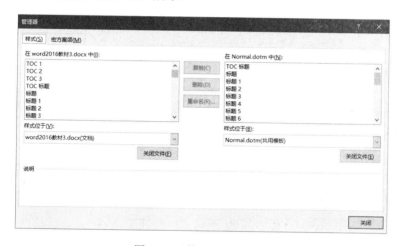

图 4.25 "管理器"对话框

"管理器"对话框分为左、右两个部分，左侧部分是当前打开文档的样式，右侧部分需先单击"关闭文件"按钮，再单击"打开文件"按钮，弹出"打开"对话框，注意打开类型修改为"Word 文档"，找到要导入样式的 Word 文档，单击"打开"按钮，"管理器"对话框右侧部分就列出另一个 Word 文档的样式。选定某个样式，单击"复制"按钮，该样式就导入左侧文档中。

4.3.4 设置边框和底纹

Word 可以为选定的字符、段落、页面、表格及各种图形设置各种颜色的边框和底纹，从而美化文档。

1．字符和段落边框

选定文字或段落，单击"开始"选项卡|"段落"组|"边框"下拉列表|"边框和底纹"命令，打开"边框和底纹"对话框。先设置边框类型，然后依次设置样式、颜色、宽度，最后确定应用于文字还是应用于段落，如图 4.26 所示，给文字设置了蓝色、双线型、粗边框。

提示：如果给段落加边框和底纹，可以不选定，插入点在段落内即可。

图 4.26 "边框和底纹"对话框

2. 字符和段落底纹

选定文字或段落，打开"边框和底纹"对话框，单击"底纹"选项卡，分别设置填充颜色或填充图案、应用范围。如图 4.27 所示，文字底纹和段落底纹的效果不同，同样字符边框和段落边框的效果也不同。

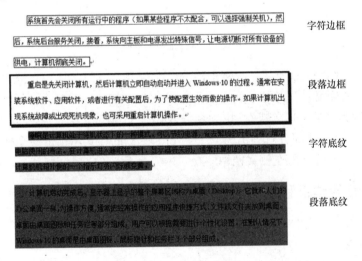

图 4.27 边框和底纹效果图

3. 页边框

打开"边框和底纹"对话框，单击"页面边框"选项卡，分别设置边框的样式、颜色、宽度、应用范围等。如果要使用"艺术型"页面边框，可单击"艺术型"下拉列表框，从下拉列表框中选择艺术型边框。应用范围可以是"整篇文档"、"本节"、"本节-仅首页"或"本节-除首页外所有页"。如果只想对某页或某几页添加页边框，需要先分节，然后设置应用范围为"本节"。

4.3.5 设置项目符号和编号

为了提高文档的可读性，需要在段落之前添加项目符号或编号。当列出一组相关的但无序的信息项时，使用项目符号；当列出一组相关但有序的信息项时，使用编号。项目符号和编号以段落为单位进行设置，而不是每行前加项目符号和编号。

手动输入的段落编号能和其他文本同时选定，此编号不是我们在此学习的编号。通过 Word 设置编号，当对中间编号插入或删除时，Word 会自动修正后面的编号。

1. 设置项目符号

选定要添加项目符号的段落，单击"开始"选项卡|"段落"组|"项目符号"下拉按钮，可以在展开的"项目符号库"中选择需要的项目符号。若"项目符号库"中没有适合的项目符号，可以单击"定义新项目符号"命令，打开"定义新项目符号"对话框，如图 4.28 所示，进行自定义新项目符号。例如，单击"图片"命令，弹出"插入图片"对话框，选择合适图片，单击"插入"按钮，则选中的图片就成为项目符号。

2. 设置编号

选定要添加编号的段落，单击"开始"选项卡|"段落"组|"编号"下拉按钮，可以在展开的"编号库"中选择需要的项编号。若"编号库"中没有适合的编号，可以单击"定义新编号格式"命令，打开"定义新编号格式"对话框，进行自定义新编号。

中间编号值可以"重新开始于 1"，也可以重新"设置编号值"，可以对编号进行"调整列表缩进"等操作。单击要调整的编号，此时编号带底纹显示，右击鼠标，在弹出快捷菜单中进行相应操作即可，如图 4.29 所示。

图 4.28 "定义新项目符号"对话框

图 4.29 调整编号的快捷菜单

4.3.6　常用的特殊格式

Word 有很多特殊格式，下面介绍几种常用的特殊格式。

1．首字下沉

为了引起读者的注意，常常在报纸、杂志文章中的第一个段落的第一个字使用首字下沉。将插入点移至需首字下沉的段落中，单击"插入"选项卡|"文本"组|"首字下沉"下拉列表|"首字下沉选项"命令，打开"首字下沉"对话框，在对话框的"位置"区域选择"下沉"，在"选项"区域，选择字体、下沉行数等，设置完毕后单击"确定"按钮即可，如图 4.30 所示。

2．双行合一

双行合一是指将两行文字用一行文字的空间来显示。选定文本，单击"开始"选项卡|"段落"组|"中文版式"下拉按钮，在打开的下拉列表中选择"双行合一"命令，打开"双行合一"对话框，进行相应设置后，单击"确定"按钮即可。

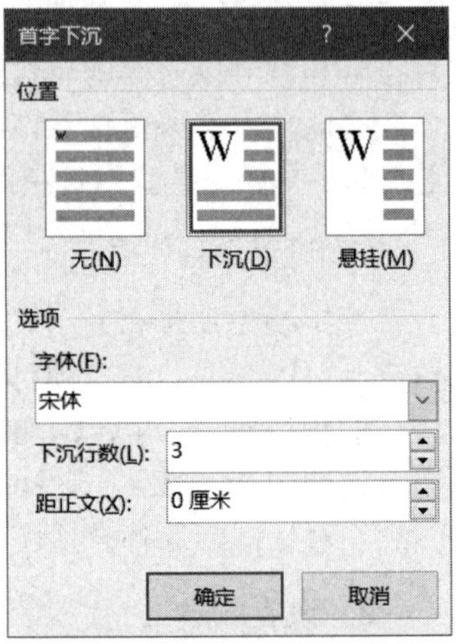

图 4.30　"首字下沉"对话框

3．调整宽度

在对一些文档进行排版的过程中，需要控制文本的字符间距，如果让一段文本达到某种宽度，最便捷的办法是利用"调整宽度"命令。选定文本，单击"开始"选项卡|"段落"组|"中文版式"下拉按钮，在打开的下拉列表中选择"调整宽度"命令，打开"调整宽度"对话框，进行相应设置后，单击"确定"按钮即可。

4．带圈字符

带圈字符是中文字符的一种特殊形式，用于表示强调，如版权所有符号©、数字符号①等，都可以使用带圈字符来制作。选定要设置带圈字符的单个文本，单击"开始"选项卡|"字体"组|"带圈字符"，打开"带圈字符"对话框，进行相应设置后，单击"确定"按钮即可。

特殊格式效果图如图 4.31 所示。

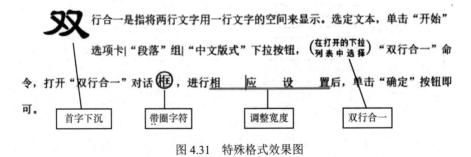

图 4.31　特殊格式效果图

4.3.7　复制格式和清除格式

1．复制格式

如果要复制的是文本格式，而不是文本内容，可以使用格式刷。格式刷的作用是将设置好的格式复制到其他文本上，这样可以快速地设置文本格式，同时也让文档的格式更统一，看起来也就更规范、美观。

1）只刷文本格式

选定设置好格式的文本（源文本），单击或双击"开始"选项卡|"剪贴板"组|"格式刷"。单击和双击格式刷的区别：单击只刷一次，双击可以刷多次。此时鼠标指针变成刷子形状，在目标文本上拖动刷子，即可复制源文本格式到目标文本。

2）只刷段落格式

不选定源段落，插入点只需在源段落内即可，单击或双击"开始"选项卡|"剪贴板"组|"格式刷"，在目标段落内单击刷子（最好在段落标记符前），即可复制源段落格式到目标段落。

3）既刷文本格式又刷段落格式

选定源段落，单击或双击"开始"选项卡|"剪贴板"组|"格式刷"，到目标段落拖动刷子，选定整个目标段落，即可复制源文本格式和源段落格式到目标段落。

提示：双击格式刷，可以刷多次，若要退出格式刷状态，只需再单击"开始"选项卡|"剪贴板"组|"格式刷"，或者按键盘上的 Esc 键，都可退出。

2．清除格式

有时 Word 文档一段文本设置了多种格式，或是到网上复制粘贴了一篇文章，发现里面有很多格式都是不需要的，想把这些格式都去掉，如果一个个清除，非常麻烦，可以利用 Word 提供的"清除所有格式"命令。

选定文本，单击"开始"选项卡|"字体"组|"清除所有格式"命令，所选文本的格式回到默认格式。如果选定整个段落，则"清除所有格式"命令不仅可以清除文本格式，还可以清除段落格式。

4.4　表格制作

表格是一种简明概要的表达方式，其结构严谨、效果直观，往往一张表格可以代替许多说明文字。Word 提供了丰富的表格功能，可以方便地在文档中插入表格、编辑表格、美化表格，将表格转换成各类统计图表。

4.4.1　创建表格

1．插入表格

一个表格是由若干行和列组成的，行和列的交叉区域称为"单元格"。创建表格有多种方法，可以使用"插入表格"对话框、拖曳的方法、手工绘制、快速表格命令、插入 Excel 表格 5 种方法创建。

最常用的是使用"插入表格"对话框创建表格，单击"插入"选项卡|"表格"组|"表格"下拉列表|"插入表格"命令，打开"插入表格"对话框，如图 4.32 所示。

在"表格尺寸"区域，输入"列数"和"行数"；在"自动调整"操作区域，选择"固定列宽"、"根据内容调整表格"或"根据窗口调整表格"，单击"确定"按钮即可。

1）根据内容调整表格

当表格比较凌乱、内容较少时，用"根据内容调整表格"可以起到立即美化的作用，它会合理调整列宽，使包含英文字母或数字的文本尽可能显示在一行，而不是换行，对于内容比较少的列，会自动压缩其所占的空间。使用后表格内容分布会变得比较匀称，几乎不需要再进行调整，或只需简单的微调即可达到理想的效果。

2）根据窗口调整表格

当表格所占内容较多而当前表格又比较小时，可以用"根据窗口调整表格"，它能充分利用页面的宽度。

表格创建完毕后，还可以重新修改自动调整方式。选定表格，单击"表格工具—布局"选项卡|"单元格大小"|"自动调整"下拉按钮，在下拉列表中选择调整方式。

2．文本转换成表格

Word 允许把已经输入的文本转换成表格，这也是一种创建表格的方法。如果要将已有的文本转换为表格的形式，其文本必须用分隔符标记要拆分为行和列的位置。应该注意的是，要转换为一个表格的文本，只允许使用一种分隔符。分隔符可以是空格、制表符、段落标记、逗号或其他字符之一，逗号或其他字符的分隔符必须在英文状态下输入。

选定要转换为表格的文本，单击"插入"选项卡|"表格"组|"表格"下拉列表|"文本转换成表格"命令，打开"将文字转换成表格"对话框，如图 4.33 所示。

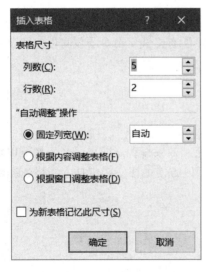

图 4.32 "插入表格"对话框

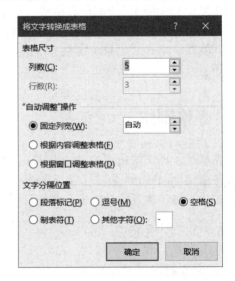

图 4.33 "将文字转换成表格"对话框

提示：文本转化成表格的行数由选定文本的行数决定；文本转换成表格的列数由分隔符数量最多的那一行决定。

文本可以转成成表格，反过来，已有的表格也可以转换成文本。选定表格，单击"表格工具—布局"选项卡|"数据"|"转换为文本"命令，打开"表格转换成"对话框。

4.4.2 编辑表格

1．表格的选定

当要修改表格的结构或格式时，需要选定单元格、行、列或整个表格。要选定一个单元格中的部分内容，可以用鼠标拖动的方法来选定，与在文档中选定文本的方法是一样的。

（1）选定单元格：将鼠标指针指向单元格左边缘处，当鼠标指针变成向右箭头时，单击，即可选定一个单元格。

（2）选定 1 行：将鼠标指针指向行所在的文本选择区，当鼠标指针变成向右箭头时，单击，即可选定 1 行。

（3）选定 1 列：将鼠标指针指向列顶端，当鼠标指针变成一个黑色的向下箭头时，单击，即可选定 1 列。

（4）选定连续多个单元格、多行或多列：按住鼠标左键并拖动鼠标经过这些单元格、行或列；或者先选定起始单元格、行或列，再按下 Shift 键不放，单击最后单元格、行或列。

（5）选定不连续多个单元格、多行或多列：先选定起始单元格、行或列，再按下 Ctrl 键不放，依次单击其他不连续的单元格、行或列。

（6）选定整个表格：将插入点置于表格内，此时表格左上方出现一个表格控制符 ⊕，单击它就可以选定整个表格。

2．调整行高和列宽

创建表格后，建议先调整整个表格的高度和宽度，让表格整体高度和宽度符合预期，然后再对行高和列宽进行调整。在 Word 2016 中，将鼠标指针指向表格的任意位置，表格的右下角会出现一个正方形的表格控制柄，拖动控制柄，可以快速随意地改变表格的大小，从而调整表格的总高度和总宽度，并且行高和列宽自动平均分布。

1）精确调整行高和列宽

选定要调整行高的一行或多行，单击"表格工具—布局"选项卡|"单元格大小"组右边的对话框启动按钮，打开"表格属性"对话框，如图 4.34 所示。选择"行"选项卡，勾选"指定高度"前的复选框，在其后的文本框中输入具体高度，单击"确定"按钮。

选定要调整列宽的一列或多列，打开"表格属性"对话框，选择"列"选项卡，勾选"指定宽度"前的复选框，在其后的文本框中输入具体宽度，单击"确定"按钮。

2）使用鼠标调整行高和列宽

将鼠标指针指向要调整行高的行线上，直到鼠标指针变成 ≑ 形状，按住鼠标左键，会出现一条水平的虚线指示改变后的行高，按住鼠标左键上下移动，即可调整表格行高。调整列宽与调整行高类似。

3）平均分布行/平均分布列

选定若干行或若干列，单击"单元格大小"组|"分布行"和"分布列"命令，如图 4.35 所示，可以让选定的若干行或若干列的高度和宽度一致。

图 4.34 "表格属性"对话框   图 4.35 "单元格大小"组

3．行、列和单元格的插入/删除

制作完表格后，经常会根据需要插入/删除行、列和单元格。

在需要插入新行或新列的位置，选定 1 行（1 列）或多行（多列），单击"表格工具—布局"选项卡|"行和列"组中的相应命令，进行插入/删除行或列操作，如图 4.36 所示。

如果要插入的是单元格，先选定单元格，单击"行和列"组右边的对话框启动按钮，在打开的"插入单元格"对话框中进行选择，如图 4.37 所示。如果选择的是"整行插入"或"整列插入"，则将选定单元格所在的行整行插入或所在列整列插入。

如果要删除的是单元格，则先选定单元格，单击"行和列"组|"删除"下拉列表|"删除单元格"命令，在打开的"删除单元格"对话框中进行选择，如图 4.37 所示。

4．合并/拆分单元格和表格

1）合并/拆分单元格

在进行表格编辑时，有时需要把多个单元格合并成一个单元格或把一个单元格拆分成多个单元格，从而规范表格就慢慢成为不规范表格，以适应数据不同的呈现形式。

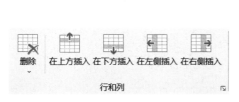 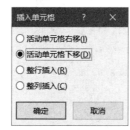 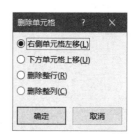

图 4.36 "行和列"组　　　　　图 4.37 "插入单元格"和"删除单元格"对话框

选定行或列中需要合并的两个或两个以上的连续单元格，单击"表格工具—布局"选项卡|"合并"组|"合并单元格"命令。

将插入点置于要拆分的单元格内，单击"合并"组|"拆分单元格"命令，打开"拆分单元格"对话框，设置要拆分的行数和列数，单击"确定"按钮。

2）合并/拆分表格

可以将一个表格拆分成两个或多个表格。将插入点定位到要拆开为第 2 个表格的第 1 行上，单击"合并"组|"拆分表格"命令，表格的中间就会自动插入一个段落标记符，表格也就一分为二了。

要把两个表格合并成一个表格，只需将两个表格之间的段落标记符删除，两个表格就合并为一个表格。

5. 重复标题行

当文档中的表格跨页显示时，为了阅读方便，需要在下一页表格顶部重复标题行。将插入点定位到表格的第一行（标题行）的任意单元格中，单击"表格工具—布局"选项卡|"数据"组|"重复标题行命令"。

4.4.3　格式化表格

格式化表格主要包括设置表格的边框和底纹、设置单元格中文本的对齐方式等，从而美化表格。

1. 套用表格样式

设置一个美观的表格往往比创建一个表格还要麻烦，可以套用 Word 内置的表格样式或者套用已有的自己创建的表格样式。在此基础上，再对表格格式进行调整，从而加快表格的格式化速度。

将插入点定位于要格式化的表格内，单击"表格工具—设计"选项卡|"表格样式"组|表格样式列表框中的相应样式，可选择一种内置的表格样式，如图 4.38 所示。

2. 单元格内文本的对齐方式

单元格内文本的对齐方式既有左、中、右水平方向对齐，又有靠上、中部、靠下垂

直方向对齐，其组合共有 9 种对齐方式。选定要设置对齐方式的单元格，单击"表格工具—布局"选项卡|"对齐方式"组中的相应对齐方式，如图 4.39 所示。

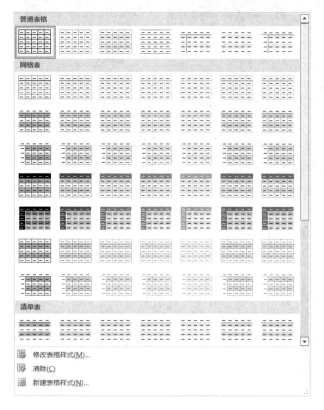

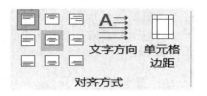

图 4.38　"表格样式"列表　　　　　　　4.39　"对齐方式"组

3．表格的边框和底纹

　　Word 可以给整个表格加边框和底纹，也可以给选定的单元格加边框和底纹，先选定表格或单元格，单击"表格工具—设计"选项卡|"边框"组|"边框"下拉按钮，在下拉列表框中单击"边框和底纹"命令，打开"边框和底纹"对话框，如图 4.40 所示。此对话框与设置段落的"边框和底纹"对话框相似，增加了表格元素，如内框线；应用范围增加了单元格和表格等。

　　为了方便表格边框样式的设置，Word 提供了一个与"格式刷"工具类似的"边框刷"工具，使用该工具能够方便地对单元格的边框进行设置，并将单元格边框样式复制到其他单元格中。

　　将插入点放置到表格内，单击"表格工具—设计"选项卡|"边框"组|"边框样式"下拉列表中的合适选项选择边框样式，在"边框"组|"笔画粗细"下拉列表中设置笔画粗细，在"边框"组|"笔颜色"列表中设置笔画颜色，完成设置后单击"边框"组|"边框刷"按钮，如图 4.41 所示，然后在单元格的边框线上单击即可将设置的边框样式应用到该边框线上。

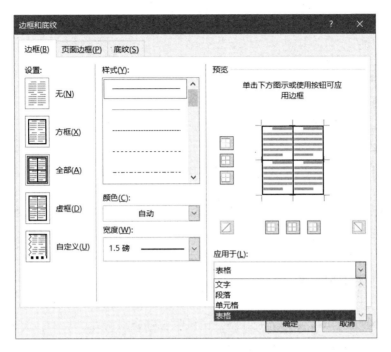

图 4.40 "边框和底纹"对话框

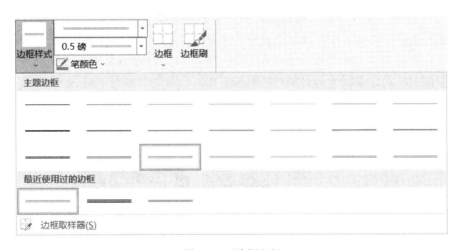

图 4.41 "边框"组

在"边框"组|"边框样式"下拉列表中单击"边框取样器"命令，此时鼠标指针变为吸管形，在某个单元格边框中单击即可获取该边框的样式，此时，鼠标指针变为"边框刷"笔形，在单元格边框上单击即可把边框样式复制到该边框上。

4.5 图文混排

Word 不仅有强大的文字处理功能，还具有强大的图形处理功能，可以在文档中插入各种图片、形状、艺术字、文本框等对象，使文档图文并茂，更具有感染力。

4.5.1　图片

1. 插入图片

对于文档中已经插入的图片，可以通过复制的方式，再次插入图片，还可以通过屏幕截图、插入剪贴画、插入图片文件方式来插入图片。

1）屏幕截图

屏幕截图的方法有很多，可以使用键盘截图或专门截图工具截图。Word 自带屏幕截图功能。

首先把要截图的界面置于屏幕最前面，切换回 Word，单击"插入"选项卡|"插图"组|"屏幕截图"下拉列表|"屏幕剪辑"命令，Word 自动最小化，要截图的界面出现在面前，鼠标指针变成实心十字形状，拖动鼠标，即可截取一个矩形区域图片，自动置于 Word 文档插入点位置。

2）插入剪贴画

Word 的剪辑库中包含大量剪贴画，可以分为动物、鲜花、房子、人物等多类，利用这些专业设计的图片可以设计出丰富多彩的文档。

将插入点置于要插入剪贴画的位置，单击"插入"选项卡|"插图"组|"联机图片"命令，打开"插入图片"对话框，在"搜索必应"文本框内输入"图片"后，按Enter 键，打开"联机图片"对话框，单击"筛选"按钮 ▽，在弹出的列表框中单击"剪贴画"，在搜索文本框中输入关键字，如"球"，按 Enter 键，与"球"有关的剪贴画出现在面前，选定要插入的剪贴画，单击"插入"按钮，如图 4.42 所示。

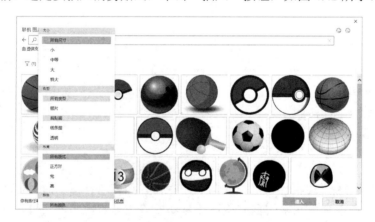

图 4.42　"联机图片"对话框

3）插入图片文件

还可以把一个已经保存的图片文件插入 Word 文档中，可以直接插入的图片文件类型有 bmp、wmf、png、gif、jpg 等。将插入点置于要插入图片的位置，单击"插入"选项卡|"插图"组|"图片"命令，打开"插入图片"对话框，找到需要插入的图片，单击"插入"按钮即可插入。

2．编辑图片

当插入文档中的图片不符合实际要求时，Word 允许对插入的图片进行编辑修改，如对图片缩放、移动、裁剪、压缩等。

1）选定图片

对一个图片进行编辑或格式化操作时，首先要选定图片，单击图片即可选定。被选定的图片四周会出现 9 个控制点，其中 4 条边上和 4 个角上出现 8 个小圆点，这些小圆点称为尺寸控制点，可以用来调整图片大小；图片上方还有一个旋转控制点，可以用来旋转图片，如图 4.43 所示。

2）调整图片大小

选定要调整大小的图片，将鼠标指针放在图片的尺寸控制点上，当出现双向箭头时，按住鼠标左键沿缩放方向拖动，拖动至适当的大小后松开鼠标，这时的图片即被放大或缩小。

图 4.43　图片编辑控制点

如果要精确调整图片的大小，可以在"布局"对话框中设置。单击要调整大小的图片，单击"图片工具—格式"|"大小"组右边的对话框启动按钮，打开"布局"对话框，如图 4.44 所示。在"大小"选项卡中输入高度和宽度，或在"缩放"选项区域输入高度和宽度的百分比，最后单击"确定"按钮。

提示：如果要同时精确调整图片的高度和宽度，输入高度和宽度之前，应先取消勾选"锁定纵横比"复选框，否则设置完成后，再次打开该对话框查看图片的高度和宽度时，其数据不符合要求。

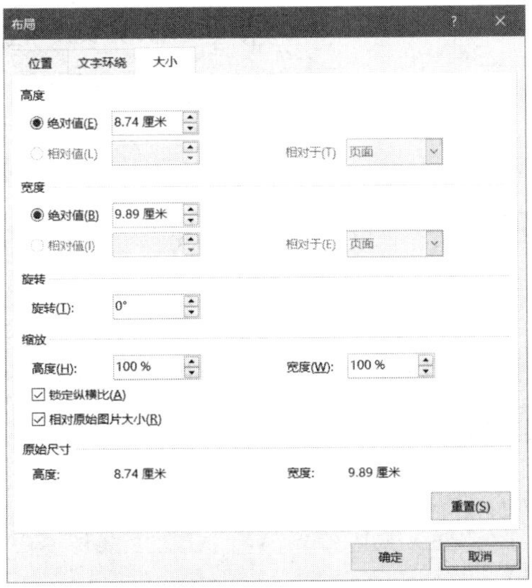

图 4.44　"布局"对话框

3）移动图片

若待移动图片是浮动式图片，将鼠标指向该图片，鼠标指针呈✥形状，按住鼠标左键拖动到目标位置即可。

若待移动图片是嵌入式图片，将鼠标指向该图片，鼠标指针呈✥形状，按住鼠标左键拖动图片到目标位置，此时插入点下带虚框，与插入文本一样，在字符间移动，当插入点移到目标位置，松开鼠标即可，在字符和字符之间插入一张图片。

4）裁剪图片

选定要裁剪的图片，单击"图片工具—格式"选项卡|"大小"组|"裁剪"按钮，图片周围出现 8 个裁剪控制点，如图 4.45 所示，其中 4 条边上出现的 4 个控制点称为中心裁剪控制点，4 个角上出现的 4 个控制点称为角部裁剪控制点。

拖动裁剪控制点即可裁剪图片。若要裁剪某一侧，则将该侧的中心裁剪控制点向里拖动；若要同时均匀地裁剪两侧，则在按住 Ctrl 键的同时将任一侧的中心裁剪控制点向里拖动；若要同时均匀地裁剪全部四侧，则在按住 Ctrl 键的同时将一个角部裁剪控点向里拖动。

5）压缩图片

裁剪过的图片，裁剪部分仍将作为图片的一部分保留。如果没有被压缩，还可以拖动裁剪控制点恢复。若想彻底丢弃裁剪部分，可使用"压缩图片"功能，压缩文档中的图片以减少尺寸。压缩过的图片，裁剪部分无法恢复，也无法通过"重置图片"功能重置。

选定裁剪过的图片，单击"图片工具—格式"选项卡|"调整"组|"压缩图片"命令，打开"压缩图片"对话框，如图 4.46 所示。在"压缩选项"区域，勾选"删除图片的剪裁区域"前的复选框，然后单击"确定"按钮。

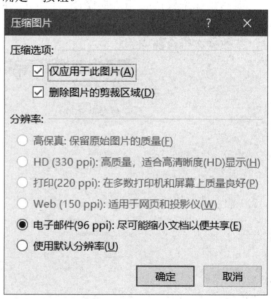

图 4.45　裁剪控制点　　　　　　　　　图 4.46　"压缩图片"对话框

3．格式化图片

1）删除背景

若要删除插入的图片的背景，可使用"删除背景"功能。选定图片，单击"图片工具—格式"选项卡|"调整"组|"删除背景"命令，"图片工具"选项卡旁边会出现"背景消除"选项卡，如图4.47所示。

如果自动选定的删除区域不正确，则单击"标记要保留的区域"命令，鼠标指针变成笔形指针，指针划过的区域为要保留的区域；单击"标记要删除的区域"命令，鼠标指针变成笔形指针，指针划过的区域为不想保留的区域。完成后，单击"保留更改"或"放弃所有更改"。

图4.47 "背景消除"选项卡

使用"删除背景"功能删除图片背景后的效果如图4.48所示。

图4.48 "删除背景"效果图

提示："删除背景"功能不适用于矢量图形文件，例如可扩展矢量图形（SVG）、Adobe Illustrator 图形（AI）、Windows 图元文件格式（WMF）、向量绘图文件（DRW）。

2）颜色

为了与文档内容匹配，可以更改图片颜色。例如，要让某个艳丽图片"衬于文字下方"，又不影响图片上面的文字显示，需要调整图片颜色。选定图片，单击"图片工具—格式"选项卡|"调整"组|"颜色"下拉列表|"重新着色"|"冲蚀"颜色，图片就变得不艳丽了，如图4.49所示。

3）重置图片

如果图片背景不想删除，图片颜色不想更改，图片也不想裁剪，图片大小也不想调整，想回到最初状态，可使用"重置图片"功能。选定图片，单击"图片工具—格式"选项卡|"调整"组|"重置图片"，如图 4.50 所示。该功能可放弃对选定图片所做的全部格式更改。

插入的图片，若要删除图片背景，可使用"删除背景"功能。选定图片，单击"图片工具—格式"选项卡|"调整"组|"删除背景"命令，"图片工具"选项卡会出现"背景消除"选项卡，如图5.47所示。

如果自动选定的删除区域不正确，单击"标记要保留的区域"命令，鼠标指针变成笔形指针，指针划过的区域为要保留的区域；单击"标记要删除的区域"命令，鼠标指针变成笔形指针，指针划过的区域为不想保留的区域。完成后，单击"保留更改"或"放弃所有更改"。如图-5.48 所示，使用"删除背景"功能删除图片背景，当然效果不如专业图形

图 4.49 "冲蚀"效果图　　　　　　　　　图 4.50 "重置图片"下拉列表

4）图片样式

选定图片，单击"图片工具—格式"选项卡，"图片样式"组列出很多图片样式可以套用，如图 4.51 所示。

图 4.51 "图片样式"组

5）环绕方式

将图片、形状等对象插入文档中有两种插入形式：嵌入式和浮动式。

嵌入式对象是将对象像一个字符那样插在当前插入点位置，而不能放在页面任意位置，不能与其他对象组合，可以与正文一起排版，但不能实现环绕效果。

浮动式对象既可以浮于文字上方，也可以衬于文字下方，可以实现多种形式的正文环绕；可以和其他浮动式对像组合成一个新对象；还可以直接拖放到页面上的任意位置。

Word 2016 插入剪贴画和图片的默认环绕方式是嵌入式，既不能随意移动位置，也不能在其周围环绕文字。

要更改嵌入式对象为浮动式对象，以图片为例，选定图片，单击"图片工具—格式"选项卡|"排列"组|"环绕文字"下拉按钮，弹出"环绕文字"下拉列表，可选择不同的环绕方式，如图 4.52 所示。

图 4.52 "环绕文字"下拉列表

4.5.2　形状

Word 可以插入许多形状，如矩形、椭圆、箭头等，这些形状经过编辑、美化可以组合成一个图形，如流程图、结构图等。

1．插入形状

1）新建画布

插入形状的默认环绕方式为"浮于文字上方"。因此，在绘制图形的时候，先要留

出图形空间，可以按 Enter 键，产生空段落。便捷的办法是"新建画布"，在新建的画布上绘制图形。

插入点置于要创建画布的位置，单击"插入"选项卡|"形状"下拉列表|"新建画布"命令，在插入点位置新建画布。画布的默认环绕方式为嵌入式，单击画布，可以更改画布的大小、环绕方式。单击画布，就可以在画布上插入形状。

2）插入形状小技巧

单击"插入"选项卡|"插图"组|"形状"下拉按钮，弹出下拉列表，列表中有大量的 Word 自带形状，如图 4.53 所示。

技巧 1：Word 自带形状没有正方形、圆、正五角星等特殊形状，要插入这些特殊形状，如插入正方形，在"形状"下拉列表中单击"矩形"形状，然后按住 Shift 键不放，拖动鼠标，插入的形状为正方形。利用 Shift 键，还可以插入水平、垂直或固定角度的直线或箭头。

技巧 2：为控制形状以极微小的距离移动，可以选定形状，单击"绘图工具—格式"选项卡|"排列"组|"对齐"下拉列表|"网格设置"命令，打开"网格线和参考线"对话框，如图 4.54 所示。在"水平间距"和"垂直间距"数值框中，设置最小值，即 0.01 字符和 0.01 行，单击"确定"按钮。再按键盘的方向键，形状将以 0.01 字符和 0.01 行为单位向横向和纵向移动。此外，还可以选定形状，按住 Ctrl 键的同时使用方向键来进行微小距离的移动。

图 4.53 "形状"下拉列表

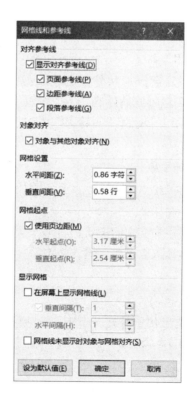

图 4.54 "网格线和参考线"对话框

2．编辑与格式化形状

插入形状后，调整形状大小、形状移动、形状旋转、对齐等操作与图片操作类似。

1）形状填充

插入形状后，形状的填充色默认为"蓝色，个性色 1"。选定形状，单击"绘图工具—格式"选项卡|"形状样式"组|"形状填充"下拉按钮，在下拉列表中选择要填充的颜色，如图 4.55 所示。除了纯色填充，可以渐变填充，还可以填充图片、纹理。若选择"无填充"选项，意味着背景透明，形状不会遮挡其他内容。

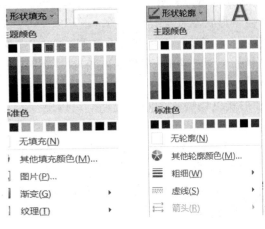

图 4.55 "形状填充"和"形状轮廓"列表

2）形状轮廓

插入形状后，形状外围有轮廓线。选定形状，单击"绘图工具—格式"选项卡|"形状样式"组|"形状轮廓"下拉按钮，在下拉列表中设定轮廓的颜色、粗细和样式，如图 4.55 所示。若选择"无轮廓"选项，意味着形状没有轮廓线，形状和周围内容有整体感觉。

3）添加文字

可以在形状（直线和任意多边形除外）中添加文字，这些文字将附加在对象之上并且随对象一起移动。

选定要添加文字的形状，右击，从弹出的快捷菜单中选择"添加文字"命令，形状内出现文本插入点，即可输入文本，并且可以对输入的文本进行排版，如改变字体、字号和颜色等。

4）叠放次序

当多个形状重叠在一起时，若要改变某个形状的叠放次序，可选定该形状，单击"绘图工具—格式"选项卡|"排列"组|"上移一层"或"下移一层"命令，进行相应操作。

5）选择窗格

当多个形状重叠在一起时，某个形状无法单击选定，此时用"选择窗格"功能，可对当前页面所有的对象进行快速选定。

选定当前页面中任何一个形状，单击"绘图工具—格式"选项卡|"排列"组|"选择窗格"命令，在页面右边会显示"选择"窗格，如图 4.56 所示。在选择窗格内，可以快速选定一个或多个对象。

6）组合

绘制图形的最后一步是对编辑和格式化好的多个形状进行组合，使之成为一个整体。应当注意的是，只有浮动式对象才能进行组合。如图 4.56 所示，"图片 160"右边无 ，说明是嵌入式对象，不能和其他浮动式对象组合。

图 4.56 "选择"窗格

使用"选择"窗格选定要组合的形状，单击"绘图工具—格式"选项卡|"排列"组|"组合"下拉列表|"组合"命令，选定的形状就组合成一个图形。组合后的图形还可以和其他浮动式对象再次组合。

组合后的形状既是一个整体，也可以单独选定某个形状，重新进行编辑和格式化。

4.5.3 SmartArt 图形

虽然我们可以通过插入形状的方式绘制图形，但创建具有设计师水准的图形很困难。通过创建 SmartArt 图形，只需简单操作鼠标，就可创建具有设计师水准的图形。

1. 插入 SmartArt 图形

插入点置于要插入 SmartArt 图形位置，单击"插入"选项卡|"插图"组|"SmartArt"命令，打开"选择 SmartArt 图形"对话框，如图 4.57 所示，选择一种 SmartArt 图形类型，例如"流程"、"层次结构"、"循环"或"关系"等，每种类型包含许多不同的布局。

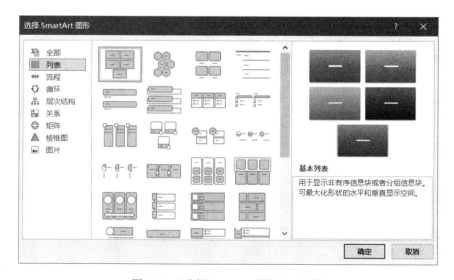

图 4.57 "选择 SmartArt 图形"对话框

2．编辑与格式化 SmartArt 图形

1）添加形状

插入 SmartArt 图形后，若 SmartArt 图形缺少形状，可以使用"添加形状"功能添加形状。

选定 SmartArt 图形内某形状，单击"SmartArt 工具—设计"选项卡|"创建图形"|"添加形状"下拉按钮，如图 4.58 所示，在下拉列表中选择"在后面添加形状"、"在前面添加形状"、"在上方添加形状"、"在下方添加形状"或"添加助理"。

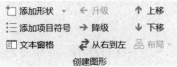

图 4.58 "创建图形"组

2）改变级别和位置

在"创建图形"组，通过"升级"和"降级"可以改变级别，通过"上移"、"下移"和"从右到左"可以改变同层次的位置。

3）文本窗格

单击"创建图形"组|"文本窗格"，可以弹出"在此处键入文字"对话框，方便输入文本。再次单击，可以关闭对话框。

4）SmartArt 样式

通过套用 SmartArt 样式，可以对 SmartArt 图形快速格式化，从而创建具有设计师水准的图形。选定 SmartArt 图形，单击"SmartArt 工具—设计"选项卡|"SmartArt 样式"|"更改颜色"下拉按钮，在弹出下拉列表中选择合适的主题颜色，如图 4.59 所示，更改颜色后，再套用一个合适的 SmartArt 样式。

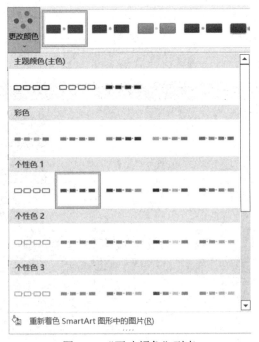

图 4.59 "更改颜色"列表

4.5.4　文本框

Word 中的文本框是指一种可移动、可调大小的文字或图形容器。使用文本框，可以在页面任何地方放置文本块，或使文本框内文字与文档中文字按不同的方向排列。文本框可以视为特殊的图形对象，正确使用好文本框是做好图文混排的技巧之一。

1．插入文本框

文本框默认的插入形式是浮动式。单击"插入"选项卡|"文本"组|"文本框"下拉按钮，弹出下拉列表框，可以选择内置的文本框样式，也可以选择"绘制横排文本框"或"绘制竖排文本框"，此时鼠标指针变成"+"形状，然后按住鼠标左键在编辑区拖动，即可得到文本框。文本框内有插入点时可以直接输入文本。

2．文本框链接

将两个以上的文本框链接在一起称为文本框链接。如果一个文本框无法显示过多的内容时，通过链接可将多出来的内容在另一个文本框中显示出来。

首先创建多个文本框，然后选定第 1 个文本框，单击"绘图工具—格式"选项卡|"文本"组|"创建链接"命令，此时鼠标指针的形状变成杯子状。将鼠标指针指向第 2 个文本框中，此时指针形状变成杯子倾斜状，单击即可完成两个文本框的链接。再选定第 2 个文本框，同样操作即可与第 3 个文本框链接，这样依次链接下去。

链接好文本框后，只要在第 1 个文本框中输入内容过多，多余的内容可以依次在其他已链接的文本框中显示。

要断开链接，可先选中前一个文本框，单击"绘图工具—格式"选项卡|"文本"组|"断开链接"命令即可。

3．编辑与格式化文本框

文本框的大小调整、移动、环绕方式、填充色、轮廓等设置，与形状操作相似，在此不再细述。

4.5.5　艺术字

Word 中的艺术字是一种特殊的图形，以图形的方式来展示文字，它弥补了纯图形的不足，增强了图形的可读性，渲染了图形的表现效果，艺术字的使用可以使打印出来的文档更加美观。艺术字默认的插入形式是浮动式。

1．插入艺术字

插入艺术字的方法与插入文本框类似。单击"插入"选项卡|"文本"组|"艺术字"下拉按钮，在打开的下拉列表框中提供了 15 种艺术字样式，选择一种样式后，在文本插入点处自动添加一个带有默认文本样式的艺术字文本框，在其中输入所需文本内容。

2．编辑艺术字

选定要编辑艺术字，单击"绘图工具—格式"选项卡|"艺术字样式"组|"文本效

果"下拉列表|"转换"，在打开的子列表中选择某种形状对应的文本效果即可，如图4.60所示。

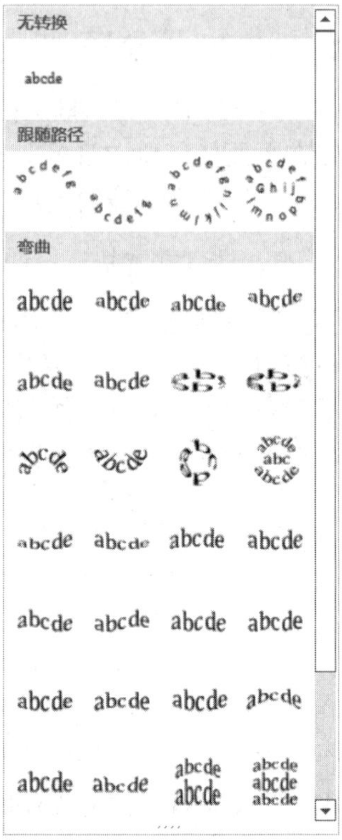

4.5.6 公式

在学术论文中经常需要在文档中输入各种公式，但是很多符号无法直接从键盘上输入，Word 自带了多种常用的公式供用户使用，用户可以根据需要直接插入这些内置公式以提高工作效率。

1．插入数学公式

将插入点置于需要插入公式的位置，单击"插入"选项卡|"符号"组|"公式"下拉按钮，弹出公式下拉列表，单击"插入新公式"，即可开始插入新公式。

2．手写公式

Word 2016 中增加了一个相当强大而又实用的功能——墨迹公式，使用这个功能可以快速地在编辑区域手写输入数学公式，并能够将这些公式转换成为系统可识别的文本格式。

将插入点置于需要插入公式的位置，单击"插入"选项卡|"符号"组|"公式"下拉按钮，弹出公式下拉列表，单击"墨迹公式"选项，打开"数学输入控件"对话框，即可开始手动输入新公式，如图4.61所示。

图 4.60　文本效果"转换"

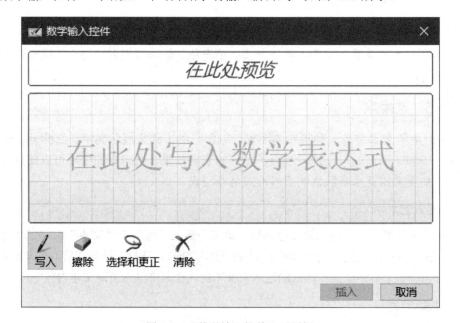

图 4.61　"数学输入控件"对话框

4.6 邮件合并

Word 提供了强大的邮件合并功能，该功能具有极佳的实用性和便捷性，例如给多个客户发邀请函、给单位职工制作工资条等，可以使用邮件合并功能来实现。邮件合并具有批量处理的功能，可以在创建的信函、电子邮件、传真、信封、标签、目录等文档中批量处理数据。

4.6.1 邮件合并的几个基本概念

Word 的邮件合并可以将一个主文档与一个数据源结合起来，最终生成一个输出文档。一般要完成一个邮件合并任务，需要包括主文档、数据源、合并最终文档几个部分。因此，在进行邮件合并之前，首先需要明确以下几个基本概念。

1．主文档

主文档就是固定不变的主体内容，如信封中的落款、信函中的对每个收信人都不变的内容等。使用邮件合并之前先建立主文档。

2．数据源

数据源就是含有标题行的数据记录表，其中包含着相关的字段和记录。数据源可以是 Word、Excel、Access 等软件创建的记录表。数据源通常"使用现有列表"，例如要制作客户邀请函，客户信息已经输入 Excel 工作表中。在这种情况下，直接拿过来使用就可以了，而不必重新制作。如果没有现成的数据源，则要根据主文档对数据源的要求创建，常常使用 Excel 制作。

3．域

邮件合并操作会在主文档合适的位置插入"域"，域名就是数据源中的字段名，如收件人的姓名、地址等。插入"域"的位置，也是在邮件合并最终文档内容发生变化的位置，变化文本来自数据源对应的记录。

4．最终文档

邮件合并的最终文档是一个可以独立存储或输出的 Word 文档，其中包含了所有的输出结果。最终文档有些文本内容在每份输出结果中都是相同的，这些相同的内容来自主文档；而有些内容会随着收件人的不同而发生变化，这些变化的内容来自数据源。

4.6.2 邮件合并的基本方法

1．利用"邮件合并分步向导"创建

单击"邮件"选项卡|"开始邮件合并"组|"开始邮件合并"下拉列表|"邮件合并

分步向导"命令,打开"邮件合并"任务窗格,根据向导一步步完成邮件合并。

2.直接进行邮件合并

利用向导进行邮件合并的过程比较烦琐,适合不太熟悉邮件合并流程的新手使用。当对邮件合并流程熟练掌握后,可以直接进行邮件合并。

1)制作主文档

准备好数据源,编辑并格式化主文档中的固定内容。

2)开始邮件合并

打开主文档,单击"邮件"选项卡|"开始邮件合并"组|"开始邮件合并"下拉按钮,在弹出的下拉列表中选择合适的创建类型,如图 4.62 所示。例如,制作邀请函,选择"信函";制作工资条,选择"目录"。

3)选择收件人

单击"开始邮件合并"组|"选择收件人"下拉按钮,在弹出的下拉列表中选择"使用现有列表"命令,如图 4.63 所示,打开"选取数据源"对话框,选择保存有收件人数据的数据源文件,单击"打开"按钮。作为邮件合并的外部数据,有 3 种常用文件类型:TXT 文件、Excel 文件和 Access 文件。

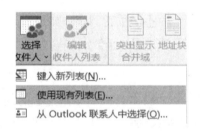

图 4.62 "开始邮件合并"下拉列表 　　　　图 4.63 "选择收件人"下拉列表

4)插入合并域

数据导入文档中只是将相应的数据信息准备到位,仍然需要手动将对应字段数据插入对应位置,也就是插入合并域。将文本插入点定位在需要插入域名的位置,单击"邮件"选项卡|"编写和插入域"组|"插入合并域"下拉按钮,在弹出的下拉列表中选择需要插入的域名,如图 4.64 所示。

5)完成并合并

插入合并域后,就可以生成合并文档了。单击"邮件"选项卡|"完成"组|"完成并合并"下拉按钮,在弹出的下拉列表中单击"编辑单个文档"命令,如图 4.65 所示,打开"合并到新文档"对话框,选中"全部"单选按钮,单击"确定"按钮。

图 4.64 "插入合并域"下拉列表

图 4.65 "完成并合并"下拉列表

4.6.3 邮件合并规则

利用邮件合并规则,可以对数据源的记录进行指定的设置。

1."下一记录"规则

如果想要在最终文档的同一页显示多条记录,可以使用"下一记录"规则。

先插入第一条记录相关的域,单击"邮件"选项卡|"编写和插入域"组|"规则"下拉按钮,弹出下拉列表,如图 4.66所示,单击"下一记录"命令。此命令不会出现在最终的打印文档,它的作用是告知 Word,此命令后面插入的域在最终文档显示数据源的下一条记录的数据。

如图 4.67 所示,左边表格为主文档中的表格,单元格内插入域并使用"下一记录"规则,右边表格为最终文档输出的效果图,一个表格显示 3 条记录。

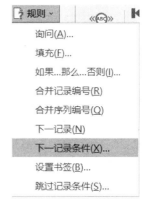

图 4.66 "规则"下拉列表

姓名	考号	科目	所属地区
《考生姓名》	《准考证号》	《考试科目》	《考生所属区域》
《下一记录》《考生姓名》	《准考证号》	《考试科目》	《考生所属区域》
《下一记录》《考生姓名》	《准考证号》	《考试科目》	《考生所属区域》

姓名	考号	科目	所属地区
李凯*	31011326	中级会计实务、财务管理	海淀区
陈江*	11141502	经济法	丰台区
张嘉*	11060805	中级会计实务	丰台区

图 4.67 使用"下一条记录"规则效果图

2."如果…那么…否则"规则

"如果…那么…否则"规则可以进行逻辑判断,表示如果满足条件显示一个文本,否则显示另一个文本。

单击邮件合并"规则"下拉列表，选择"如果…那么…否则"命令，弹出"插入Word 域：如果"对话框，选择"域名"和"比较条件"，输入"比较对象"、满足条件插入的文本（则插入此文字）、不满足条件插入的文本（否则插入此文字）。如图 4.68所示，如果"考试科目"域等于"高级会计实务"那么显示"高级"，否则显示"中级"，而不会显示"考试科目"的值了。

图 4.68 "插入 Word 域：如果"对话框

3. "下一记录条件"规则

单击邮件合并"规则"下拉列表，选择"下一记录条件"命令，打开"插入 Word 域：Next Record if"对话框，根据要求设置条件，如图 4.69 所示。

Word 会比较数据源下一条记录的"考生所属区域"字段值是否等于"海淀区"，如果比较结果为真，则生成最终文档时，Word 把下一条记录和前一条记录会合并到同一页；如果比较结果为假，则生成最终文档时，Word 把下一个记录放到最终文档的下一页。也就是说，不管比较结果是真是假，都会显示下一条记录，区别在于上一条记录和下一条记录在最终文档中是否显示在同一页。

图 4.70 列出了数据源、主文档和最终文档前 3 页显示内容。

图 4.69 "插入 Word 域：Next Record if"对话框

思考：最终文档第 2 页为何显示重复记录？如何不显示重复记录？

4. "设置书签"规则

书签可以理解为在文档中设置一个变量，变量值可以指定固定值，也可以指定数据源的域。书签在域名状态下不显示，域代码状态下可以显示、修改。单击"邮件"选项卡|"编写和插入域"组|"规则"下拉按钮，弹出下拉列表，选择"设置书签"命令，打开"插入 Word 域：Set"对话框，如图 4.71 所示，设置书签名为"fz"，书签值为"11"。

准考证号	考生姓名	考试科目	考生所属区域
31011326	李凯*	中级会计实务、财务管理	海淀区
11141502	陈江*	经济法	海淀区
11060805	张嘉*	中级会计实务	丰台区
11050729	李青*	中级会计实务	海淀区
11060117	牛鹤*	中级会计实务	海淀区
11400519	关明*	中级会计实务	丰台区
11060814	卢薇*	中级会计实务	丰台区
11141228	李凯*	经济法	丰台区
11411511	陈江*	中级会计实务	丰台区
11051617	贺文*	中级会计实务	丰台区
11450110	朱炜*	经济法	海淀区
11511726	张嘉*	经济法	海淀区

姓名	准考证号	考生所属区域
«考生姓名»	«准考证号»	«考生所属区域»
«下一记录条件…»«考生姓名»	«准考证号»	«考生所属区域»

姓名	准考证号	考生所属区域
李凯*	31011326	海淀区
陈江*	11141502	海淀区

姓名	准考证号	考生所属区域
张嘉*	11060805	丰台区
张嘉*	11060805	丰台区

姓名	准考证号	考生所属区域
李青*	11050729	海淀区
牛鹤*	11060117	海淀区

最终文档前3页

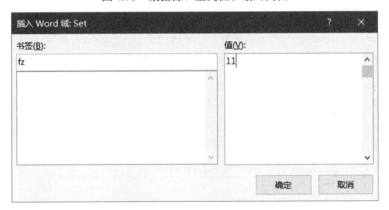

图 4.70　数据源、主文档和最终文档

图 4.71　“插入 Word 域：Set”对话框

4.6.4　与邮件合并有关的域操作

1．域操作基础

邮件合并插入合并域和规则都是域，域是一组能够嵌入文档中的指令代码。域由花括号、域名（域代码）及域开关构成，如{TIME \@ “yyyy 年 mm 月 dd 日”}，“TIME”为域名，“\”打头的为域开关，域开关和域名间加空格。

1）新建域

按下 Ctrl+F9 组合键可以新建域，一个空域就是一对{ }，用键盘直接输入{ }不是域。

2）更新域

更新域的快捷键为 F9，也可以在所选域右击，弹出快捷菜单，单击“更新域”，如图 4.72 所示。

3）切换所选域的域代码

切换所选域的域代码的组合键为 Shift+F9，也可以右击所选域，弹出快捷菜单，单击"切换域代码"，如图 4.72 所示。

4）切换所有域的域代码

切换所有域的域代码的组合键为 Alt+F9。

2．数值格式

例如，数据源 Excel 工作表中数值是 21.39，插入域后查看最终文档，数值显示为 21.38999999999999。在主文档中选中该域，假设域名为"数量"，切换域代码，将会显示

图 4.72 右击域快捷菜单

{MERGEFIELD 数量}，在"数量"两字后面插入空格，再插入"\#"0.00""，域代码变为{MERGEFIELD 数量 \#"0.00"}。更新域，再合并文档，查看最终文档，数值显示"21.39"。

3．日期格式

数据源中日期格式为中文的××××年××月××日，例如"2021 年 12 月 1 日"，插入域后查看最终文档，日期显示为"12/01/2021"。在主文档中选中该域，假设域名为"日期"，切换域代码，将会显示{MERGEFIELD 日期 }，在"日期"两字后插入空格，再插入"\@ yyyy 年 MM 月 dd 日"，"MM 月"需大写输入，以使月份和分钟区分，域代码变为{MERGEFIELD 日期 \@ yyyy 年 MM 月 dd 日}。更新域，再合并文档，查看最终文档，日期显示"2021 年 12 月 01 日"。

4.7 引用

Word 有一个"引用"功能选项卡，只要与引用有关的功能操作几乎都在这里。例如，可以在 Word 文档中插入目录、脚注、尾注、题注、索引，可以对脚注、尾注、题注等交叉引用。

4.7.1 目录

目录通常是长篇幅文档不可缺少的一项内容，它列出了文档中的各级标题及其所在的页码，便于阅读文档，快速查找所需内容。

1．插入目录

用户可以选择 Word 在创建目录时使用的样式设置。首先将鼠标指针定位在需要建立文档目录的位置，通常是文档的最前面，然后单击"引用"选项卡|"目录"组|"目录"下拉列表|"自定义目录"命令，打开"目录"对话框，如图 4.73 所示。

图 4.73 "目录"对话框

在"目录"选项卡中单击"选项"按钮，打开"目录选项"对话框，在"有效样式"区域中可以查找应用于文档中的标题的样式，在样式名称旁边的"目录级别"文本框中输入目录的级别（可以输入 1 到 9 中的一个数字），以指定希望标题样式代表的级别。当"有效样式"和"目录级别"设置完成后，单击"确定"按钮。自动关闭"目录选项"对话框，返回到"目录"对话框，可以在 "Web 预览"区域中看到 Word 在创建目录时使用的新样式设置，单击"确定"按钮完成所有设置。

2．更新目录

如果创建好目录后，又添加、删除或更改了文档中的标题或其他目录项，可以更新文档目录。单击"引用"选项卡|"目录"组|"更新目录"命令，打开"更新目录"对话框，在该对话框中选中"只更新页码"单选按钮或者"更新整个目录"单选按钮，然后单击"确定"按钮即可按照指定要求更新目录。

4.7.2 脚注和尾注

脚注和尾注用于为文档中的文本提供解释、批注以及相关的参考资料，可以用脚注对文档内容进行注释说明，用尾注说明引用的文献。脚注的注释部分会出现在该页的底部，而尾注的注释部分会出现在整篇文档的末尾。

脚注或尾注由两个互相链接的部分组成：注释引用标记和与其对应的注释文本。

1．插入脚注和尾注

将插入点定位到要插入脚注或尾注的文字后面，单击"引用"选项卡|"脚注"组|"插

入脚注"或"插入尾注"命令，在文字所在页面底部或文档的尾部输入注释的内容。

2．脚注和尾注相互转换

脚注和尾注可以互相转换，单击"引用"选项卡|"脚注"组右边的对话框启动按钮，打开"脚注和尾注"对话框。如果文档中已插入脚注或尾注，单击"转换"按钮，弹出"转换注释"对话框，根据需要进行转换，如图 4.74 所示。

3．脚注和尾注的编号格式

脚注和尾注默认的编号为阿拉伯数字，起始编号为 1。可以设置脚注和尾注的编号格式、起始编号。打开"脚注和尾注"对话框，进行相应设置。

4.7.3　题注

题注是一种可以为文档中的图片、表格、公式或其他对象添加的编号标签。如果在文档的编辑过程中

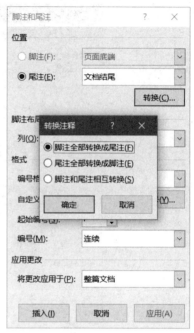

图 4.74　"脚注和尾注"对话框

对题注执行了添加、删除或移动操作，则可以一次性更新所有题注编号，而不需要再进行单独调整。

将插入点定位到要插入题注的位置，单击"引用"选项卡|"题注"组|"插入题注"命令，打开"题注"对话框，如图 4.75 所示。可以根据添加题注的不同对象，在"选项"区域的下拉列表中选择不同的标签类型。如果要在文档中使用自定义的标签显示方式，则可以单击"新建标签"按钮，为新的标签命名。新的标签样式将出现在"标签"下拉列表中，还可以为该标签设置位置与编号格式。设置完成后单击"确定"按钮，即可将题注添加到文档相应的位置。

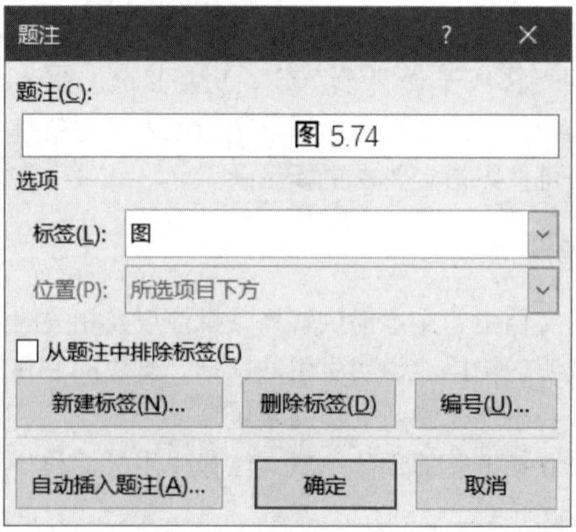

图 4.75　"题注"对话框

4.7.4　索引

索引用于列出一篇文档中讨论的术语和主题以及它们出现的页码。

1．标记索引项

在文档中加入索引之前，应当先标记出全部索引项。索引项是用于标记索引中的特定文字的域，当选定文本并将其标记为索引项时，Word 将会添加一个特殊的 XE（索引项）域，可以为某个单词、短语或符号创建索引项，也可以为包含延续数页的主题创建索引项等。

单击"引用"选项卡|"索引"组|"标记条目"命令，打开"标记索引项"对话框，如图 4.76 所示。不关闭对话框，把光标定位到文档，在文档中选定要作为索引项的文本，再把光标定位在对话框"索引"选项区域中的"主索引项"文本框内，文本框会显示选定的文本。根据需要，还可以通过创建次索引项、第三级索引项。单击"标记"按钮即可标记索引项，单击"标记全部"按钮即可标记文档中与此文本相同的所有文本。此时"标记索引项"对话框中的"取消"按钮变为"关闭"按钮。单击"关闭"按钮即可完成标记索引项的工作，如图 4.76 所示。

可以在文档中看到插入的索引项，如标记索引项文本为"邮件合并"，在"邮件合并"文本后显示"{ XE "邮件合并"}"索引项，实际上是域代码。

图 4.76　"标记索引项"对话框

在标记了一个索引项之后，可以在不关闭"标记索引项"对话框的情况下，继续标记其他多个索引项。

2．插入索引

完成了标记索引项的操作后，就可以选择一种索引设计并生成最终的索引，并将它们按字母或笔划顺序排序，引用其页码，找到并删除同一页上的重复索引项，然后在文档中显示该索引。

将鼠标指针定位在需要建立索引的地方，通常是文档的最后。单击"引用"选项卡|"索引"组|"插入索引"命令，打开"索引"对话框，如图 4.77 所示。在"格式"下拉列表框中选择索引的风格，选择的结果可以在"打印预览"列表框中进行查看。勾选"页码右对齐"复选框，将页码靠右排列，而不是紧跟在索引项的后面，然后在"制表符前导符"下拉列表框中选择一种样式。在"类型"选项区域中有 2 种索引类型可供选择，分别是"缩进式"和"接排式"。如果选中"缩进式"单选按钮，次索引项将相对于主索引项缩进；如果选中"接排式"单选按钮，则主索引项和次索引项将排在一行

中。在"栏数"文本框中指定栏数以编排索引，如果索引比较短，一般选择两栏。在"语言"下拉列表框中可以选择索引使用的语言，Word 会据此选择排序的规则。如果使用的是"中文"，可以在"排序依据"下拉列表框中指定按什么方式排序："拼音"或者"笔划"。设置完成后，单击"确定"按钮，创建的索引就会出现在文档中。

图 4.77 "索引"对话框

4.7.5 交叉引用

交叉引用实质上是一种域，称为引用域，它可以建立起文档正文和被引用的对象之间的联系。其作用：一是可以快速从正文引用位置超链接跳转到被引用的对象；二是确保引用关系的正确可靠，能够自动更新。

在长文档编辑中，例如毕业论文的撰写过程中，常常会对其中的表格、插图、参考文献等对象进行增、删、改变顺序等操作，这些操作很有可能会引起对象编号的改变，进而使正文中的引用发生混乱。要改正这些引用，既麻烦又容易遗漏。如果使用 Word 的交叉引用功能，当对象编号发生改变时，Word 会自动更新引用对象的编号。注意对象编号必须是用 Word 提供的功能自动生成的，如题注编号、脚注编号、段落编号等。

1．插入交叉引用

将插入点定位在正文要交叉引用的位置，单击"插入"选项卡|"链接"组|"交叉引用"命令，或单击"引用"选项卡|"题注"组|"交叉引用"命令，都可以打开"交叉引用"对话框，如图 4.78 所示。

1）引用类型

在"引用类型"下拉列表框中，选择需要的引用对象类型，如图表、脚注、编号项、书签等。如果文档中存在该引用类型的项目，那么它会出现在"引用哪一个题注（脚注、编号项、标题等）"的列表框中，供用户选择。如图 4.78 所示，"引用类型"为"图"，"图"这个题注不是 Word 自带的，是通过"插入题注"新建的；"引用哪一个题注"列表框中，列出文档中所有插入"图"题注的项目。

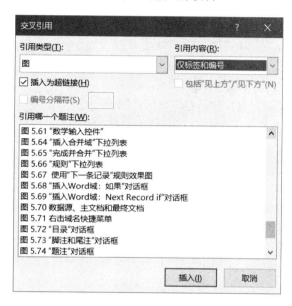

图 4.78 "交叉引用"对话框

2）引用内容

根据引用对象类型的不同，该项下拉列表框的内容也不相同，例如，如果引用类型选择"图表"，则引用内容有"整项题注""仅标签和编号"等选项；如果引用类型选择"编号项"，则引用内容有"页码""段落编号""段落编号（无上下文）"等选项。

3）插入为超链接

要想直接跳转到引用对象，则勾选"插入为超链接"前的复选框，Word 建立交叉引用和引用对象之间的超链接。超链接建立后，当鼠标指针指向引用编号上时，自动出现"按住 Ctrl 键并单击可访问链接"的提示，此时，按住 Ctrl 键，鼠标指针变成链接形状时，单击则会跳转到引用对象上。

提示：插入一个交叉引用后，如果还要插入别的交叉引用，则不必关闭该对话框，只要把插入点定位在新的位置，继续插入下一个交叉引用，直到完成文档中所有的交叉引用。

2．更新交叉引用

引用对象编号发生改变时，并不是立马自动更新正文中交叉引用对象编号。由于交叉引用是一种域，所以对已发生变化的交叉引用可以采用"更新域"的方法更新它。选定要更新交叉引用的文本区域或者选定整篇文档，再按 F9 快捷键即完成选定区域交叉引用编号的更新；或者右击选定文本区域，弹出域操作的快捷菜单，选择"更新域"命令。

4.8　页面布局

对 Word 文档排版时，还需对 Word 页面进行布局，例如设置页面纸张类型、页边距，设置页面背景、页面边框，设置页眉、页脚等操作。

4.8.1　页面设置

单击"布局"选项卡|"页面设置"组右边的对话框启动按钮，打开"页面设置"对话框，如图 4.79 所示。该对话框有 4 个选项卡：页边距、纸张、布局和文档窗格。

1．页边距

此选项卡下可以设置页边距、纸张方向和页码范围等。默认多页页码范围为"普通"，如果文档正反面打印，建议设置为"对称页边距"。例如书籍或杂志都是正反面打印，左侧页面的页边距是右侧页面页边距的镜像（即内侧页边距等宽，外侧页边距等宽），所以设置为"对称页边距"。

图 4.79　"页面设置"对话框

2．纸张

在"页面设置"对话框中，单击"纸张"选项卡，可以设置纸张大小和纸张来源。如果没有所需要的纸张大小，可以单击"纸张大小"下拉列表中的"自定义大小"命令，然后在"高度"和"宽度"文本框中输入自定义纸张的大小。

3．布局

在"页面设置"对话框中，单击"布局"选项卡，在该选项卡中可进行以下设置。

（1）在"页眉和页脚"选项区域，勾选"奇偶页不同"前的复选框，则可以分别设置奇数页、偶数页的页眉和页脚，可以设置页眉和页脚距边界的距离。

（2）在"垂直对齐方式"下拉列表框中，可以选择页面的对齐方式。

（3）单击"边框"按钮，即可打开"边框和底纹"对话框，设置页面边框和底纹。

4．文档网格

在"页面设置"对话框中，单击"文档网格"选项卡，在该选项卡中可以设置文字排列方式和字符数等，各选项的作用如下。

（1）在"文字排列"选项区域，可以设置文字的排列方向、设置等宽的分栏栏数。

（2）在"网格"选项区域，选中"只指定行网格"单选按钮，可以调整每页中的行数。选中"指定行和字符网格"单选按钮，可以调整每页中的行数和每行的字符数。

（3）在"行"选项区域，可以调整每页的行数、行间距。

4.8.2 页面背景

页面背景是指显示于 Word 页面最底层的颜色或图案。例如，要让某张图片作为某页面的背景，把图片的环绕方式设为"衬于文字下方"即可，但如果要让图片作为所有页面的背景，需要设置"页面背景"。

1. 页面颜色

单击"设计"选项卡|"页面背景"组|"页面颜色"下拉按钮，弹出"页面颜色"下拉列表，选择一种合适的颜色，该颜色就成为所有页面的背景颜色。

2. 填充效果

单击"页面颜色"下拉列表|"填充效果"命令，打开"填充效果"对话框，如图 4.80 所示，可以对页面背景设置渐变、纹理、图案和图片填充。

1）渐变填充

渐变填充也是填充页面颜色，但不是纯色填充。如图 4.80 所示，单击"单色"或"双色"单选按钮，设置渐变颜色，结合"底纹样式"和"变形"，在"示例"中能看到最终效果。若单击"预设"单选按钮，"预设颜色"下拉列表中会有很多设置好的颜色。

2）纹理填充

在"纹理"选项卡下，可以看到很多设置好的纹理样式，单击选定某个纹理，下方会显示纹理的名字。

3）图案填充

在"图案"选项卡下，可以看到许多由线条、点组成的图案样式，通过设置图案的前景颜色和背景颜色插入图案背景。

4）图片填充

在"图片"选项卡下，单击"选择图片"按钮，打开"插入"对话框，可以把一个图片文件插入 Word 中，作为页面背景。

3. 水印

水印也属于页面背景，水印可以是文本或图片，水印颜色通常为淡出或冲淡，以便它不会干扰页面上的内容。

1）插入水印

单击"设计"选项卡|"页面背景"组|"水印"下拉列表|"自定义水印"命令，打开"水印"对话框，如图 4.81 所示，可以插入图片水印或文本水印。

2）删除水印

单击"水印"下拉列表中的"删除水印"命令，即可删除添加到文档中的水印。

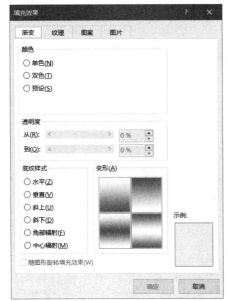

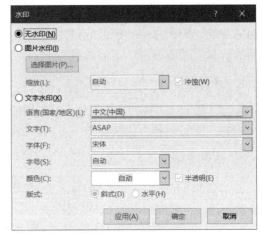

图 4.80 "填充效果"对话框   图 4.81 "水印"对话框

4.8.3　封面

Word 提供了多种封面样式，可以为 Word 文档插入一个漂亮的封面。无论插入点在什么位置，插入的封面总是位于 Word 文档的首页。

单击"插入"选项卡|"页面"组|"封面"下拉按钮，弹出"封面"下拉列表，如图 4.82 所示。在"封面"下拉列表中选择合适的封面样式，该封面会自动成为 Word 文档的首页。

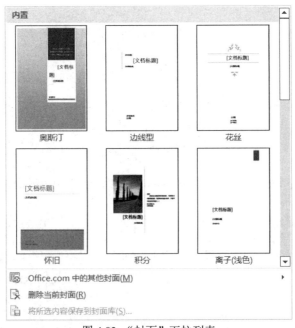

图 4.82　"封面"下拉列表

封面上会有很多文档属性，如文档标题、作者、日期等，可以直接在文档属性框内输入属性值。如果该属性不想保留，单击属性框上方的属性名，此时属性被选定，按 Delete 键删除即可。

如果要删除封面，单击"插入"选项卡|"页面"组|"封面"下拉列表|"删除当前封面"命令即可。

4.8.4 分栏

分栏是指将一段或若干段文本分成并排的几栏，这是报纸、杂志上常用的排版方式，以增加版面的美感，而且便于划分板块和阅读。

选定要分栏的段落，单击"布局"选项卡|"页面设置"组|"栏"下拉列表|"更多栏"命令，打开"栏"对话框，如图 4.83 所示。在"预设"选项区域，选择分栏格式。勾选"分隔线"前的复选框，可以在各栏之间加入分隔线。取消勾选"栏宽相等"前的复选框，可以建立不等的栏宽，各栏的宽度可以在"宽度"文本框中输入。在"应用于"下拉列表框中，设置分栏的范围，可以是选定的文字或整篇文档。设置完毕，单击"确定"按钮，即可将所选段落分栏。

要取消分栏，只需在"预设"选项区域中选择"一栏"即可。

提示：只有在"页面视图"下才能显示分栏的效果，其他视图均不显示。

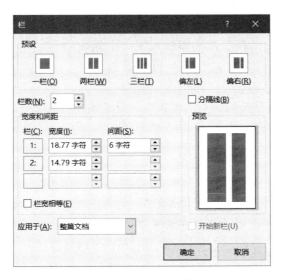

图 4.83 "栏"对话框

4.8.5 分节

分节在 Word 中是个非常重要的功能，如果缺少了"节"的参与，许多排版效果将无法实现。在默认状态下，Word 将整篇文档视为一节，所以对文档的页面设置都是应用于整篇文档的。当插入"分节符"将文档分成几"节"后，可以根据需要设置每"节"的页面格式。例如，当书稿分为不同的章节时，将每一章分为一节后，就可以为每一章设置不同的页眉和页脚，并可使得每一章都从奇数页开始。

可以给每节设置的节格式类型有：页边距、页面边框、分栏、行号、页眉和页脚样式、页码、纸张大小及纸张来源等。

1. 插入分节符

插入点定位在要分节的位置，单击"布局"选项卡|"页面设置"组|"分隔符"下拉按钮，弹出"分隔符"下拉列表，如图4.84所示。分节符的类型有4种，分别是"下一页"、"连续"、"偶数页"和"奇数页"，单击其中一类分节符，就在插入点位置插入一个分节符。

（1）下一页：在插入"下一页"分节符的位置，Word 会强制分页，新的节从下一页开始。如果要在不同页面上分别应用不同的页码样式、页眉和页脚文字，以及想改变页面的纸张方向、纸张类型等，应该使用这种分节符。

（2）连续：插入"连续"分节符后，文档不会被强制分页，两节处于同一页中。但是，如果"连续"分节符前后的页面设置不同，Word 也会在插入分节符位置强制分页。

（3）偶数页：分节符后的文本转入下一个偶数页，也就是分节的同时分页，且下一页从偶数页码开始。

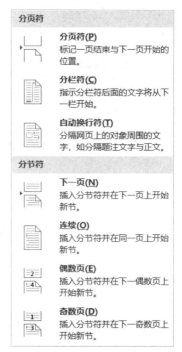

图4.84 "分隔符"下拉列表

（4）奇数页：分节符后的文本转入下一个奇数页，也就是分节的同时分页，且下一页从奇数页码开始。

2. 删除分节符

删除分节符，也就同时删除了节中文本的格式，分节符控制其前面文本的节格式。如果删除某个分节符，其前面的文本将合并到后面的节中，文本成为下一节的一部分，并采用该节的格式进行设置。若要删除分节符，首先切换"开始"选项卡|"段落"组|"显示/隐藏编辑标记"命令，让其状态为"显示"，然后将插入点定位到该标记前面按Delete 键即可。

4.8.6 页码

页码一般插入文档的页眉和页脚位置。当然，如果有必要，也可以将其插入文档中。Word 提供了一组预设的页码格式，另外还可以自定义页码。利用插入页码功能插入的页码实际是一个域而非单纯数码，因为是可以自动变化和更新的。

1. 插入预设页码

单击"插入"选项卡|"页眉和页脚"组|"页码"下拉按钮，弹出"页码"下拉列

表，在"页码"下拉列表中选择页码的位置。例如，选择页面底端（页脚），然后从其下拉列表中单击一种所需的页码格式，即可在页面底端插入需要的格式页码。

2．自定义页码格式

预设页码格式如果不符合需求，可以自定义页码格式。在"页码"下拉列表中单击"设置页码格式"命令，打开"页码格式"对话框，如图 4.85 所示。在"编号格式"下拉列表中选择合适的编号，在"页码编号"区域可设置下一节页码编号是"续前节"还是"起始页码"。

4.8.7 页眉和页脚

页眉和页脚是文档中每个页面的顶部、底部和两侧页边距中的区域。在页眉和页脚中可以插入文本、图形图片

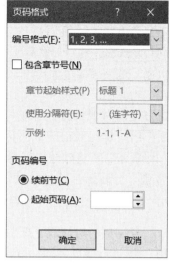

图 4.85 "页码格式"对话框

及文档部件，如页码、时间和日期、公司徽标、文档标题、文件名、文档路径或作者姓名等。

1．插入页眉和页脚

页眉和页脚只有在页面视图才能看到，因此，在编辑页眉和页脚时，必须先切换到页面视图。

单击"插入"选项卡|"页眉和页脚"组|"页眉"或"页脚"下拉按钮，从弹出的相应下拉列表中选择所需的内置格式，即可在页面顶端或底端插入需要格式的页眉或页脚，同时会显示"页眉和页脚工具—设计"功能选项卡，如图 4.86 所示，并进入页眉和页脚编辑状态，在该状态下，正文呈暗显状态。

单击"页眉和页脚工具—设计"|"关闭"组|"关闭页眉和页脚"命令（或双击文档正文），可退出页眉和页脚编辑状态，返回到正文编辑状态。双击页眉或页脚区域，可再次进入页眉和页脚编辑状态，继续修改页眉和页脚。

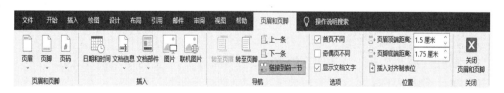

图 4.86 "页眉和页脚"功能区

2．首页不同

顾名思义，首页不同就是第一页和其他页不同。如果整篇文档没有分节，整篇文档是一节，此时首页就是文档的第一页；如果文档分成若干节，每节的第一页都是首页。因此，首页不同是指每节的第一页和节内其他页不同。

假如文档已经分成若干节，进入页眉和页脚编辑状态，以页眉为例，此时页眉的左下角会有提示"页眉第几节"，勾选"页眉和页脚工具—设计"|"选项"组|"首页不同"复选框，这一节的第一页页眉的左下角提示"首页页眉 第几节"。在这节首页编辑页眉，这节其他页的页眉不会有变化。

当有两节勾选了"首页不同"复选框，要让这两节的首页页眉不同，需把后面一节首页页眉右下角的"与上一节相同"提示去掉，单击"页眉和页脚工具—设计"|"导航"组|"链接到前一节"命令即可。此时，两节首页页眉就可以不相同。

提示：若文档分成好多节，要在节间快速切换，可单击"页眉和页脚工具—设计"|"导航"组|"上一条"或"下一条"。

3．奇偶页不同

若文档的奇偶页上要显示不同的页眉页脚，勾选"页眉和页脚工具—设计"|"选项"组|"奇偶页不同"复选框，以页眉为例，页眉左下角就会提示奇数页页眉或偶数页页眉。奇数页页眉和偶数页页眉相对独立，因此奇数页页眉编辑完毕，还要再去编辑偶数页页眉。

4．删除页眉和页脚

退出页眉和页脚编辑状态，插入点定位到要删除页眉和页脚的节内，单击"插入"选项卡|"页眉和页脚"组|"页眉"下拉列表|"删除页眉"命令，即可将当前节的页眉删除。同样，也可以删除当前节的页脚。

思 考 题

1．如何自定义快速访问工具栏？"触摸"模式和"鼠标"模式有何区别？

2．Word 中的 5 种视图模式有何特点？

3．字符边框、段落边框和页面边框有什么区别？如何设置？

4．字符间距和行距有什么区别？如何设置？

5．浮动式对象和嵌入式对象有什么区别？

6．如何删除整个表格？如何使整个表格相对页面居中？

7．如何把域转换成普通文本？

8．邮件合并"下一记录条件"规则的含义是什么？书签的作用是什么？

9．在什么情况下需要分节？如何使用 4 种分节符类型？

10．查阅资料，Word 2016 和以前版本相比，新增了哪些功能？

第5章　电子表格处理软件

本章导读

Excel 是一款应用广泛的电子表格处理软件，是办公自动化软件 Microsoft Office 的主要组件之一。它能制作图文并茂的电子表格，并能对表格中的数据进行处理和分析。本章将介绍工作表的基本操作、图表制作及数据管理和分析等方面的知识。

5.1　Excel 基础知识

5.1.1　Excel 的基本概念和术语

1．工作簿

工作簿是指在 Excel 中用来保存并处理数据的文件，扩展名是.xlsx。一个工作簿可以有多张工作表，工作簿包含的工作表的数量取决于内存的大小。

2．工作表

工作簿中的每张表称为一个工作表。如果把一个工作簿比作一本书，一个工作表就相当于书中的一页。每个工作表都有一个名称，显示在工作簿窗口底部的工作表标签上。每张工作表由 2^{20}（1048576）行和 2^{14}（16384）列构成。行号用阿拉伯数字 1～1048576 表示，列标则由英文字母 A、B、C、…表示，当超过 26 列时用两个字母 AA、AB、…、AZ、BA、…表示，以此类推，第 16384 列的列标为 XFD。

3．单元格及单元格区域

工作表中行、列交叉所围成的方格称为单元格，单元格是工作表最基本的数据单元，也是工作表处理数据的最小单位。单元格中可以输入各种数据，如字符串、数字、公式，图形或声音等。

单元格用单元格地址标识，单元格地址由列标和行号构成，如第 1 行与第 1 列构成的单元格为 A1，D3 表示位于第 3 行第 4 列的单元格。

单元格区域是指多个相邻单元格形成的矩形区域。单元格区域的地址由该区域对角线左上角单元格地址和右下角单元格地址、中间用英文冒号（:）连接表示，如 A1:B2，表示 A1、A2、B1、B2 四个单元格。单元格区域的地址也可以由该区域对角线右下角单元格地址和左上角单元格地址，中间用英文冒号连接表示；单元格区域的地址还可以用另一条对角线上单元格地址表示。如 A1:B2、B2:A1、B1:A2、A2:B1 指的是同一个单元格区域，习惯上使用 A1:B2 表示。

5.1.2 Excel 2016 窗口的组成

Excel 2016 窗口与 Word 2016 窗口类似，也包括标题栏、快速访问工具栏、功能区、状态栏、工作区、滚动条等，除此之外，Excel 2016 还包括 Excel 独有的一些窗口元素，如行标签、列标签、名称框、编辑栏等。图 5.1 中列出了 Excel 2016 窗口元素的名称，下面简单介绍 Excel 窗口中主要元素的功能。

图 5.1 Excel 2016 窗口的组成

1．活动单元格

当单击任意一个单元格后，该单元格即成为活动单元格，也称为当前单元格。此时，该单元格周围出现粗线方框。通常启动 Excel 后，默认活动单元格为 A1。

2．名称框与编辑栏

名称框中显示活动单元格的地址或名称，例如鼠标位于 C 列 8 行，则名称框中显示 C8。编辑栏同步显示活动单元格中的具体内容，如果单元格中输入的是公式，则即使单元格中最终显示的是公式的计算结果，但在编辑栏中也仍然会显示具体的公式内容。另外，有时单元格中的内容较长，无法在单元格中完整显示时，单击该单元格后，在编辑栏中可以看到完整的内容。

3．行号和列标

工作表的行号和列标表明了行和列的位置，并由行列的交叉决定单元格的位置，即单元格地址。

按下 Ctrl+箭头（→、←、↑和↓）组合键可将当前单元格快速移动到当前数据区域不同方向的边缘。例如，当前单元格是 B2，按下 Ctrl+↓组合键后，最后一行第 2 列切换为当前单元格，即当前单元格地址为 B1048576。

4．工作表标签与工作表滚动按钮

工作表标签指的是工作表的名称，如 Sheet1、Sheet2 就是工作表标签。单击某个工作表标签，将激活相应工作表，使之成为当前工作表。

当工作簿中包含多张工作表时，可以使用工作表标签栏左侧的滚动按钮滚动显示工作表标签，按下 Ctrl+◀ 按钮滚动到第一张工作表，按下 Ctrl+▶ 按钮滚动到最后一张工作表。

5.1.3　工作簿的操作

1．新建工作簿

选择"文件"选项卡|"新建"命令，或者单击快速访问工具栏中的"新建"按钮，即可创建一个空白工作簿或者借助模板创建一个工作簿。

2．打开工作簿

选择"文件"选项卡|"打开"命令，或者单击快速访问工具栏中的"打开"按钮，在出现的对话框中选择要打开的文件，然后单击"打开"按钮。

3．保存工作簿

（1）选择"文件"选项卡|"保存"命令，若该文件已保存过，则直接将工作簿以原名原位置保存。

（2）若是一个新文件，保存时将会弹出一个"另存为"对话框，在"文件名"框中输入一个新的名字来命名当前的工作簿；如果需要将工作簿保存到其他位置，可以在"保存位置"列表框中选择其他的磁盘或文件夹；如果需要以其他的格式保存，可以在"保存类型"列表框中选择其他的文件格式，然后单击"保存"按钮。

（3）设置安全性选项。选择"文件"选项卡|"另存为"命令|"工具"按钮|"常规选项"命令后，会弹出"常规选项"对话框，在对话框中设置打开权限密码和修改权限密码。

4．设置新建工作簿时默认工作表数

选择"文件"选项卡|"选项"命令，打开"Excel 选项"对话框，如图 5.2 所示。单击"常规"选项，可设置新建工作簿包含的工作表的个数，数量为 1～255。设置完成后，再新建工作簿时，该设置生效。尽管新建工作簿包含的工作表数最多为 255 个，但通过"插入工作表"命令可以插入更多新的工作表，一个工作簿包含的实际工作表数可以大于 255 个。

5．关闭工作簿

选择"文件"选项卡|"关闭"命令或直接单击窗口右上角的关闭按钮 ✕ 即可关闭工作簿。

图 5.2 "Excel 选项"对话框

5.1.4 工作表的操作

工作表的操作包括选定工作表、插入工作表、删除工作表、重命名工作表、工作表的移动与复制、设置工作表标签的颜色等。

1．选定工作表

单击工作表标签即可选定工作表，选定的工作表标签底纹为白色。也可以选定多个工作表，与 Windows 的多选操作相同，按下 Ctrl 键或 Shift 键即可。要选定全部工作表，可右击工作表标签，选择"选定全部工作表"命令。若要取消工作表的选定，右击选定的任何一张工作表，在快捷菜单中选择"取消组合工作表"命令；或者单击选定的工作表以外的任何一张工作表。

若同时选定了多个工作表，对当前工作表的操作会应用到其他被选定的工作表。如在当前工作表的某个单元格输入了数据或设置了格式，相当于对所选定的工作表同一位置的单元格进行了同样的操作。

2．插入工作表

用户可以在选定的工作表左侧插入一张或数张空白工作表。操作方法是：选定一张或多张连续的工作表，右击，在快捷菜单中选择"插入"命令，在出现的"插入"对话框中选择"工作表"；或选择"开始"选项卡|"单元格"组|"插入"按钮|"插入工作表"命令，这时在选定的工作表左侧插入了与选定数目相同的空工作表。

单击工作表标签栏右侧的"新工作表"按钮⊕，在选定工作表的右侧插入一张空白工作表。

3．删除工作表

右击要删除的工作表标签，在弹出的快捷菜单中选择"删除"命令；或者选择"开始"选项卡|"单元格"组|"删除"按钮|"删除工作表"命令。

4．重命名工作表

新工作表默认的名字为 Sheet1、Sheet2、…，为了对工作表进行更有效的管理，需要对工作表重命名。

在要重命名的工作表标签上双击或右击工作表标签，在弹出的快捷菜单中选择"重命名"命令；或选择"开始"选项卡|"单元格"组|"格式"按钮|"重命名工作表"命令，就可以对工作表进行重命名。输入完新名称后，按 Enter 键或单击工作区任意单元格，退出工作表名称的编辑状态。

5．工作表的移动与复制

用鼠标直接拖动工作表标签即可在同一工作簿中移动工作表，拖动的同时按下 Ctrl 键即可复制工作表。

不同工作簿间工作表的移动和复制，需要通过"移动或复制"命令完成。右击选定的工作表标签，在快捷菜单中选择"移动或复制"命令，在弹出的"移动或复制工作表"对话框中选择目标位置，如图 5.3 所示，勾选"建立副本"复选框，完成工作表的复制，否则完成的是工作表的移动。

提示：将工作表移动或复制到另一个工作簿中，须先将该工作簿打开，否则"移动或复制工作表"对话框的"工作簿"列表中不显示相应的文件名。

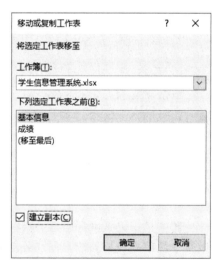

图5.3 "移动或复制工作表"对话框

6．设置工作表标签的颜色

为工作表标签设置颜色可以突出显示某张工作表。右击要设置标签颜色的工作表标签，在弹出的快捷菜单中选择"工作表标签颜色"命令，在颜色面板中选择某种颜色；或选择"开始"选项卡|"单元格"组|"格式"按钮|"工作表标签颜色"命令设置工作表标签的颜色。

7．显示或隐藏工作表

右击要隐藏的工作表标签，在弹出的快捷菜单中选择"隐藏"命令；或者选择"开始"选项卡|"单元格"组|"格式"按钮|"隐藏工作表"命令，就可以将工作表隐藏起来，不在工作表标签中显示。

如果要取消隐藏，只需从上述快捷菜单中选择"取消隐藏"命令，在打开的"取消隐藏"对话框中选择相应的工作表即可。

5.2 工作表数据的输入与编辑

5.2.1 工作表数据的输入

输入数据是制作表格的基础，在工作表中有两类数据：一类数据是常量，可以是文本、数值、日期和时间；另一类数据是公式，是由一串常量、单元格地址、函数和运算符等组成的表达式。Excel 可以自动判断出输入数据的类型，并进行适当的处理。

1．输入数据的方法

在 Excel 中输入数据主要有以下 3 种方式。

（1）单击要输入数据的单元格，直接输入数据，然后按 Enter 键或 Tab 键。

（2）双击单元格，将文本插入点定位其中，即可输入或编辑数据。

（3）选择单元格，然后单击编辑栏，将文本插入点定位到编辑栏中，输入数据后，单击√（输入）按钮或按 Enter 键，确认输入并激活下一个单元格；单击×（取消）按钮或按 Esc 键，则取消输入。

2．单元格中数据的输入

1）文本的输入

单击需要输入文本的单元格，直接输入即可，输入的文本会在单元格中自动以左对齐方式显示。

若需将纯数字作为文本输入，可以在其前面加上英文半角单引号（'），如"'001"，然后按 Enter 键；也可以先输入一个等号，再在数字前后加上英文半角双引号，如"="001""。

2）数值的输入

数值是指用来进行计算的数据，单元格中可以输入的数值包括整数、小数、分数及用科学记数法表示的数。在 Excel 中用来表示数值的字符有：0～9、+（正号）、-（负号）、.（小数点）、,（千位分隔符）、/、\$、%、E、e。在默认情况下，输入单元格中的数值自动右对齐。

在输入分数时应注意，要先输入 0 和空格，例如，输入 4/5，正确的输入是："0 4/5"（0 空格 4/5）。

3）日期和时间的输入

在单元格中输入日期时，年、月、日之间用"/"或"-"连接。例如，2022/3/18 或2022-3-18。如果只输入月和日，则取系统年份作为默认年值，如在单元格中输入 11-11，在编辑栏中显示 2022-11-11。

在单元格中输入时间时，时、分、秒用"："连接。若要以 12 小时制输入时间，要在时间后加一个空格并输入"AM"或"PM"（或者"A"和"P"），如 8:30、20:30、

8:30 AM、8:30 P。

如果要在单元格中同时输入日期和时间，应先输入日期后再输入时间，中间以空格隔开，例如，要输入 2022 年 3 月 18 日晚上 8 点 8 分，则输入 2022-3-18 8:08 PM 或 2022-3-18 20:08。

输入系统当前日期的组合键为 Ctrl+；（分号），输入当前时间的组合键是 Ctrl+Shift+；（分号）。

默认状态下，日期和时间型数据在单元格中右对齐显示。

3．自动填充数据

表格中输入的数据有些是由序列构成的，如编号、序号、星期等，有些数据是重复的。在 Excel 中，重复或序列值不必一一输入，可以自动填充这些数据。

1）自动重复列中已输入的项目

如果在单元格中输入的前几个字符与该列中已有的项相匹配，Excel 会自动输入其余的字符。但 Excel 只能自动重复包含文字或文字与数字的组合的项，只包含数字、日期或时间的项不能自动重复。

2）使用填充柄填充数据

填充柄是位于选定区域右下角的小黑方块 ，将鼠标指针指向填充柄时，鼠标指针更改为黑色十字形。对于数字、数字和文本的组合、日期或时间等连续序列，首先可选定包含初始值的单元格，然后将鼠标指针移到该单元格右下角的填充柄上，按住鼠标左键，在要填充序列的区域上拖动填充柄，松开鼠标左键完成填充。所填充区域右下角显示"自动填充选项"图标 ，单击该图标，可以从下拉菜单中更改选定区域的填充方式，如图 5.4 所示。例如，可以选择"复制单元格"实现数据的复制填充，也可以选择"填充序列"实现连续序列填充。

3）使用"填充"命令填充相邻单元格

（1）实现单元格复制填充。在数据相同区域的第一个单元格中输入初值数据；选择含有初值数据及要填充的单元格区域；选择"开始"选项卡|"编辑"组|"填充"按钮，弹出下拉列表，该列表中有"向上"、"向下"、"向左"及"向右"命令，可以实现单元格某一方向所选相邻区域的复制填充。

（2）实现单元格序列填充。在填充区域的第一个单元格输入序列中的初始值；选定含有初始值的单元格区域；单击"开始"选项卡|"编辑"组|"填充"按钮|"序列"命令，弹出"序列"对话框，如图 5.5 所示，在此对话框中可以灵活地选择序列填充方式。

4）使用自定义序列填充数据

如果一组数据项在表格中是有序的并多次使用，可以创建成一个自定义序列。自定义序列与编号、序号等数据一样，可以进行单元格序列填充。用户可以直接输入数据创建自定义序列，也可以基于工作表中已有数据项创建自定义序列。

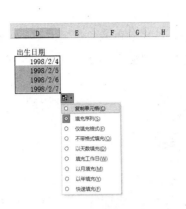

图 5.4　填充柄填充数据　　　　　　　　　　图 5.5　"序列"对话框

（1）直接输入数据创建自定义序列。

选择"文件"选项卡|"选项"命令，打开"Excel 选项"对话框，在左侧窗格中选择"高级"选项，在其对应的右侧窗格"常规"选项区域，单击"编辑自定义列表"按钮，打开"自定义序列"对话框，如图 5.6 所示。在"输入序列"列表框中从第一个数据项开始输入每个数据项，每个数据项后按 Enter 键；当列表完成后，单击"添加"按钮，即可将"输入序列"列表框中的列表添加到左侧"自定义序列"列表框中；单击"确定"按钮后，新定义的序列就可以使用了。

图 5.6　"自定义序列"对话框

（2）基于已有数据项创建自定义序列。

如果工作表中已经输入了要作为序列的数据项，则可以先选定相应的单元格区域。再在"自定义序列"对话框中，单击"导入"按钮，即可将选定的单元格区域中的数据项导入"自定义序列"列表框中，如图 5.7 所示。

图 5.7　基于已有数据项创建自定义序列

4．数据验证

数据验证是指允许在单元格中输入的数据类型和数据范围，除可以设置规则外，还可以设置输入数据时的提示信息和输入错误时的提示信息。

1）设置数据验证

设置数据验证的步骤如下。

（1）选定需要设置数据验证的单元格或单元格区域。

（2）单击"数据"选项卡|"数据工具"组|"数据验证"按钮，打开"数据验证"对话框，如图 5.8 所示。

（3）在"数据验证"对话框中设置验证规则。

① 在"设置"选项卡下的"允许"下拉列表中选择允许输入的数据类型："任何值"、"整数"、"小数"、"列表"、"日期"、"时间"、"文本长度"和"自定义"。

图 5.8　"数据验证"对话框

② 在"数据"下拉列表下选择一个条件，根据为"允许"和"数据"选择的值，设置其他必需值。

③ 选择"输入消息"选项卡，自定义用户在输入数据时显示的消息；勾选"选定单元格时显示输入信息"复选框，在用户选择单元格或在所选单元格上悬停时显示此信息；选择"出错警告"选项卡自定义错误消息。

2）数据验证的相关操作

（1）查找数据验证。单击"开始"选项卡|"编辑"组|"查找和选择"按钮，在弹

出的下拉菜单中选择"数据有效性"命令，可以在工作表上查找设置了数据验证的单元格，找到后可以更改、复制或删除数据验证设置。

（2）删除数据验证。选中要删除数据验证的单元格，单击"数据"选项卡|"数据工具"组|"数据验证"按钮，在"数据验证"对话框的"设置"选项卡下，单击"全部清除"按钮，即可删除数据验证。

（3）更改数据验证。在"数据验证"对话框的"设置"选项卡上，勾选"对有同样设置的所有其他单元格应用这些更改"复选框，可以将单元格的数据验证更改自动应用于具有相同数据验证设置的所有其他单元格。

（4）执行数据验证。数据验证仅当用户直接在单元格中输入数据时才进行验证、显示消息并阻止无效数据输入，复制或填充数据时不会进行规则验证和显示消息。

5．批注

为了对数据进行补充说明，可以为单元格添加批注。

1）插入批注

选中需要插入批注的单元格，单击"审阅"选项卡|"批注"组|"新建批注"按钮，在弹出的批注编辑框中插入批注文本，插入了批注的单元格右上角显示红色三角，如图 5.9 所示。

2）编辑批注

选择要编辑批注的单元格，单击"审阅"选项卡|"批注"组|"编辑批注"按钮或者右击该单元格，在弹出的快捷菜单中选择"编辑批注"命令，然后进行编辑。

3）复制批注

选定带有批注的单元格，单击"开始"选项卡|"剪贴板"组|"复制"按钮，再选定要粘贴批注的单元格，单击"开始"选项卡|"剪贴板"组|"粘贴"下拉按钮，在列表中单击"选择性粘贴"命令，弹出"选择性粘贴"对话框，如图 5.10 所示，选中"批注"单选按钮，单击"确定"按钮即可。

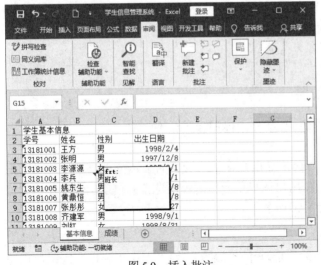

图 5.9　插入批注

图 5.10　"选择性粘贴"对话框

4）删除批注

选择要删除批注的单元格，单击"审阅"选项卡|"批注"组|"删除"按钮；或者右击该单元格，在弹出的快捷菜单中选择"删除批注"命令。

5.2.2 工作表数据的编辑

1．单元格及单元格区域的选择

在对单元格、单元格区域及行、列进行操作之前，要先选择单元格及单元格区域后，再进行插入、复制、删除等操作，单元格及单元格区域的选择方法如表 5.1 所示。

表 5.1 单元格及单元格区域的选择方法

操　作	常用方法
选择单元格	单击单元格
选择整行	单击行号选择一行；用鼠标在行号上拖动选择连续多行；按下 Ctrl 键单击行号选择不相邻多行
选择整列	单击列标选择一列；用鼠标在列标上拖动选择连续多列；按下 Ctrl 键单击列标选择不相邻多列
选择单元格区域	在起始单元格中单击，按下鼠标左键不放拖动鼠标选择一个区域； 单击该区域中的第一个单元格，然后按住 Shift 键的同时单击该区域中的最后一个单元格
选择不相邻区域	先选择一个单元格区域，然后按下 Ctrl 键选择其他不相邻区域
选择整个表格	单击表格左上角的"全选"按钮，或者在空白区域中按下 Ctrl+A 组合键
选择有数据的区域	在数据区域中按下 Ctrl+A 或 Ctrl+Shift+*组合键，选择当前连续的数据区域； 按下 Ctrl+Shift+箭头组合键可将单元格的选定范围扩展到活动单元格所在列或行中的最后一个非空单元格，或者如果下一个单元格为空，则将选定范围扩展到下一个非空单元格

2．单元格、行或列的插入

1）插入单元格

在需要插入单元格的位置选定相应的单元格区域，然后单击"开始"选项卡|"单元格"组|"插入"下拉按钮|"插入单元格"命令，会弹出"插入"对话框，如图 5.11 所示。选择插入单元格的方式后单击"确定"按钮，即可插入与选定的单元格数量相同的单元格区域。

2）插入行

（1）如果需要在某行上方插入 1 行，则选定该行或其中的任意单元格；如果需要插入多行，则需要选择多行。例如，若要在第6行上方插入3行，则要选定第6、7、8三行。

（2）单击"开始"选项卡|"单元格"组|"插入"按钮；或右击选定的行，从弹出的快捷菜单中选择"插入"命令，即可在选定行上方插入与选定行数量相同的空行。

3）插入列

插入列的操作与插入行的操作类似，插入的列数和选定的列数一样多，并且是在选定列的左侧插入新列。

3．单元格、行或列的删除

1）删除单元格

（1）选定要删除的单元格。

（2）单击"开始"选项卡|"单元格"组|"删除"下拉按钮，打开"删除"对话框，如图 5.12 所示。

（3）在"删除"对话框中，根据需要选择相应的选项，然后单击"确定"按钮，周围的单元格将移动并填补删除后的空缺。或者单击"开始"选项卡|"单元格"组|"删除"命令，即可删除与选定的单元格数量相同的单元格。

图 5.11 "插入"对话框

图 5.12 "删除"对话框

2）删除行或列

（1）选定要删除的行或列。

（2）单击"开始"选项卡|"单元格"组|"删除"按钮，下方的行或右侧的列将自动移动以填补删除后的空缺。

删除行或列也可以通过"删除"对话框删除整行或整列；或者右击选定的行或列，在弹出的快捷菜单中选择"删除"命令。

4．单元格数据的清除

单元格中的信息不仅指内容，还有格式、数据验证、批注、超链接等。清除单元格可以删除单元格的全部信息，也可以仅删除格式、内容、批注或超链接。清除单元格后，单元格仍保留在工作表中。

选定要清除的单元格，然后单击"开始"选项卡|"编辑"组|"清除"按钮，根据实际需要，在如图 5.13 所示的下拉列表中选择"全部清除"、"清除格式"、"清除内容"、"清除批注"和"清除超链接（不含格式）"某一项。如果选择"全部清除"，则清除单元格中所有信息，包括内容、格式、批注和超链接；若只需清除单元

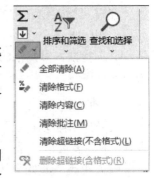

图 5.13 清除下拉列表

格的"内容"，除选择"清除内容"命令外，也可以选定单元格后按 Delete 键。

5．单元格、行或列的复制与移动

1）单元格及行、列的复制与移动

单元格及行、列的复制与移动可以利用剪贴板，也可以用鼠标拖动实现。

用剪贴板操作与在 Word 中操作相似，不同的是 Excel 在源区域执行复制或剪切命令后，选定的单元格区域四周会出现闪烁的虚线。只要闪烁的虚线不消失，粘贴可以进行多次，按 Esc 键取消虚线，一旦虚线消失，粘贴则无法进行。如果只需粘贴一次，在目标区域直接按 Enter 键即可。选择目标区域时，可以选择目标区域起始的第 1 个单元格。

拖动鼠标完成复制或移动的操作方法如下：选择要复制或移动的单元格区域，鼠标指针指向选定区域四周边框，此时鼠标指针变成箭头十字状，按住鼠标左键拖放到目标区域，释放鼠标左键后即可完成移动；拖放鼠标同时按住 Ctrl 键，此时鼠标指针变成右上角带有一个小"+"的空心箭头，释放鼠标左键后完成复制。

2）选择性粘贴

除复制整个单元格外，Excel 还可以使用选择性粘贴仅复制单元格中的特定信息，如仅复制内容或只复制格式等。选择性粘贴的操作步骤如下。

（1）选择要复制的单元格。

（2）单击"开始"选项卡|"编辑"组|"复制"按钮，或者按 Ctrl+C 组合键。

（3）选定目标区域，即粘贴区域。

（4）单击"开始"选项卡|"编辑"组|"粘贴"下拉按钮，在弹出的下拉列表中选择"选择性粘贴"命令，打开如图 5.14 所示的"选择性粘贴"对话框。

（5）选择"选择性粘贴"对话框中所需的粘贴选项，单击"确定"按钮后，就只把源区域的该选项粘贴到目标区域中。

图 5.14 "选择性粘贴"对话框

5.3 公式和函数

Excel 强大的计算功能是由公式和函数提供的，这使得处理和分析工作表中的数据变得更加便利。使用公式不仅可以对数据进行数值运算，还可以进行逻辑比较运算。对一些常用或复杂的运算，可以使用 Excel 提供的函数。当数据源发生变化时，公式和函数的计算结果将会自动更改。

5.3.1 公式

在 Excel 中，公式是对工作表中的数据进行计算的有效手段之一。在工作表中输入

数据后，运用公式即可对表格中的数据进行计算并得到需要的结果。

Excel 中的公式是以"="开始，用各种运算符号，将常量和单元格引用、函数组合起来的表达式。Excel 会自动计算公式表达式的结果，并将其显示在相应的单元格中。

常量是指固定的数值或文本，例如，数字 110 和文本"姓名"均为常量，文本常量需要用英文半角双引号界定。

1．运算符及其优先级

运算符是公式中不可缺少的组成部分，完成对公式中的元素进行特定类型的运算。Excel 包含 4 种类型的运算符：算术运算符、比较运算符、文本运算符和引用运算符。

1）算术运算符

算术运算符用于对数值型数据进行四则运算，运算的结果也是数值型数据。

算术运算符有+（加号）、-（减号或负号）、*（乘号）、/（除号）、%（百分号）、^（乘方）。

2）比较运算符

比较运算符用来比较两个数据的大小，比较的结果为逻辑值 True 或 False。若比较的条件成立，结果为 True；若比较的条件不成立，结果为 False。

比较运算符有=（等于）、>（大于）、<（小于）、>=（大于等于）、<=（小于等于）、<>（不等于）。

3）文本运算符

文本运算符"&"的作用是将两个文本型数据连接起来。例如，在某个单元格中输入"="中国"&"北京""，则该单元格的值为"中国北京"。

4）引用运算符

引用运算符是 Excel 特有的运算符，引用运算符用于对单元格的引用操作，可以实现单元格区域的合并。

引用运算符有":"（冒号）、","（逗号）和" "（空格）。

（1）":"（冒号），表示单元格区域引用，即通过":"前后的单元格引用，引用一个指定的单元格区域（以冒号左右两个单元格为对角的矩形区域内的所有单元格），如"A1:B2"是指引用了 A1、A2、B1、B2 四个单元格。

（2）","（逗号），表示单元格联合引用，即多个引用合并为一个引用，如"B2:C2, A1:B2"是指引用了 B2、C2、A1、A2、B1、B2 六个单元格。

（3）" "（空格）为交叉运算符，产生同时隶属于两个单元格区域的引用。例如，"B2:C2 A1:B2"引用了 B2 单元格，即为 B2:C2 单元格区域和 A1:B2 单元格区域的共同的单元格区域。

5）运算符优先级

运算符优先级如表 5.2 所示，表中运算符的优先级按从上到下、从左到右的顺序依次降级，可通过增加"()"改变计算的顺序。

表 5.2　运算符的优先级

优　先　级	运算符类别	运　算　符
高 ↓ 低	引用运算符	：（冒号）、，（逗号）、　（空格）
	算术运算符	－（负号）、%、^、*和/、+和-
	文本运算符	&
	比较运算符	=、<、<=、>、>=、<>

2．公式的输入与编辑

在单元格中输入公式前，应在单元格或编辑栏中先输入"="，然后直接输入公式的表达式即可。在一个公式中，可以包含运算符号、常量、函数、单元格地址等。在公式输入过程中，涉及使用单元格地址时，可以直接通过键盘输入单元格地址，也可以按住鼠标左键拖放选择这些单元格，将单元格的地址引用到公式中。例如，要在 D2 单元格中输入公式"=B2+5"，则先选中 D2 单元格，然后输入"="，接着单击 B2 单元格，再从键盘输入"+5"，按 Enter 键公式输入完毕。

输入结束后，在输入公式的单元格中将显示计算结果。由于公式中使用了单元格地址，如果公式所涉及的单元格的值发生变化，公式的结果会自动更新。

在输入公式时要注意以下两点。

（1）无论任何公式，必须以等号开始，否则 Excel 会把输入的公式作为一般文本处理。

（2）公式中的运算符号必须是英文半角符号。

如果需要修改公式，可以双击使用公式的单元格，直接在单元格中修改，也可以单击使用公式的单元格，在编辑栏中修改。

公式的复制可以拖动公式单元格右下角的填充柄，若向下复制公式也可以双击填充柄。

3．单元格引用

在公式中通过对单元格地址的引用来使用具体位置的数据，根据引用情况的不同，单元格引用分为 3 种类型：相对引用、绝对引用和混合引用。

1）相对引用

当把一个含有单元格地址的公式复制到一个新位置时，公式中的单元格地址也会随之改变，这样的引用称为相对引用。在默认情况下，在公式中对单元格的引用都是相对引用，相对引用地址表示为"列标行号"，如 A1。例如，在 B1 单元格中输入公式"=A1"，当把 B1 单元格的公式复制到 C4 单元格时，公式位置右移 1 列、下移 3 行，公式中的相对引用要和公式位置做一致的改变，故 C4 单元格的公式变为"=B4"。

2）绝对引用

绝对引用指向工作表中固定位置的单元格，与包含公式的单元格位置无关。在复制公式时，如果不希望所引用的位置发生变化，就要用绝对引用，绝对引用是在列标行号前插入符号"$"，即"$列标$行号"，如$B$6。例如，在 B1 单元格中输入公式"=$A$1"，当拖动填充柄复制公式时，公式一直是"=$A$1"。定义名称可以快速实现绝对引用。

3）混合引用

当需要引用固定行而允许列变化时，在行号前加符号"$"，如 A$1；当需要引用固定列而允许行变化时，在列标前加符号"$"，如$A1。

选择某一个单元格引用，按 F4 快捷键可以在相对引用、绝对引用、混合引用之间快速切换。

4）不同工作表的单元格引用

同一工作簿不同工作表的单元格引用格式如下。

工作表名+!+单元格引用

例如，如果当前工作表 Sheet1 中 A1 单元格的值为工作表 Sheet2 B1 单元格的 2 倍，则工作表 Sheet1 A1 单元格的公式为"=Sheet2!B1*2"。

不同工作簿间工作表的单元格引用格式如下。

[工作簿名]+工作表名+!+单元格引用

例如，如果在当前工作簿中引用"学生信息管理系统"工作簿"基本信息"工作表的 A3:A22 单元格区域，则应为"[学生信息管理系统]基本信息!A3:A22"。单元格引用所在的工作簿"学生信息管理系统"要先打开，才能引用。

4. 公式错误信息

在输入公式或函数的过程中，当输入有误时，会出现一些异常信息，它们通常以"#"开头，以"!"感叹号或"?"问号结尾，常见的公式错误信息及错误原因如表 5.3 所示。单元格中常常会出现各种不同的错误结果，对这些提示的含义有所了解，有助于更好地发现并修正公式或函数中的错误。

表 5.3　常见的公式错误信息及错误原因

错　误　值	错　误　原　因
#####	当某一列的宽度不够而无法在单元格中显示所有字符时，或者单元格包含负的日期或时间值时
#DIV/0!	当一个数除以零或不包含任何值的单元格时
#N/A	当某个值不允许被用于函数或公式但却被其引用时
#NAME?	当 Excel 无法识别公式中的文本时
#NULL!	当指定两个不相交的区域的交集时，例如，区域 A1:A2 和 C3:C5 不相交，因此，输入公式"=SUM(A1:A2 C3:C5)"将返回 #NULL! 错误
#NUM!	当公式或函数包含无效数值时
#REF!	当单元格引用无效时，例如，如果删除了某个公式所引用的单元格，该公式将返回#REF!错误
#VALUE!	如果公式所包含的单元格有不同的数据类型，则 Excel 将显示此错误。如果启用了公式的错误检查，则屏幕提示会显示"公式中所用的某个值是错误的数据类型"。通常，通过对公式进行较少更改即可修复此问题

5.3.2　函数

函数实际上是特殊的公式，主要是为解决那些复杂计算需求而提供的一种预置算法，如求和函数 SUM、平均值函数 AVERAGE、条件函数 IF 等。Excel 提供了丰富的函数，按函数功能可以分为数学和三角函数、统计函数、文本函数等，函数可以帮助用户进行烦琐的计算或数据处理。

函数由函数名和参数构成，其语法形式通常为：函数名（[参数 1]，[参数 2]，…）。其中，参数可以是常量、单元格引用、已定义的名称、公式、函数等，函数名不区分字母大小写。

1. 函数的输入

1）直接输入函数

函数的输入方式与公式类似，可以直接在单元格或编辑栏中输入函数"=函数名（所引用的参数）"，完成后按 Enter 键。

2）使用"插入函数"对话框

直接输入函数需要对函数名、函数的使用格式等了解得非常清楚，但是要想记住每个函数名并正确输入所有参数是有难度的，因此，通常采用"插入函数"对话框，启动函数向导，引导建立函数运算公式，具体操作步骤如下。

（1）选定需要进行计算的单元格。

（2）单击"公式"选项卡|"函数库"组中|"插入函数"按钮 ，或直接单击编辑栏左侧的"插入函数"按钮 ，打开"插入函数"对话框，如图 5.15 所示。也可以在单元格或编辑栏中输入"="，然后单击名称框函数栏处"函数"下拉按钮 ，在下拉列表中选取函数，下拉列表中一般列出最常使用的函数，如图 5.16 所示。如果需要的函数没有出现在函数栏中，选择"其他函数"选项后，也会打开"插入函数"对话框。

图 5.15 "插入函数"对话框

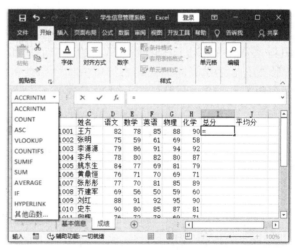

图 5.16 在函数栏中选择函数

（3）在"插入函数"对话框中的"或选择类别"下拉列表中选择需要的函数类别，在"选择函数"列表框中选择需要的函数。当选中一个函数时，该函数的名称和功能将显示在对话框的下方，单击对话框下方的"有关该函数的帮助"链接，可以打开该函数的帮助，获取该函数的语法格式、功能和示例等信息。

（4）在"插入函数"对话框中选择一个函数并单击"确定"按钮，打开"函数参数"对话框，如图 5.17 所示。在"函数参数"对话框中对各个参数进行设置，然后单击"确定"按钮，关闭"函数参数"对话框，函数的计算结果显示在选定单元格中。

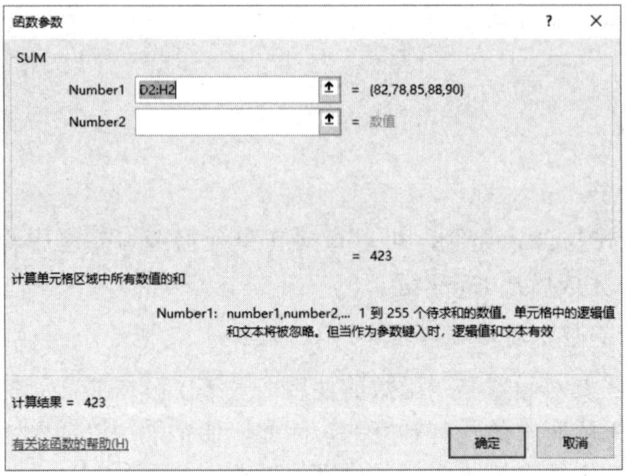

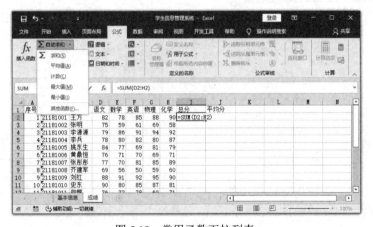

图 5.17 "函数参数"对话框

在"函数参数"对话框中设置参数时，Excel 一般会根据当前的数据，给出一个单元格引用，如果该引用不符合实际计算要求，可以直接在参数文本框中输入单元格引用或常量，或者单击参数文本框右侧的折叠按钮 ⬆，弹出展开后的"函数参数"对话框，在工作表中按住鼠标左键选择单元格区域，这些单元格引用会出现在"函数参数"对话框中，设置完成后再单击折叠按钮 ⬇ 或直接按 Enter 键。

3）利用"自动求和"按钮快速插入常用函数

求和、平均值、计数、最大值和最小值是经常使用的函数，Excel 将这 5 个函数集成到"公式"选项卡"函数库"组的"自动求和"下拉列表中，如图 5.18 所示。选中要输入公式的单元格，然后直接单击"自动求和"下拉列表中相应的函数，若插入的函数参数不符合需要，拖动鼠标选取正确的单元格区域即可。

图 5.18 常用函数下拉列表

2．函数的编辑

函数的编辑有以下 3 种方法。

（1）选中需要编辑的单元格，单击编辑栏，在编辑栏中修改函数。修改结束，单击编辑栏左侧的确认按钮√或按 Enter 键确认修改，单击编辑栏左侧的取消按钮×或按 Esc 键取消修改。

（2）双击需要编辑的单元格，直接在单元格中进行编辑，修改后按 Enter 键确认，按 Esc 键取消修改。

（3）双击需要编辑的单元格，将光标定位到要编辑的函数任意位置，单击"公式"选项卡|"函数库"组|"插入函数"按钮，弹出该函数的"函数参数"对话框，修改函数参数即可完成该函数的修改。例如，双击图 5.19 中的 E3 单元格，将插入点定位到函数"MID(D3,17,1)"任意字符处，单击"插入函数"，即可打开 MID 函数的"函数参数"对话框，修改完毕后单击"确定"按钮。

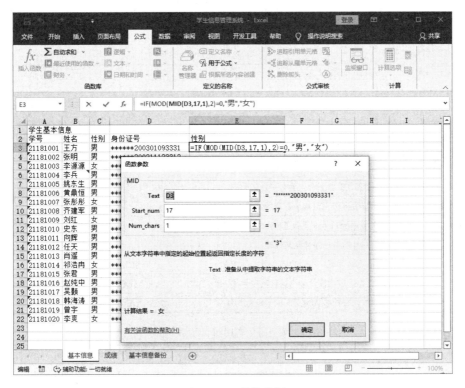

图 5.19　函数的编辑

3．常用函数及示例

1）常用函数

表 5.4 至表 5.8 列出了一些常用的函数，举例说明中涉及的单元格引用依据如图 5.20 所示的数据。

图 5.20 成绩表数据

表 5.4 常用数学函数

函 数 名	函 数 功 能	举 例 说 明
ABS	返回指定数值的绝对值	ABS(-5)=5
INT	求数值型数据向下舍入到最接近的整数	INT(-8.9)=-9；INT(8.9)=8
ROUND	对数值型数据按指定的小数位数四舍五入	ROUNT(8.9,0)=9
SIGN	返回数值型数据的负号，正数返回1，负数返回-1	SIGN(100)=1
SUM	对数值型参数求和	SUM(D2:H2)=423
SUMIF	对指定单元格区域中符合指定条件的值求和	SUMIF(J2:J21,">=90")=90
SUMIFS	对指定单元格区域中满足多个条件的单元格求和	SUMIFS(J2:J21,G2:G21,">=95",H2:H21,">=90")=91
TRUNC	将数值型数据去掉小数点后面的数据截为整数	TRUNC(8.9)=8；TURNC(-8.9)=-8

表 5.5 常用统计函数

函 数 名	函 数 功 能	举 例 说 明
AVERAGE	对数值型参数求平均值	AVERAGE(D2:H2)=85
COUNT	统计指定区域中包含数字的单元格的个数	COUNT(D1:D21)=20
COUNTA	统计指定区域中不为空的单元格的个数	COUNT(D1:D21)=21
COUNTIF	统计指定区域中满足单个指定条件的单元格的个数	COUNTIF(J2:J21,">=90")=1
COUNTIFS	统计指定区域内符合多个给定条件的单元格的个数	COUNTIFS(G2:G21,">=95",H2:H21,">=90")=1
MAX	返回一组值或指定区域中的最大值	MAX(J2:J21)=91
MIN	返回一组值或指定区域中的最小值	MIN(J2:J21)=59
RANK	返回一个数值在指定数值列表中的排位	RANK(J10,$J$2:$J$21,0)=1

表 5.6　常用文本函数

函 数 名	函 数 功 能	举 例 说 明
CONCATENATE	将多个文本字符串合并成一个字符串	CONCATENATE(C2)&"同学"=王方同学
FIND	返回一个字符串在另一个字符串中出现的起始位置	FIND("AB","abABefABFE",6)=7
LEFT	从文本字符串最左边开始返回指定个数的字符	LEFT(C2,1)=王
LEN	返回文本字符串的字符个数	LEN("王方")=2
LENB	返回文本字符串中用于代表字符的字节数	LENB("王方")=4
LOWER	将一个文本字符串中的所有大写字母转换为小写字母	LOWER("ABcd66")=abcd66
MID	从文本字符串中的指定位置开始返回特定个数的字符	MID("ABCDEF",3,2)=CD
RIGHT	从文本字符串最右边开始返回指定个数的字符	RIGHT(C4,2)=源源
TEXT	根据指定的格式将数据转换为文本	TEXT(8,"00")=08
TRIM	删除指定文本字符串两端的空格	TRIM(" a book ")=a book
UPPER	将一个文本字符串中的所有小写字母转换为大写字母	UPPER("ABcd66")=ABCD66
VALUE	将表示数字的文本字符串转换为数字	VALUE("12.3")=12.3

表 5.7　常用日期和时间函数

函 数 名	函 数 功 能	举 例 说 明
DATE	返回代表指定日期的序列数	DATE(2020,1,20)=2020/1/20
DAY	返回一个月中的第几天	DAY(DATE(2020,12,20))=20
DAYS	返回两个日期之间相隔的天数	DAYS("2022/12/31","2022/1/1")=364
MONTH	返回日期对应的月份	MONTH(DATE(2020,1,20))=1
NOW	返回日期格式的当前日期和时间	2022/3/7 20:59
TIME	返回代表指定时间的序列数	TIME(11,22,33)=11:22 AM
TODAY	返回系统的当前日期	TODAY()=2022/3/7
YEAR	返回日期对应的年份	YEAR(TODAY())=2022

表 5.8　常用逻辑函数

函 数 名	函 数 功 能	举 例 说 明
AND	逻辑与	AND(D2>80,E2>80,F2>80)=FALSE
IF	根据条件真假返回不同结果	IF(J2>=60,"合格","不合格")=合格
NOT	逻辑非	NOT(J2>=60)=FALSE
OR	逻辑或	OR(D2>80,E2>80,F2>80)=TRUE

2）函数示例

（1）排位函数 RANK.EQ

格式：RANK.EQ(number,ref,[order])

功能：返回某数字在一列数字中相对于其他数值的大小排位，如果多个值具有相同的排位，则返回该组数值的最高排位。

说明：number 表示需要找到其排位的数字；ref 表示对数字列表的引用，ref 中的非数字值会被忽略；order 为数字排位的方式，若 order 为 0 或省略，则按降序排列；若 order 不为零，则按升序排列。

例如，若要对成绩表按照平均分进行排名，具体操作步骤如下。

① 在 K2 单元格中输入函数"=RANK.EQ(J2,\$J\$2:\$J\$21,0)"，按 Enter 键后，该单元格显示为 3。

② 双击 K2 单元格的填充柄复制公式，或者鼠标拖动 K2 单元格的填充柄至其他单元格，填充后的效果如图 5.21 所示。

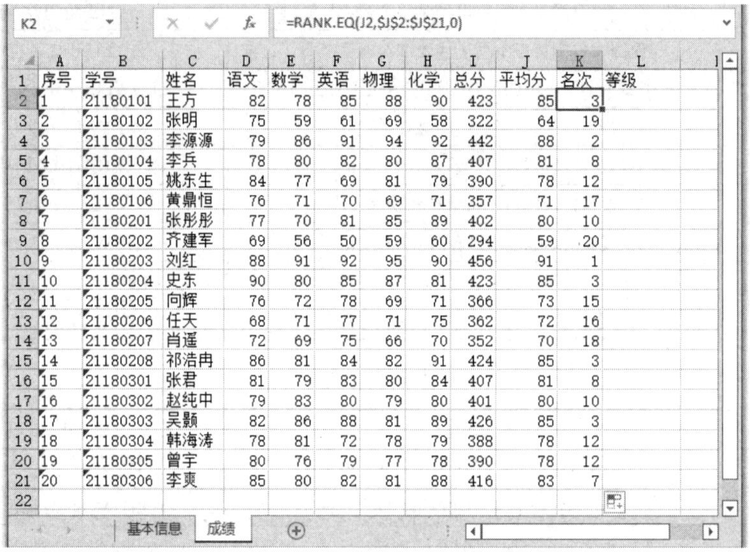

| K2 | ▼ : × ✓ fx =RANK.EQ(J2,\$J\$2:\$J\$21,0) | | | | | | | | | | | |

	A	B	C	D	E	F	G	H	I	J	K	L
1	序号	学号	姓名	语文	数学	英语	物理	化学	总分	平均分	名次	等级
2	1	21180101	王方	82	78	85	88	90	423	85	3	
3	2	21180102	张明	75	59	61	69	58	322	64	19	
4	3	21180103	李源源	79	86	91	94	92	442	88	2	
5	4	21180104	李兵	78	80	82	80	87	407	81	8	
6	5	21180105	姚东生	84	77	69	81	79	390	78	12	
7	6	21180106	黄鼎恒	76	71	70	69	71	357	71	17	
8	7	21180201	张彤彤	77	70	81	85	89	402	80	10	
9	8	21180202	齐建军	69	56	50	59	60	294	59	20	
10	9	21180203	刘红	88	91	92	95	90	456	91	1	
11	10	21180204	史东	90	80	85	87	81	423	85	3	
12	11	21180205	向辉	76	72	78	69	71	366	73	15	
13	12	21180206	任天	68	71	77	71	75	362	72	16	
14	13	21180207	肖遥	72	69	75	66	70	352	70	18	
15	14	21180208	祁浩冉	86	81	84	82	91	424	85	3	
16	15	21180301	张君	81	79	83	80	84	407	81	8	
17	16	21180302	赵纯中	79	83	80	79	80	401	80	10	
18	17	21180303	吴颢	82	86	88	81	89	426	85	3	
19	18	21180304	韩海涛	78	81	72	78	79	388	78	12	
20	19	21180305	曾宇	80	76	79	77	78	390	78	12	
21	20	21180306	李爽	85	80	82	81	88	416	83	7	
22												

基本信息　成绩　⊕

图 5.21　插入排位函数

（2）条件函数 IF

格式：IF(logical_test, value_if_true, value_if_false)

功能：判断是否满足某个条件，如果满足，即条件为真，函数返回一个值；如果不满足，即条件为假，函数将返回另一个值。

说明：logical_test 为要测试的条件；value_if_true 为 logical_test 的结果为 True 时函数的返回值；value_if_false 为 logical_test 的结果为 False 时函数的返回值；条件函数可以嵌套使用，以构造复杂的测试条件，Excel 允许嵌套最多 64 个不同的条件函数。

例如，函数"=IF(J2>=60,"及格","不及格")"表示如果 J2 单元格的值大于等于 60，则显示"及格"，否则显示"不及格"。

在 L2 单元格输入函数"=IF(J2>=85,"优秀",IF(J2>=75,"良好",IF(J2>=60,"及格","不及格")))"，双击 L2 单元格的填充柄复制公式，结果如图 5.22 所示，条件函数的嵌套示例如表 5.9 所示。

表 5.9　条件函数的嵌套示例

L2 单元格的值	函数值
J2>=85	优秀
85>J2>=75	良好
75>J2>=60	及格
J2<60	不及格

图 5.22　插入条件函数

（3）查找函数 VLOOKUP

格式：VLOOKUP(lookup_value,table_array,col_index_num,[range_lookup])

功能：搜索指定单元格区域的第一列，然后返回该区域相同行上某一单元格的值。

说明：

① lookup_value 为要查找的值，也称为查阅值，查阅值要位于 table_array 的第一列中。

② table_array 是一个单元格区域，需要包含要查找的返回值所在的列。

③ col_index_num 为返回值所在的列号。例如，如果指定 B2:D11 单元格区域作为区域，则应该将 B 作为第一列，将 C 作为第二列，以此类推。

④ range_lookup 是一个逻辑值，该值指定查找是近似匹配还是精确匹配。如果 range_lookup 为 True 或被省略，则返回近似匹配值；如果找不到精确匹配值，则返回小于 lookup_value 的最大值；如果 range_lookup 为 False，则只查找精确匹配值。如果 table_array 的第一列中有两个或更多值与 lookup_value 匹配，则只使用第一个找到的值；如果找不到精确匹配值，则返回错误值#N/A。

需要注意的是，如果 range_lookup 为 True 或被省略，则必须按升序排列 table_array 第一列中的值，否则，查找函数可能无法返回正确的值；如果 range_lookup 为 False，则不需要对 table_array 第一列中的值进行排序。

例如，如图 5.23 所示，在 D8 单元格中输入“=VLOOKUP(C8,A2:B5,2,FALSE)”，函数返回值为 50。该函数表示使用精确匹配在 A2:B5 单元格区域的 A 列搜索值“苹果”，返回同一行中第二列的值“50”。

（4）频率分布统计函数 FREQUENCY

格式：FREQUENCY(data_array,bins_array)

功能：计算一组数据在各个数值区间的分布情况。

说明：data_array 为要统计的数据（数组），bins_array 为统计的间距数据（数组）。若 bins_array 指定的参数为 A_1、A_2、A_3、$\cdots$、A_n，则其统计的区间为 $X \leqslant A_1$、$A_1 < X \leqslant$

A_2、…、$A_{n-1} < X \leqslant A_n$、$X > A_n$，共 $n+1$ 个区间。

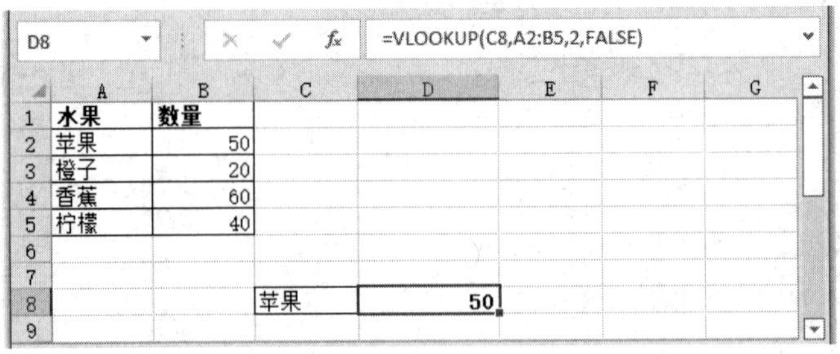
D8 =VLOOKUP(C8,A2:B5,2,FALSE)

	A	B	C	D
1	水果	数量		
2	苹果	50		
3	橙子	20		
4	香蕉	60		
5	柠檬	40		
6				
7				
8			苹果	50
9				

图 5.23　插入查找函数

例如，使用频率分布统计函数在成绩表中统计每个分数段的人数，即成绩≤59、59<成绩≤69、69<成绩≤79、79<成绩≤89、成绩>89 这 5 个区间的人数，操作步骤如下。

① 在一个空白区域（如 E24:E27 单元格区域）输入区间分割数据（59、69、79、89）。

② 选择作为统计结果的数组输出区域，如 F24:F28。

③ 输入函数“=FREQUENCY(E2:E21,E24:E27)”。

④ 按 Ctrl+Shift+Enter 组合键，执行后的结果如图 5.24 所示。

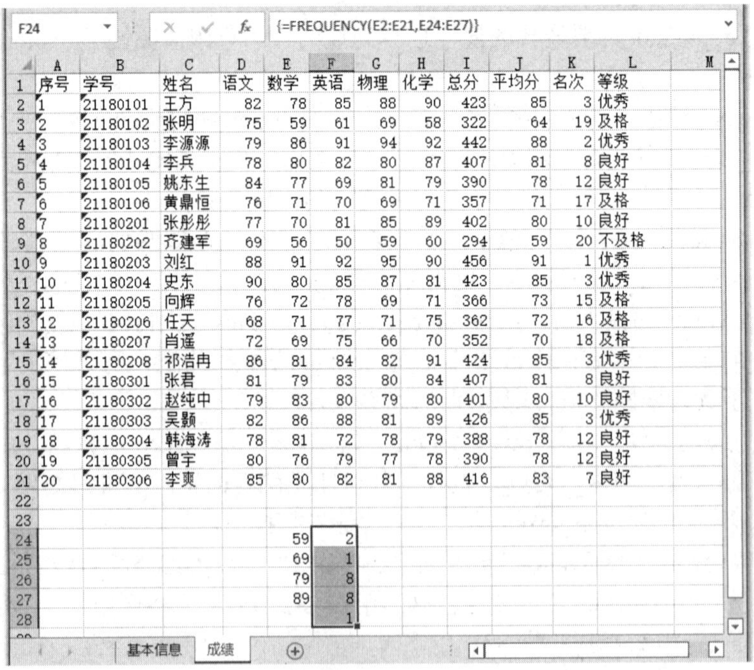
F24 {=FREQUENCY(E2:E21,E24:E27)}

	A	B	C	D	E	F	G	H	I	J	K	L
1	序号	学号	姓名	语文	数学	英语	物理	化学	总分	平均分	名次	等级
2	1	21180101	王方	82	78	85	88	90	423	85	3	优秀
3	2	21180102	张明	75	59	61	69	58	322	64	19	及格
4	3	21180103	李源源	79	86	91	94	92	442	88	2	优秀
5	4	21180104	李兵	78	80	82	80	87	407	81	8	良好
6	5	21180105	姚东生	84	77	69	81	79	390	78	12	良好
7	6	21180106	黄鼎恒	76	71	70	69	71	357	71	17	及格
8	7	21180201	张彤彤	77	70	81	85	89	402	80	10	良好
9	8	21180202	齐建军	69	56	50	59	60	294	59	20	不及格
10	9	21180203	刘红	88	91	92	95	90	456	91	1	优秀
11	10	21180204	史东	90	80	85	87	81	423	85	3	优秀
12	11	21180205	向辉	76	72	78	69	71	366	73	15	及格
13	12	21180206	任天	68	71	77	71	75	362	72	16	及格
14	13	21180207	肖遥	72	69	75	66	70	352	70	18	及格
15	14	21180208	祁浩冉	86	81	84	82	91	424	85	3	优秀
16	15	21180301	张君	81	79	83	80	84	407	81	8	良好
17	16	21180302	赵纯中	79	83	80	79	80	401	80	10	良好
18	17	21180303	吴颢	82	86	88	81	89	426	85	3	优秀
19	18	21180304	韩海涛	78	81	72	78	79	388	78	12	良好
20	19	21180305	曾宇	80	76	79	77	78	390	78	12	良好
21	20	21180306	李爽	85	80	82	81	88	416	83	7	良好
22												
23												
24					59	2						
25					69	1						
26					79	8						
27					89	8						
28						1						

图 5.24　插入频率分布统计函数

需要注意的是，在 Excel 中输入公式和函数后，通常都是按 Enter 键表示确认，但对于含有数组参数的公式或函数，如频率分布统计函数，则必须按 Ctrl+Shift+Enter 组合键确认。

5.4 格式化工作表

建立一张工作表后可以设置不同风格的数据表现形式，Excel 提供了丰富的对工作表的外观进行设置的格式化命令。

5.4.1 设置单元格格式

利用"设置单元格格式"对话框，可以设置单元格的数字显示方式、对齐方式、字体、边框和底纹等格式。

单击"开始"选项卡|"单元格"组|"格式"按钮，出现如图 5.25 所示的"格式"下拉列表，选择"设置单元格格式"命令；或右击选中的单元格，在弹出的快捷菜单中选择"设置单元格格式"命令，均可打开"设置单元格格式"对话框，如图 5.26 所示。对话框中有"数字"、"对齐"、"字体"、"边框"、"填充"和"保护" 6 个选项卡，每个选项卡都可以完成各自内容的排版设计。另外，在"开始"选项卡中分别单击"字体"组、"对齐方式"组、"数字"组右下角的对话框启动器按钮，也可以打开"设置单元格格式"对话框。

图 5.25 "格式"下拉列表　　　　图 5.26 "设置单元格格式"对话框

1. 设置数字格式

"数字"选项卡用于设置单元格中数字的数据格式。在"分类"列表框中有十多种不同类别的数据，选定某类别的数据后，将在右侧显示出该类别数据不同的数据格式列表以及有关的设置选项，以选择所需要的数据格式类型。

也可以通过"开始"选项卡"数字"组中的格式化数字按钮进行设置，这些按钮有"会计数字格式样式"、"百分比样式"、"千位分隔符样式"、"增加小数位数"和"减少小数位数"等。

2．设置对齐格式

"对齐"选项卡用于设置单元格内容的对齐方式、旋转方向及各种文本控制。

1）文本对齐方式

（1）在"水平对齐"下拉列表框中可以设置单元格的水平对齐方式，包括常规、居中、靠左、靠右、跨列居中等，默认为"常规"方式，此时单元格按照输入的默认方式对齐（数字右对齐、文本左对齐、日期右对齐等），也可以在"开始"选项卡"对齐方式"组中直接单击相应的按钮设置对齐方式。

（2）在"垂直对齐"下拉列表框中可以设置单元格的垂直对齐方式，包括靠下、靠上、居中等，默认为"居中"方式。

2）方向

在"方向"选项组中可以通过拖动鼠标或直接输入角度值，将选定的单元格内容完成从-90°～+90°的旋转，这样就可以将表格内容由水平显示转换为各个角度的显示。

3）文本控制

（1）勾选"自动换行"复选框，被设置的单元格就具备了自动换行功能，当输入的内容超过单元格宽度时会自动换行，按 Alt+Enter 组合键可以强制换行。

（2）勾选"缩小字体填充"复选框，如果单元格的内容超过单元格的宽度，单元格中的内容会自动缩小字体并被单元格容纳。

（3）勾选"合并单元格"复选框，可以实现单元格的合并。

3．设置字体

为了使单元格内容更加醒目，可以对一张工作表各部分内容的字体做不同的设置。先选定要设置字体的单元格区域，然后在"设置单元格格式"对话框的"字体"选项卡中对字体、字形、字号、颜色及一些特殊效果进行设置，也可以直接在"开始"选项卡"字体"组中单击相应按钮进行设置。

4．设置边框

在编辑电子表格时，显示的表格线是 Excel 本身提供的网格线，打印时 Excel 并不打印网格线，因此，需要给表格设置打印时所需的边框，使表格打印出来更加美观。首先选定所要设置的区域，然后在"设置单元格格式"对话框的"边框"选项卡中设置边框，在"样式"中列出了各种样式的线型，还可以通过"颜色"下拉列表框选择边框的颜色。

5．设置底纹

为了使工作表各个部分的内容更加醒目、美观，可以在工作表的不同部分设置不同的底纹图案或背景颜色区分表格的不同区域。首先选定所要设置的区域，然后在"设置单元格格式"对话框中选择"填充"选项卡，在"背景色"列表框中选择背景颜色，还可以在"图案颜色"和"图案样式"下拉列表框中选择底纹图案。

5.4.2　调整工作表的行高和列宽

为了使工作表表格显示或打印出来能有较好的效果，用户可以对列宽和行高进行适当调整。

1．使用鼠标调整

将鼠标指针指向行号或列标，待鼠标指针变成双向箭头后，拖动鼠标至所需位置，松开鼠标后就可调整鼠标上方行的行高或左侧列的列宽。

双击列标右侧的边界，使鼠标左侧列的列宽调整成最适合的宽度，即列宽正好容纳一列中最多的文字；双击行号下方的边界，使鼠标上方行的行高调整成最适合的高度，即行高正好容纳一行中最大的文字。

2．使用菜单调整

选定单元格区域，选择"开始"选项卡|"单元格"组|"格式"按钮，在弹出的下拉列表中选择"行高"或"列宽"命令，然后在对话框中设置行高或列宽值。也可以在弹出的下拉列表中选择"自动调整行高"命令，使行高正好容纳一行中最大的文字；或选择"自动调整列宽"命令，使列宽正好容纳一列中最多的文字。

5.4.3　隐藏行或列

对 Excel 表格操作时经常需要暂时隐藏一些行或列，以便显示重要内容或腾出版面空间。

1．隐藏行或列

1）隐藏行

选择要隐藏的一行或多行，再右击选定的行，在弹出的快捷菜单中选择"隐藏"命令，即可将选定的行隐藏。单击"开始"选项卡|"单元格"组|"格式"按钮|"隐藏和取消隐藏"|"隐藏行"命令，也可以隐藏行，两行之间的双线表示其间隐藏了若干行。

2）隐藏列

隐藏列的方法和隐藏行的方法相同，右击要隐藏的列，在快捷菜单中选择"隐藏"命令，或者选择"开始"选项卡中的"隐藏列"命令，两列之间的双线表示其间隐藏了若干列。

隐藏行的本质是行高为 0，隐藏列的本质是列宽为 0，故将行高或列宽设为 0，行或列即被隐藏。

2．取消隐藏行或列

1）取消隐藏行

方法 1：选择隐藏行的相邻行，再右击选定的行，在弹出的快捷菜单中选择"取消隐藏"命令。

方法 2：双击隐藏行所存在的两行之间的双线。

2）取消隐藏列

取消隐藏列的操作方法和取消隐藏行的方法相同，一种方法是选择快捷菜单中的"取消隐藏"命令，另一种方法是双击隐藏列所存在的两列之间的双线。

5.4.4　冻结窗格

当 Excel 表格中列数较多、行数也较多时，一旦向下滚屏，则上面的标题行也跟着滚动，在处理数据时往往难以分清各列数据对应的标题，利用冻结窗格功能可以很好地解决这一问题。

1．冻结行

（1）冻结首行。选择"视图"选项卡|"窗口"组|"冻结窗格"按钮|"冻结首行"命令，滚动工作表其余部分时，首行总是显示在最上面，大大增强了表格编辑的直观性。

（2）冻结多行。若冻结多行（从首行开始），则要选择冻结的最后一行下方的行，并单击"视图"选项卡|"窗口"组|"冻结窗格"按钮|"冻结窗格"命令。

2．冻结列

（1）冻结首列。选择"视图"选项卡|"窗口"组|"冻结窗格"按钮|"冻结首列"命令，滚动工作表其余部分时，首列总是可见。

（2）冻结多列。若冻结多列（从 A 列开始），则要选择冻结的最后一列右侧的列，并单击"视图"选项卡|"窗口"组|"冻结窗格"按钮|"冻结窗格"命令。

3．冻结多行多列

若同时冻结多行和多列，则要选择在滚动时要保持其可见的行下方和列右侧的单元格，再单击"视图"选项卡|"窗口"组|"冻结窗格"按钮|"冻结窗格"命令。例如，冻结前四行和最左侧的三列，则要选择 D5 单元格，然后选择"冻结窗格"命令。冻结行和列时，冻结的最后一行下方的边框和冻结的最后一列右侧的边框看起来会略粗。

4．取消冻结

单击"视图"选项卡|"窗口"组|"冻结窗格"按钮|"取消冻结窗格"命令，即可取消所有行和列的冻结，整个工作表的所有区域都恢复滚动。

5.4.5 条件格式

条件格式基于条件更改单元格区域的外观，有助于突出显示所关注的单元格或单元格区域，强调异常值，常使用数据条、颜色刻度和图标集来直观地显示数据。例如，在成绩表中，可以使用条件格式将各科成绩中不及格的分数醒目地显示出来。

1. 利用预置条件实现快速格式化

Excel 提供了许多预置条件，如可以自动标出前 10 个最大的值，快速使用预置条件的方法如下。

（1）选择工作表中需要设置条件格式的单元格区域。

（2）单击"开始"选项卡|"样式"组|"条件格式"按钮，打开"条件格式"下拉列表，如图 5.27 所示。

（3）将光标指向某条规则，右侧将出现级联菜单，从中单击某一预置的条件规则即可快速使用预置条件。各项条件规则的功能说明如下。

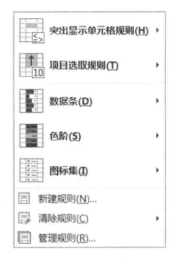

① 突出显示单元格规则。通过使用大于、小于、等于、包含等比较运算符限定数据范围，对属于该数据范围内的单元格设定格式。例如，在成绩表中，可以将成绩在 90 分以上的单元格用红色字体加粗显示。

② 最前/最后规则。可以将选定单元格区域中的前若干个最高值或后若干个最低值、高于或低于该区域平均值的单元格设定特殊格式。例如，在成绩表中，将排名前 5 名的同学的平均分用黄色底纹填充。

图 5.27 "条件格式"下拉列表

③ 数据条。数据条可用于查看某个单元格相对于其他单元格的值。数据条的长度代表单元格的值。数据条越长，表示值越高；数据条越短，表示值越低。

④ 色阶。通过使用两种或三种颜色的渐变效果来比较单元格区域中的数据，用来显示数据分布和数据变化。一般情况下，颜色的深浅表示值的高低。例如，在绿色和黄色的双色色阶中，数值越大的单元格的颜色越绿，而数值越小的单元格的颜色越黄。

⑤ 图标集。使用图标集对数据进行注释，每个图标代表一个值的范围。例如，在三色交通灯图标集中，绿色的圆圈代表较高值，黄色的圆圈代表中间值，红色的圆圈代表较低值。

2. 自定义条件规则实现高级格式化

可以通过自定义复杂的规则来方便地实现条件格式设置，自定义条件规则的方法如下。

（1）选择需要应用条件格式的单元格区域。

（2）单击"开始"选项卡|"样式"组|"条件格式"按钮，从打开的下拉列表中选择"管理规则"命令，打开如图 5.28 所示的"条件格式规则管理器"对话框。

（3）单击"新建规则"按钮，弹出如图 5.29 所示的"新建格式规则"对话框。首先在"选择规则类型"列表框中选择一个规则类型，然后在"编辑规则说明"中设定条件及格式，最后单击"确定"按钮。其中，还可以通过设定公式控制格式的实现。

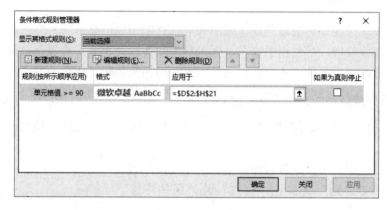

图 5.28 "条件格式规则管理器"对话框

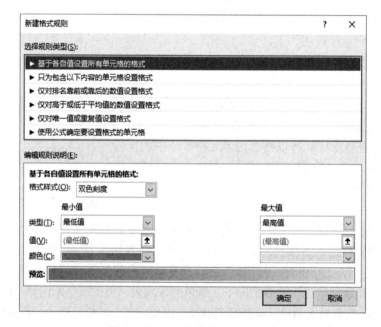

图 5.29 "新建格式规则"对话框

（4）若要修改规则，则应在"条件格式规则管理器"对话框的规则列表中选择要修改的规则，单击"编辑规则"按钮进行修改；单击"删除规则"按钮删除选定的规则。

（5）规则设置完毕，单击"确定"按钮，关闭对话框。

5.4.6 套用表格格式

Excel 提供大量预设好的表格样式，可以自动实现包括字体大小、边框和底纹、对齐方式等单元格格式集合的应用。套用表格格式就是把格式集合应用到选定的单元格区域。

使用套用表格格式美化工作表的方法如下。

（1）选定要格式化的单元格区域。

提示：套用表格格式只能应用于不包含合并单元格的数据区域中。

（2）单击"开始"选项卡|"样式"组|"套用表格格式"按钮，打开预置样式列表，包含浅色、中等色、深色 3 大类。

（3）从中选择某一个预定样式，相应的格式即可应用到当前选定的单元格区域中。

（4）如果需要取消套用格式，将光标定位在已套用格式的单元格区域中，在"表格工具|表设计"选项卡上，单击"表格样式"组右下角的"其他"箭头，打开样式列表，单击最下方的"清除"命令即可清除表格套用的样式。单击"表格工具|表设计"选项卡|"工具"组|"转换为区域"按钮，可以将表转换为普通单元格区域。

5.5 图表

为了使表格中的数据关系更加直观，可以将数据以图表的形式表示出来。图表方便用户清晰地了解各个数据之间的关系以及数据之间的变化情况，方便对数据进行对比和分析。利用图表可以将抽象的数据形象化，当数据源发生变化时，图表中对应的数据也自动更新，使得数据一目了然。

根据数据特征和观察角度的不同，Excel 提供了柱形图、折线图、饼图、条形图、面积图、XY 散点图和股价图等多种类型图表供用户选用，每一类图表又包括若干子类型。

5.5.1 图表的创建

1．创建图表

创建图表前，应先组织和排列数据。对于创建图表所依据的数据，应按照行或列的形式组织，并在数据的左侧和上方分别设置行标题和列标题，行标题和标题最好是文本，这样 Excel 会自动根据所选数据区域确定在图表中绘制数据的最佳方式。

下面以成绩表中前 6 位同学的数学、物理和化学成绩为数据源创建图表，操作步骤如下。

（1）选择数据源。选择用于创建图表的数据区域，可以选择不相邻的多个区域。

本例中用于创建图表的是"姓名"列与"数学""物理""化学"3 科成绩。由于数据区域不连续，因此可先选择 C1:C7 单元格区域，然后按住 Ctrl 键的同时再选择另外的 E1:E7 和 G1:H7 单元格区域即可。

提示：选择数据源时，列标题一定要选上。

（2）选择图表类型。在"插入"选项卡的"图表"组中选择一种图表类型，然后在弹出的下拉列表中选择所需的图表子类型即可创建一个图表。或者单击"图表"组右下角的"查看所有图表"按钮，在弹出的"插入图表"对话框中选择图表类型。本例选择的图表类型是"柱形图或条形图"，图表子类型是"二维柱形图"下的"簇状柱形图"。

2．图表的组成

图表中包含许多元素，默认情况下某类图表可能只显示其中的部分元素，而其他元素可以根据需要添加，也可以根据需要更改图表元素的格式，还可以删除不希望显示的图表元素。

图表包含的元素可以在"图表工具|格式"选项卡"当前所选内容"组中的"图表元素"组合框中查看，如图 5.30 所示，也可以在组合框中选择图表当前元素。

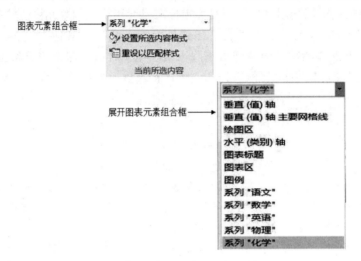

图 5.30　图表元素列表

图 5.31 中标出了图表中的常见元素，其名称和含义如下。

① 图表区。包含整个图表及其全部元素。

② 绘图区。通过坐标轴来界定的区域，包括所有数据系列、分类名称、刻度线标志和坐标轴标题等。

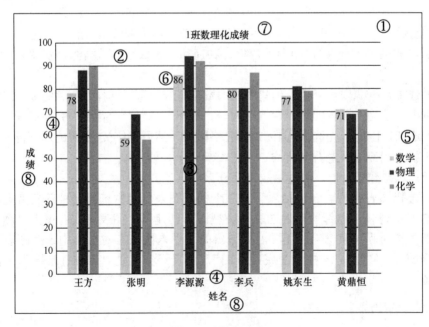

图 5.31　图表元素

③ 数据系列。数据系列是指绘制图表的相关数据，这些数据来自数据表的行或列。图表中的每个数据系列具有唯一的颜色或图案，并且在图表的图例中表示，可以在图表中绘制一个或多个数据系列，饼图只有一个数据系列。

④ 垂直（值）轴和水平（类别）轴。坐标轴是界定图表绘图区的线条，用于度量的参照框架。垂直轴通常包含数据，水平轴通常包含分类。数据沿着垂直轴和水平轴绘制在图表中。

⑤ 图例。图例是一个方框，用于标识为图表中的数据系列或分类指定的图案或颜色。

⑥ 数据标签。可以用来标识数据系列中数据点的详细信息，数据标签代表源于数据表单元格的单个数据点或数值。

⑦ 图表标题。图表标题是对整个图表的说明性文本，可以自动在图表顶部居中，也可以移动到其他位置。

⑧ 坐标轴标题。坐标轴标题是对坐标轴的说明性文本，可以自动与坐标轴对齐，也可以移动到其他位置。

5.5.2　图表的编辑与格式化

图表的默认格式未必能满足用户的要求，用户可以对图表进行编辑修改及格式化设置等操作。图表的编辑与格式化是指按要求对图表内容、图表格式、图表布局和外观进行编辑和设置的操作，图表的编辑与格式化大都是针对图表的某些元素进行的。

为实现对图表的操作，需要先选中图表。此时功能区中将显示"图表工具|图表设计"和"图表工具|格式"选项卡，利用"图表工具"选项卡可以完成对图表的各种编辑与设置。

1．图表的编辑

编辑图表包括更改图表类型、数据源、图表的位置等。

1）更改图表类型

选中图表，单击"图表工具|图表设计"选项卡|"类型"组|"更改图表类型"按钮，或右击图表，在弹出的快捷菜单中选择"更改图表类型"命令，均可弹出"更改图表类型"对话框，在该对话框中，可以重新选择一种图表类型，也可以针对当前的图表类型重新选取一种子图表类型。

2）更改数据源

选中图表后，单击"图表工具|图表设计"选项卡|"数据"组|"选择数据"按钮，或右击图表区，在弹出的快捷菜单中选择"选择数据"命令，均可以打开"选择数据源"对话框，如图 5.32 所示。单击"图表数据区域"框后的折叠按钮，可以回到工作表的数据区域重新选择数据源。在"图例项（系列）"列表中，可以单击"添加"按钮添加某系列，或选择其中的某一系列，单击"删除"按钮将该系列从图表删除，单击"编辑"按钮对该系列的名称和数值进行修改。在"水平（分类）轴标签"列表中可以单击"编辑"按钮，对分类轴标签区域重新选择。更改完成后，新的数据源会体现到图表中。

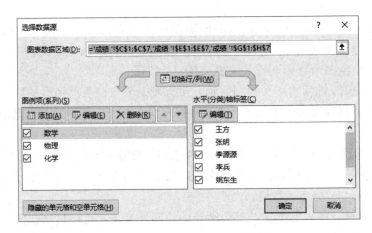

图 5.32 "选择数据源"对话框

3）更改图表的位置

在默认情况下，图表作为嵌入式图表与数据源出现在同一个工作表中，若要将其单独存放到一个工作表中，则需要更改图表的位置。

选中图表，单击"图表工具|图表设计"选项卡|"位置"组|"移动图表"按钮，或右击图表区，在弹出的快捷菜单中选择"移动图表"命令，弹出如图 5.33 所示的"移动图表"对话框，选择"新工作表"单选按钮，在其后的文本框中输入该工作表的名称，单击"确定"按钮即可。

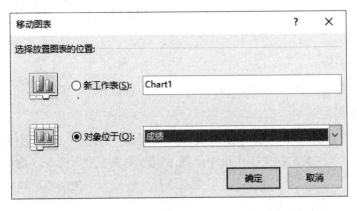

图 5.33 "移动图表"对话框

2．图表布局

创建图表后，用户可以为图表应用预定义布局和样式以快速更改它的外观。Excel 提供了多种预定义布局和样式，必要时还可以根据需要手动更改各个图表元素的布局和格式。

1）应用预定义图表布局

单击图表的任意位置，再单击"图表工具|图表设计"选项卡|"图表布局"组|"快速布局"按钮，在列表中选择适当的图表布局。

2）应用预定义图表样式

单击图表的任意位置，在"图表工具|图表设计"选项卡"图表样式"组中选择要使用的图表样式，选择样式时要考虑打印输出的效果，如果打印机不是彩色打印，那么需要慎重选择颜色搭配。

3）手动更改图表元素的布局

单击图表的任意位置，再单击"图表工具|图表设计"选项卡|"图表布局"组|"添加图表元素"按钮，在如图 5.34 所示的"添加图表元素"下拉列表中选择要操作的元素，在选择元素的下一级菜单中选择相应的命令以完成元素的删除、添加及格式设置。

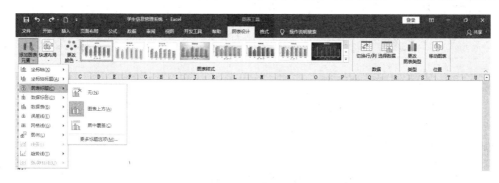

图 5.34 "添加图表元素"下拉列表

4）手动更改图表元素的格式

选定图表元素，在如图 5.35 所示的"图表工具|格式"选项卡上根据需要进行形状样式、艺术字效果等格式设置，也可以使用"图表工具|格式"选项卡|"当前所选内容"组|"设置所选内容格式"按钮对当前元素进行各类格式的设置。

图 5.35 "图表工具|格式"选项卡

5.5.3 迷你图的创建

迷你图是插入单元格中的微型图表，它可以显示一系列数值的趋势，还可以突出显示最大值和最小值，将数据中潜在的价值信息醒目地呈现出来。

创建迷你图的基本方法如下。

（1）选中用来放置迷你图的目标单元格。

（2）在"插入"选项卡"迷你图"组中，选择迷你图的类型，包括"折线"、"柱形"和"盈亏"3 种类型。打开"创建迷你图"对话框，如图 5.36 所示。

（3）在"数据范围"框中，输入或选择创建迷你图所基于的单元格区域，在"位置范围"框中指定放置迷你图的位置。

（4）单击"确定"按钮，迷你图插入指定单元格中。

（5）如果相邻区域还有其他数据系列，拖动迷你图所在单元格的填充柄像复制公式一样填充迷你图，效果如图 5.37 所示。

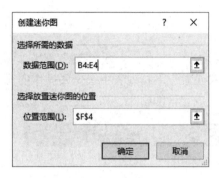

图 5.36　"创建迷你图"对话框

	A	B	C	D	E	F
1	2021年度销售统计表（亿元）					
3	地区	第1季度	第2季度	第3季度	第4季度	迷你图
4	北京	179.28	314.66	282.95	418.32	
5	上海	268.92	247.41	301.19	258.17	
6	重庆	143.43	199.20	223.11	231.07	
7	深圳	192.43	238.25	256.57	229.08	
8	合计	784.06	999.52	1,063.82	1,136.65	
9	平均	196.01	249.88	265.95	284.16	

图 5.37　迷你图

当在工作表上选择某个已创建的迷你图时，功能区中将会出现如图 5.38 所示的"迷你图工具|迷你图"选项卡。使用该选项卡可以更改迷你图类型、设置其格式、显示或隐藏迷你图上的数据以及删除迷你图。

图 5.38　"迷你图工具|迷你图"选项卡

5.6　数据管理

Excel 能按照数据库的管理方式对以数据清单形式存放的数据进行排序、筛选、分类汇总、统计和建立数据透视表等操作。

5.6.1　数据清单

1．数据清单与数据库的关系

数据清单是包含标题及相关数据的一组工作表数据行，可以用来管理数据。数据清单可以像数据库一样使用，其中的行表示记录、列表示字段，数据清单第一行的列标志是数据库中的字段名称。因此可以简单地认为，一个工作表中的数据清单就是一个数据库。

2．创建数据清单的原则

（1）一个工作表上最好只建立一个数据清单，因为数据清单的一些操作（如筛选等）一次只能在同一个工作表的一个数据清单上使用。

（2）工作表的数据清单与其他数据间至少留出一个空白行和一个空白列，这样在执行排序、筛选或自动汇总等操作时便于检测和选定数据。

（3）数据清单的第一行是标题行，作为每列数据的标志，标题应便于理解数据的含义；标题一般不能使用纯数值，不能重复，也不能分置于两行中。

（4）每列包含的数据，其数据类型和数据含义相同。

（5）在单元格的开始处不要插入多余的空格，多余的空格会影响排序和查找。

5.6.2 数据排序

在数据清单中，可以根据字段按升序或降序对记录进行排序，排序可以使数据进行有序的排列，便于管理。对于数值型数据的排序可以按其数值大小顺序排列；对于英文文本的排序可以按其字母先后顺序排列；而对于汉字文本的排序可以按其拼音字母顺序排列；对于日期型数据的排序可以按其日期的远近顺序排列。

1．单字段排序

单字段排序是指只根据一列的数据对记录排序。排序之前，选择排序字段中任一单元格，然后单击"数据"选项卡|"排序和筛选"组|"升序"按钮 或"降序"按钮 ，即可实现按该字段内容进行升序或降序排列。

2．多字段排序

用户可以根据需要设置多条件排序，例如，对成绩表按总分降序排序时，总分相同的记录数学成绩高的排列在前；数学成绩也相同的记录，物理成绩高的排列在前。这就需要设置多个条件，也就是多字段排序。

多字段排序使用"排序"对话框来完成，具体操作方法如下。

（1）选择要排序的数据清单，或者单击该数据清单中任意一个单元格。

（2）单击"数据"选项卡|"排序和筛选"组|"排序"按钮，打开"排序"对话框，如图 5.39 所示。

图 5.39 "排序"对话框

（3）在"排序"对话框中设置排序的第一排序条件，即主要关键字。在"主要关键字"下拉列表中选择列标题名，如"总分"；在"排序依据"下拉列表中，选择是依据指定列中的单元格值还是格式进行排序（如果要以格式为排序依据，需要首先对该数据列设定不同的单元格颜色、字体颜色等格式）；在"次序"下拉列表中，选择要排序的顺序是"升序"、"降序"还是"自定义序列"。

（4）设置第二排序条件，即次要关键字。单击"添加条件"按钮，此时在"列"下增加了"次要关键字"及其排序依据和次序，可以根据需要依次进行选择。若还有其他关键字，可再次单击"添加条件"按钮进行添加。

（5）如果数据表中的第一行（标题行）不参加排序，要勾选"数据包含标题"复选框；如果数据表中没有标题行，则不勾选"数据包含标题"复选框。单击"确定"按钮，完成排序。

多字段排序时，首先按主要关键字排序，若主要关键字的数值相同，则按次要关键字进行排序，若次要关键字的数值相同，则按第三关键字排序，以此类推。

如果需要对排序条件进行进一步设置，可单击对话框右上方的"选项"按钮，打开如图 5.40 所示的"排序选项"对话框，设置对字母排序是否区分大小写、对中文按笔划还是按字母顺序、排序方向按行排序还是按列排序。

图 5.40 "排序选项"对话框

5.6.3 数据筛选

数据筛选可以帮助用户快捷地从大量数据中筛选出所需要的数据，有助于用户做出更有效的决策，Excel 提供了自动筛选和高级筛选两种筛选方法。

1．自动筛选

自动筛选是将满足条件的记录显示在工作表上，不满足条件的记录暂时隐藏起来。

1）创建自动筛选

（1）选择数据清单中的任意单元格，单击"数据"选项卡|"排序和筛选"组|"筛选"按钮，此时，各字段名的右侧出现一个下拉按钮。

（2）单击字段名右侧的下拉按钮，如总分字段，则显示该字段的下拉列表，如图 5.41所示，在该列表的底部列出了当前字段所有的数据值，可以清除"（全选）"复选框，然后选择其他要作为筛选的依据值。单击"数字筛选"命令，可以打开其级联菜单，其中列出了一些比较运算符命令，如"等于""不等于""大于""小于"等选项。还可以单击"自定义筛选"命令，在打开的"自定义自动筛选方式"对话框中进行其他条件的设置，例如，筛选条件为总分大于或等于 400 并且小于或等于 450，设置如图 5.42 所示。

进行自动筛选时，单击字段名右侧的下拉按钮，在打开的下拉列表中根据字段值类型的不同将显示不同的命令，若字段值为数值型，则显示的是"数字筛选"；若类型为文本，则显示"文本筛选"；若类型为日期型，则显示"日期筛选"。

（3）在上次筛选结果的基础上，可以再次对另一个字段设定筛选条件，实现双重甚至多重嵌套筛选。例如，可以先从成绩表中筛选出总分前 10 名的记录，然后再从总分前 10 名中筛选出数学在 90 分以上的记录。

图 5.41　数字筛选下拉列表

图 5.42　"自定义自动筛选方式"对话框

2）清除自动筛选

（1）执行完自动筛选后，不满足条件的记录将被隐藏。

（2）若要清除某列的筛选条件，可以单击字段名后的"筛选"按钮，在打开的下拉列表中选择"从'××'中清除筛选"命令。

（3）若要将所有记录重新显示出来，可以单击"数据"选项卡|"排序和筛选"组|"清除"按钮，清除工作表中的所有筛选条件并重新显示所有行；也可以再次单击"数据"选项卡|"排序和筛选"组|"筛选"按钮，清除各个字段名后的下拉按钮，即退出自动筛选状态，显示所有记录。

2．高级筛选

如果自动筛选不能满足筛选需要，就要用到高级筛选。高级筛选可以设定多个筛选条件，还可以保留原数据清单的显示，高级筛选的结果显示到工作表的其他区域。

进行高级筛选时，首先要在数据清单以外的区域输入筛选条件，然后通过"高级筛选"对话框对数据列表区域、条件区域及筛选结果放置的区域进行设置，进而实现筛选操作。

1）构建高级筛选条件

所构建的高级筛选的复杂条件需要放置在单独的区域中，可以为该条件区域命名以便引用。用于高级筛选的复杂条件可以像在公式中那样使用比较运算符：=（等于）、>（大于）、<（小于）、>=（大于或等于）、<=（小于或等于）、<>（不等于）。

构建高级筛选条件时，要遵循以下原则：条件区域的第一行是列标题，与数据列表中的列标题一致。在相应列标题下输入查询条件，在同一行表示的条件为"与（and）"关系，意味着只有这些条件同时满足的数据才会被筛选出来；在不同行表示的条件为"或（or）"关系，意味着只要满足其中的一个条件就会被筛选出来。

如图 5.43 所示的高级筛选条件，含义如下。

（1）复杂条件 A 表示"班级是一班、总分大于或等于 400"的条件。

（2）复杂条件 B 表示"总分大于或等于 400 且小于 450"的条件。

（3）复杂条件 C 表示"总分大于或等于 450 或者总分小于或等于 350"的条件。

（4）复杂条件 D 表示"班级是一班同时总分大于 450，或者班级是二班同时总分大于 450，即一班二班总分大于 450"的条件。

班级	总分
一班	>=400

复杂条件A

总分	总分
>=400	<=450

复杂条件B

总分
>=450
<=350

复杂条件C

班级	总分
一班	>450
二班	>450

复杂条件D

图 5.43　高级筛选条件示例

2）创建高级筛选

条件区域设置完成后进行高级筛选，具体操作方法如下。

（1）选择数据清单，或者单击该数据清单中的任意一个单元格。

（2）单击"数据"选项卡|"排序和筛选"组|"高级"按钮，弹出"高级筛选"对话框，如图 5.44 所示。

（3）在"方式"区域下设定筛选结果的存放位置；在"列表区域"框中显示当前选择的数据区域，也可以重新指定区域；在"条件区域"框中选择筛选条件所在的区域；如果指定了"将筛选结果复制到其他位置"，则应在"复制到"框中单击，选择工作表中某一空白单元格，筛选结果将从该单元格开始向下向右填充。

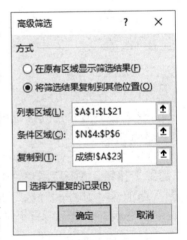

图 5.44　"高级筛选"对话框

（4）单击"确定"按钮，符合筛选条件的记录将显示在工作表的指定位置，如图 5.45 所示。

序号	学号	姓名	语文	数学	英语	物理	化学	总分	平均分	名次	等级
1	21180101	王方	82	78	85	88	90	423	85	3	优秀
2	21180102	张明	75	59	61	69	58	322	64	19	及格
3	21180103	李源源	79	86	91	94	92	442	88	2	优秀
4	21180104	李兵	78	80	82	80	87	407	81	8	良好
5	21180105	姚东生	84	77	69	81	79	390	78	12	良好
6	21180106	黄鼎恒	76	71	70	69	71	357	71	17	及格
7	21180201	张彤彤	77	70	81	85	89	402	80	10	良好
8	21180202	齐建军	69	56	50	59	60	294	59	20	不及格
9	21180203	刘红	88	91	92	95	90	456	91	1	优秀
10	21180204	史东	90	80	85	87	81	423	85	3	优秀
11	21180205	向辉	76	72	78	69	71	366	73	15	及格
12	21180206	任天	68	71	77	71	75	362	72	16	及格
13	21180207	肖遥	72	67	75	66	70	352	70	18	及格
14	21180208	祁浩冉	86	81	84	82	91	424	85	3	优秀
15	21180301	张君	81	79	83	80	84	407	81	8	良好
16	21180302	赵纯中	79	83	80	79	80	401	80	10	良好
17	21180303	吴颢	82	86	88	81	89	426	85	3	优秀
18	21180304	韩海涛	78	81	72	78	79	388	78	12	良好
19	21180305	曾宇	80	76	79	77	78	390	78	12	良好
20	21180306	李爽	85	80	82	81	88	416	83	7	良好

数学	物理	总分
>=85		>=400
	>=85	>=400

序号	学号	姓名	语文	数学	英语	物理	化学	总分	平均分	名次	等级
1	21180101	王方	82	78	85	88	90	423	85	3	优秀
3	21180103	李源源	79	86	91	94	92	442	88	2	优秀
7	21180201	张彤彤	77	70	81	85	89	402	80	10	良好
9	21180203	刘红	88	91	92	95	90	456	91	1	优秀
10	21180204	史东	90	80	85	87	81	423	85	3	优秀
17	21180303	吴颢	82	86	88	81	89	426	85	3	优秀

基本信息　成绩

图 5.45　高级筛选示例

5.6.4　分类汇总

分类汇总是将数据列表中的记录先按照一定的标准分组，然后对同组记录的某些字段进行汇总统计。分类汇总的结果可以按分组明细进行分级显示，以便于显示或隐藏每个分类汇总的明细行。

对数据进行分类汇总，首先要对分类字段进行排序，以使相同的记录排列在一起，这样汇总才有意义。

1．插入分类汇总

插入分类汇总的具体步骤如下。

（1）首先对分类字段进行排序，升序、降序均可。

（2）选择要进行分类汇总的数据区域，或者单击数据区域中的任意单元格。

（3）单击"数据"选项卡|"分级显示"组|"分类汇总"按钮，打开如图 5.46 所示的"分类汇总"对话框。

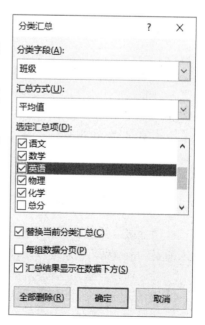

图 5.46　"分类汇总"对话框

（4）在"分类字段"下拉列表中，选择要作为分组依据的字段；在"汇总方式"下拉列表中，选择用于计算的汇总函数；在"选定汇总项"列表框中，选择要进行汇总计算的字段；勾选"每组数据分页"复选框，将对每组分类汇总自动分页；清除"汇总结果显示在数据下方"复选框，汇总行将位于明细行的上方。

（5）单击"确定"按钮，数据列表按指定方式显示分类汇总结果。分类汇总各班各科平均分的结果如图 5.47 所示。

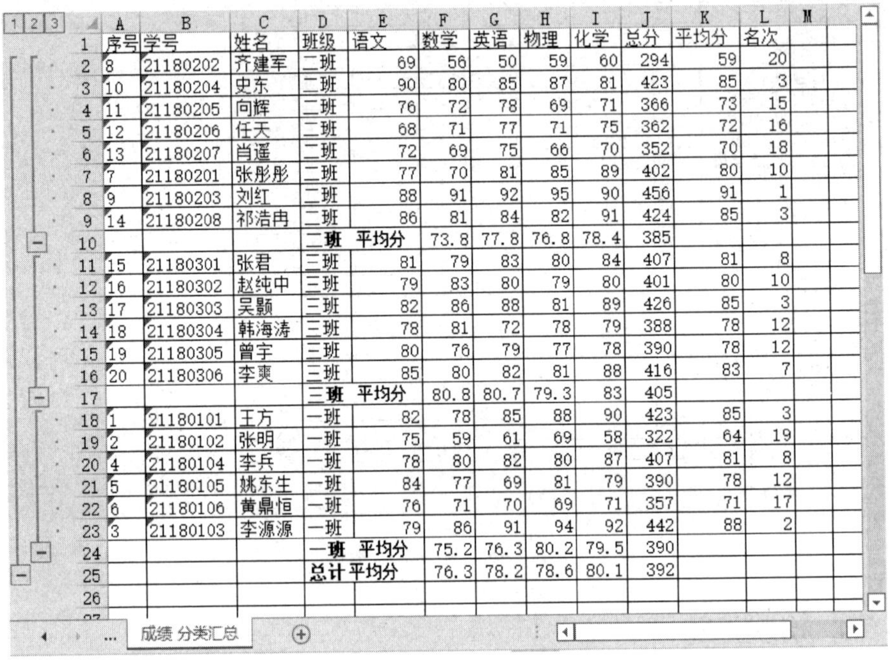

序号	学号	姓名	班级	语文	数学	英语	物理	化学	总分	平均分	名次
8	21180202	齐建军	二班	69	56	50	59	60	294	59	20
10	21180204	史东	二班	90	80	85	87	81	423	85	3
11	21180205	向辉	二班	76	72	78	69	71	366	73	15
12	21180206	任天	二班	68	71	77	71	75	362	72	16
13	21180207	肖遥	二班	72	69	75	66	70	352	70	18
7	21180201	张彤彤	二班	77	70	81	85	89	402	80	10
9	21180203	刘红	二班	88	91	92	95	90	456	91	1
14	21180208	祁洁冉	二班	86	81	84	82	91	424	85	3
			二班	平均分	73.8	77.8	76.8	78.4	385		
15	21180301	张君	三班	81	79	83	80	84	407	81	8
16	21180302	赵纯中	三班	79	83	80	79	80	401	80	10
17	21180303	吴颢	三班	82	86	88	81	89	426	85	3
18	21180304	韩海涛	三班	78	81	72	78	79	388	78	12
19	21180305	曾宇	三班	80	76	79	77	78	390	78	12
20	21180306	李爽	三班	85	80	82	81	88	416	83	7
			三班	平均分	80.8	80.7	79.3	83	405		
1	21180101	王方	一班	82	78	85	88	90	423	85	3
2	21180102	张明	一班	75	59	61	69	58	322	64	19
4	21180104	李兵	一班	78	80	82	80	87	407	81	8
5	21180105	姚东生	一班	84	77	69	81	79	390	78	12
6	21180106	黄鼎恒	一班	76	71	70	69	71	357	71	17
3	21180103	李源源	一班	79	86	91	94	92	442	88	2
			一班	平均分	75.2	76.3	80.2	79.5	390		
			总计	平均分	76.3	78.2	78.6	80.1	392		

成绩 分类汇总

图 5.47　分类汇总各班各科平均分

如果需要，还可以再次使用"分类汇总"命令，添加更多分类汇总。例如，汇总各班各科的最高分，为了避免覆盖现有分类汇总，应取消勾选"替换当前分类汇总"复选框。

从图 5.47 可以看到，分类汇总的结果分级显示，分类汇总结果的左上角有一排数字按钮：为第一层，代表总的汇总结果范围；按钮为第二层，可以显示第一层和第二层的记录，以此类推；按钮表示显示明细数据；按钮表示隐藏明细数据。

2．选择分级显示的数据

当分级显示的数据列表隐藏部分明细后，如果只希望对显示的内容进行操作，如插入图表、复制等，则需要只选择显示的内容，操作步骤如下。

（1）使用分级显示符号、和 隐藏不需要选择的明细数据。

（2）选择需要的单元格区域。

（3）单击"开始"选项卡|"编辑"组|"查找和选择"按钮，然后从下拉列表中选择"定位条件"命令，打开"定位条件"对话框，如图 5.48 所示。

（4）在"定位条件"对话框中，选中"可见单元格"单选按钮，单击"确定"按钮。此时，格式设置、复制或插入图表等操作仅对选中的显示出来的数据生效。

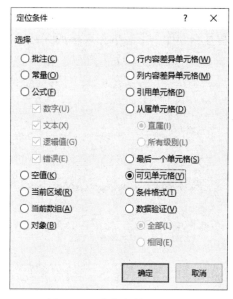

图 5.48　"定位条件"对话框

3．删除分类汇总

如果进行分类汇总操作后，想要回到原始数据清单状态，可以删除当前的分类汇总，删除分类汇总具体操作步骤如下。

（1）在已进行了分类汇总的数据区域中单击任意一个单元格。

（2）单击"数据"选项卡|"分级显示"组|"分类汇总"按钮，打开"分类汇总"对话框。

（3）在"分类汇总"对话框中，单击"全部删除"按钮即可。

5.6.5　合并计算

若要汇总和报告多个工作表中的数据，可以将每个工作表中的数据合并到一个工作表（或主工作表）中。在一个工作表中对数据进行合并计算，则可以更加轻松地对数据进行定期或不定期的更新和汇总。所合并的工作表可以与主工作表位于同一工作簿中，也可以位于其他工作簿中。

例如，使用合并计算功能汇总如图 5.49 所示的三个分店每个商品的销量和销售额，合并计算的具体步骤如下。

图 5.49　合并数据前的各工作表

（1）准备好参加合并计算的工作表，如图 5.49 所示的"A 分店销售情况"、"B 分店销售情况"和"C 分店销售情况"。

（2）切换到放置合并计算结果的工作表，然后单击存放合并数据表格区域的第一个单元格，如"公司"工作表中的 B2 单元格。

（3）单击"数据"选项卡|"数据工具"组|"合并计算"按钮，打开"合并计算"对话框，如图 5.50 所示。

（4）在"函数"下拉列表框中，选择一种汇总方式，此处选择"求和"。

（5）在"引用位置"处添加数据源即需要合并的数据区域，如"A 分店销售情况"工作表中的 A2:C6 单元格区域，然后单击"添加"按钮。同样方法添加工作表"B 分店销售情况"和"C 分店销售情况"的数据区域至"所有引用位置"列表框。

（6）勾选"标签位置"的"首行"和"最左列"复选框，表示使用数据源的列标题和行标题作为汇总数据表格的列标题和行标题，相同标题的数据将进行合并计算。

（7）单击"确定"按钮，合并计算结果如图 5.51 所示。

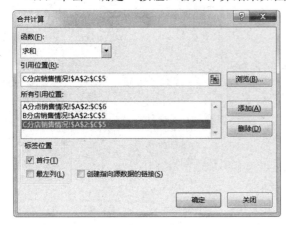

图 5.50 "合并计算"对话框

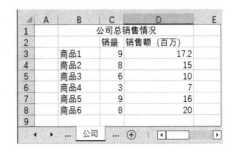

图 5.51 合并计算结果

提示：合并计算结果的第一个列标题默认不填充，且不会复制数据源的单元格格式，需要自己添加和设置。

若用户希望合并计算结果能够随着数据源的变化而自动更新，可以在"合并计算"对话框中勾选"创建指向源数据的链接"复选框。但只有当被合并的数据位于另一个工作簿中时，才能勾选"创建指向源数据的链接"复选框；一旦勾选此复选框，则不能再更改合并计算中包括的数据区域，若要更改合并计算中包括的数据区域，则要清除"创建指向源数据的链接"复选框。

思 考 题

1．工作簿、工作表、单元格的含义及三者之间的关系是什么？

2．一个单元格可以包含哪些元素？怎么删除这些元素？

3．什么时候使用选择性粘贴？

4．什么时候使用数据验证？

5．怎样只选择设置了数据验证的单元格？

6．条件格式常用的规则类型有哪些？

7．常用的图表元素有哪些？怎么设置图表的布局？

8．高级筛选的条件区域有什么要求？

9．分类汇总的步骤是什么？

10．在什么情况下应用合并计算？

第6章　演示文稿制作软件

本章导读

演示文稿制作软件主要用于设计和制作广告宣传、产品展示、课堂教学课件等电子幻灯片，其制作的演示文稿可以通过计算机屏幕或投影仪播放，是人们在各种场合下进行信息交流的重要工具，它的主要功能是将各种文字、图形、图表、音频、视频等多媒体信息以图片的形式展示出来。在 PowerPoint 2016 中，将这种制作出的图片称为幻灯片，而一张张幻灯片组成的文件称为演示文稿文件，其默认扩展名为.pptx。

PowerPoint 2016 是 Office 2016 的组件之一，是专门用于制作幻灯片的软件。相对于 PowerPoint 2013 来说，PowerPoint 2016 新增了 Office 主题、设计创意、墨迹公式、"Tell Me"助手、屏幕录制和开始墨迹书写等功能，以帮助用户快速地完成更多的工作。

6.1　演示文稿的启动与界面

6.1.1　PowerPoint 2016 的启动

PowerPoint 2016 的启动与 Word 2016 的启动相似，常用的方法如下。

方法 1：单击桌面左下角的"开始"按钮，在打开的菜单中单击"PowerPoint 2016"命令。

方法 2：双击桌面上 PowerPoint 2016 的快捷图标。

方法 3：右击桌面空白处，选择快捷菜单中的"新建|Microsoft PowerPoint 演示文稿"命令，在桌面创建该命令的图标，双击该图标。

方法 4：通过关联文件启动：直接双击演示文稿文件，可以启动 PowerPoint 2016 并打开该演示文稿文件。

方法 5：在电脑的磁盘上找到 PowerPoint 2016 的主程序文件，双击启动。

PowerPoint 2016 启动后，其界面如图 6.1 所示。

6.1.2　PowerPoint 2016 的窗口和视图方式

1．PowerPoint 2016 的窗口

Office 2016 各个组件的界面都有相似之处，都有标题栏、快速启动工具栏、功能区及状态栏等，PowerPoint 2016 有着与其他各组件相似的窗口，也有自己的独特之处。PowerPoint 2016 窗口中主要的组成元素如图 6.1 所示。

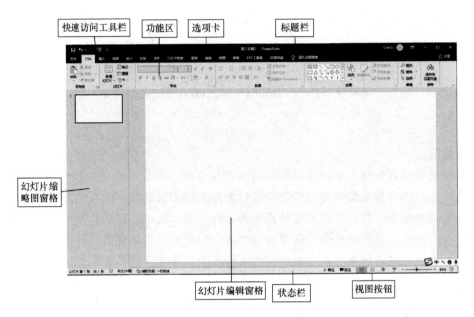

图 6.1 PowerPoint 2016 界面

（1）幻灯片缩略图窗格（也称为任务窗格或幻灯片|大纲窗格）：位于窗口的左侧，以缩略图的形式显示幻灯片。在此窗格中每张幻灯片前有编号，用于显示幻灯片的顺序，可以对幻灯片进行复制、移动、删除等操作。

（2）幻灯片编辑窗格：位于窗口的中部，是制作 PowerPoint 演示文稿的主体部分，用于显示、编辑当前幻灯片的内容。

（3）占位符：位于幻灯片窗格中，单击占位符，即可在该区域中输入或插入内容。

（4）备注窗格：位于窗口的中下部，可输入该幻灯片的说明或注释等备注信息。备注窗格的内容在幻灯片放映时不显示，只出现在备注窗格里，以供参考。

（5）视图按钮：位于窗口的右下部，分别是"普通视图"、"幻灯片浏览"、"阅读视图"和"幻灯片放映"。单击某一按钮，即可切换到相应的视图方式。

视图方式的切换还可以使用另一种方法：单击"视图"选项卡（如图 6.2 所示）|"演示文稿视图"组中的按钮，可以选择相应的视图方式（此处比状态栏中的视图方式按钮多了"备注页"和"大纲"视图按钮，少了一个"幻灯片放映"按钮）。

图 6.2 "视图"选项卡

2．PowerPoint 2016 的视图模式

PowerPoint 2016 共有 6 种视图模式，分别为普通视图、幻灯片浏览视图、备注页视图、阅读视图、幻灯片放映视图和增加的大纲视图。

1）普通视图

普通视图是主要的编辑视图，也是 PowerPoint 2016 的默认视图，可用于撰写或设计演示文稿。普通视图有 3 个工作区域：左侧为"幻灯片|大纲"窗格；右侧为幻灯片编辑窗格；底部为"备注"窗格。

2）幻灯片浏览视图

在幻灯片浏览视图中，屏幕上可以同时看到演示文稿的多张幻灯片的缩略图。此模式下可以方便地浏览整个演示文稿中各张幻灯片的整体效果，以决定是否要改变幻灯片的版式、设计模式和配色方案等，也可在该模式下排列、添加、复制或删除幻灯片，但不能编辑单张幻灯片的具体内容。

3）备注页视图

在备注页视图中，上部显示小版本的幻灯片，下部显示备注窗格中的内容。此视图模式下可以很方便地编辑备注文本内容，也可以对文本进行格式设置。同时，表格、图表、图片等多种对象也可插入备注页中，这些对象会在打印的备注页中显示出来，但不会在其他几种视图中显示。

4）阅读视图

幻灯片放映时默认是全屏放映，阅读视图可以根据当前窗口大小放映幻灯片，而不需要全屏放映。在该视图模式下，只保留幻灯片窗格、标题栏和状态栏，其他编辑功能被屏蔽，目的是用于幻灯片制作完成后的简单放映浏览。

5）幻灯片放映视图

在幻灯片放映视图下，用户可以看到演示文稿的演示效果，如图形、计时、音频、视频及各种动画等。

6）大纲视图

大纲视图和普通视图布局差不多，区别在于大纲视图以大纲形式显示幻灯片中的标题文本，主要用于查看、编辑幻灯片中的文字内容。

6.1.3 退出 PowerPoint 2016

方法 1：单击 PowerPoint 2016 窗口右上角的"关闭"按钮。

方法 2：在 PowerPoint 2016 窗口中选择"文件"选项卡|"关闭"命令。

方法 3：双击"快速访问工具栏"中最左侧区域，或者单击该区域，选择快捷菜单中的"关闭"命令。

方法 4：使用 Alt+F4 组合键。

PowerPoint 2016 与以前的版本 PowerPoint 2010 相比，去掉了"文件"选项卡中的"退出"命令。

6.2 演示文稿的创建与保存

PowerPoint 中演示文稿的创建、打开、保存等有关文件的操作是在"文件"选项卡中完成的，"文件"选项卡中的相关命令与 Word 2016 和 Excel 2016 中的命令功能是基本相同的。

6.2.1 新建空白演示文稿

空白演示文稿是一种最简单的演示文稿，其幻灯片中不包含任何背景和内容，用户可自由地添加对象、应用主题、配色方案及动画方案。新建空白演示文稿的方法有 3 种。

方法 1：启动 PowerPoint 2016 后，自动新建一个空白演示文稿，默认名称为"演示文稿 1"。

方法 2：在 PowerPoint 2016 窗口中，按 Ctrl+N 组合键。

方法 3：在 PowerPoint 2016 窗口中，单击"文件"选项卡|"新建"命令，在"新建"区域中单击"空白演示文稿"。

6.2.2 利用模板或主题快速创建演示文稿

模板是指在外观或内容上已经为用户进行了一些预设的文件。这些模板大都是用户经常使用的类型或专业的样式。利用模板创建演示文稿时就不需要用户完全从头开始制作，从而节省了时间，提高了工作效率。

在 PowerPoint 2016 窗口中，单击"文件"选项卡|"新建"命令，在"新建"区域中选择模板或主题，单击"电路"主题选项（如图 6.3 所示）可以创建该主题的演示文稿，也可以在搜索框中选择"联机模板和主题"。

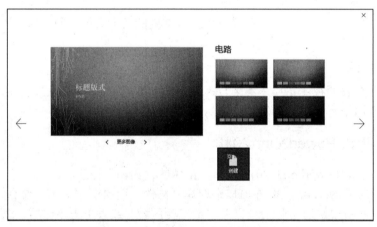

图 6.3 使用"电路"主题创建演示文稿

6.2.3 保护演示文稿

单击"文件"选项卡|"另存为"命令，打开"另存为"对话框，单击"另存为"对话框中的"工具"按钮，在弹出的下拉菜单中单击"常规选项"命令，可以看到打开的"常规选项"对话框中有"打开权限密码"和"修改权限密码"设置，如图 6.4 所示。

若设置"打开权限密码"，则打开该演示文稿时需输入密码，打开后用户既可以浏览演示文稿内容，也可以修改演示文稿内容。

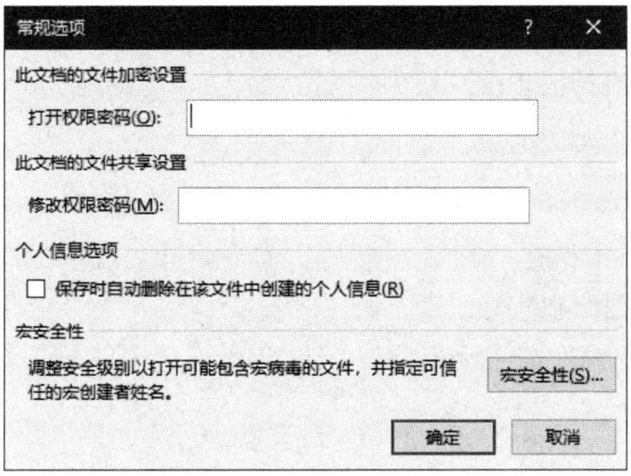

图 6.4 "常规选项"对话框

若设置"修改权限密码",则打开演示文稿时会提示输入修改权限密码,若正确输入,则用户既可以浏览演示文稿内容,也可以修改演示文稿内容,若不输入,则用户只能浏览演示文稿内容而不能修改演示文稿内容。

若想去掉设置的打开权限密码和修改权限密码,首先需要正确输入密码打开演示文稿,然后重复设置密码的步骤,在填写密码时将文本框中的密码清除为空,单击"确定"按钮即可。

演示文稿的打开、保存、关闭等操作与其他 Office 2016 组件相同,请参考 Word 2016 部分内容,此处不再赘述。

6.3 幻灯片的编辑

6.3.1 创建和组织幻灯片

1. 创建幻灯片

在演示文稿中创建幻灯片有以下几种方法。

1)从"开始"选项卡下插入

首先在"幻灯片|大纲"窗格中选定一张幻灯片,然后单击"开始"选项卡|"幻灯片"组|"新建幻灯片"按钮。

该按钮分为上下两部分,若单击上部(Ctrl+M 组合键),则直接在被选中的幻灯片后面新建一个与被选中幻灯片版式相同的幻灯片;若单击下部,则会弹出下拉列表让用户选择幻灯片的版式。

在该下拉菜单的下部有"重用幻灯片"命令,该命令可将其他演示文稿中的幻灯片插入当前演示文稿。单击该命令会弹出"重用幻灯片"窗格,如图 6.5 所示,在该窗格中单击"浏览"按钮,在弹出的"浏览"对话框中找到要插入的演示

图 6.5 "重用幻灯片"窗格

文稿，单击"打开"按钮，这样该演示文稿中的所有幻灯片都会显示到"重用幻灯片"窗格，单击要插入的幻灯片即可。

2）"幻灯片|大纲"窗格插入

（1）在"幻灯片|大纲"窗格中单击某张幻灯片的缩略图，选中一张幻灯片后右击，在弹出的快捷菜单中选择"新建幻灯片"命令，即可在被选中的幻灯片后面新建一张与被选中幻灯片版式相同的幻灯片。

（2）选中幻灯片，然后按 Enter 键，同样会在被选中的幻灯片后面新建一张与选中幻灯片同版式的幻灯片。

2．浏览幻灯片

在普通视图中，可以通过在"幻灯片|大纲"窗格中单击想要浏览的幻灯片进行浏览。也可以单击"视图"选项卡|"幻灯片浏览"按钮，切换到"幻灯片浏览"视图浏览。

3．选择幻灯片

选择单张幻灯片，在"幻灯片|大纲"窗格中，单击幻灯片缩略图即可。

选择连续多张幻灯片，可以先选中连续多张幻灯片中的第一张，然后按住 Shift 键，再单击连续多张幻灯片中的最后一张。

选择不连续的多张幻灯片，则按住 Ctrl 键，依次单击要选的幻灯片。

提示：这里幻灯片的选择方法与 Windows 中的资源管理器中选择文件的方法类似。

4．删除幻灯片

选中要删除的幻灯片，然后按 Delete 键或 Backspace 键即可，或选中要删除的幻灯片后，右击，在弹出的快捷菜单上选择"删除幻灯片"命令。若要撤销此次删除操作，可按 Ctrl+Z 组合键。

5．移动或复制幻灯片

（1）可以通过鼠标拖动操作完成移动或复制幻灯片，选中源幻灯片，按住鼠标左键不放进行拖动，此时将出现一条虚线用于标示幻灯片所移至的位置，释放鼠标左键后该幻灯片即被移动。复制幻灯片与移动幻灯片操作类似，选中源幻灯片，按住鼠标左键进行拖动的同时按住 Ctrl 键不放即可复制幻灯片。

（2）通过快捷菜单复制幻灯片选中源幻灯片，在其上右击，在弹出的快捷菜单中有"复制"命令和"复制幻灯片"命令。若选择"复制"命令，则选定的幻灯片被复制到剪贴板，然后再在要粘贴的位置右击，执行"粘贴选项"命令，此时粘贴选项中应有 3 个选择项，分别是"使用目标主题"、"保留源格式"和"图片"。

① "使用目标主题"是指被粘贴的幻灯片使用目标位置幻灯片的主题。

② "保留源格式"是指被粘贴的幻灯片使用其原有的主题。

③ "图片"是指被粘贴的幻灯片以图片形式粘贴到目标位置幻灯片内。

若选择"复制幻灯片"命令，则将被选中的幻灯片复制并粘贴到当前位置的后面。

（3）通过"开始"选项卡移动或复制幻灯片。

提示："复制"命令下拉菜单里面有两个"复制"命令。上面的"复制"命令是将选中的幻灯片复制到剪贴板中；下面的"复制"命令（Ctrl+D 组合键）则将被选中的幻灯片复制并粘贴到当前位置的后面，功能和快捷菜单中的"复制幻灯片"命令相同。

"剪贴板"中的"粘贴"命令也有两个，上面为普通的粘贴，下面为选择性粘贴。

6．重设幻灯片

取消或修改幻灯片中的样式，需要选中幻灯片，右击，在弹出的快捷菜单中选择"重设幻灯片"命令，幻灯片将恢复到初始样式状态。

7．隐藏幻灯片

选中目标幻灯片，右击，在弹出的快捷菜单中选择"隐藏幻灯片"命令即可。被隐藏的幻灯片在编辑状态下可见，在放映状态下被隐藏。若要取消隐藏，则选中被隐藏的幻灯片在快捷菜单中再次执行"隐藏幻灯片"命令即可。被隐藏的幻灯片序号上出现一条灰色的对角线，如图 6.6 所示，表示该幻灯片被隐藏。

8．设置幻灯片版式

幻灯片的布局格式也称为幻灯片版式，是对幻灯片内容布局效果的一种设置方法。应用幻灯片版式使幻灯片的制作更加整齐、简洁。创建演示文稿后，新建的演示文稿默认包含一张版式为"标题幻灯片"的幻灯片，PowerPoint 2016 主要为用户提供 11 种版式，如图 6.7 所示，如"标题幻灯片"、"标题和内容"幻灯片、"空白"幻灯片等。

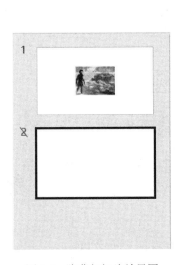

图 6.6　隐藏幻灯片效果图

图 6.7　幻灯片的各种版式

常用的设置幻灯片版式的方法有以下 3 种。

（1）通过新建幻灯片时设置，与"开始"选项卡|"幻灯片"组中添加新幻灯片相同。

（2）通过"版式"命令设置。选中目标幻灯片，单击"开始"选项卡|"幻灯片"组|"版式"按钮，在弹出的下拉菜单中单击要设置的版式即可。

（3）通过鼠标右键菜单设置。选中目标幻灯片，右击，在弹出的快捷菜单中选择"版式"命令，在弹出的级联菜单中选择要设置的版式即可。

6.3.2　编辑幻灯片

每张幻灯片通常由以下几个元素组成。

1）背景

应用设计模板生成的幻灯片具有预先设计好的背景图形、填充效果及配色方案，所有这些预定义的效果都可以修改或删除。

2）标题

通常每张幻灯片都有一个标题。每个演示文稿通常也有一张标题幻灯片，该幻灯片包含该演示文稿的标题、副标题以及该演示文稿的其他信息，如该演示文稿的作者等。

3）正文

正文即用户输入的内容，经常以符号列表或编号列表的格式出现。

4）占位符

占位符是由虚线组成的框，用于包括添加到幻灯片中的文本和对象（如框图、表格、照片或多媒体文件）。在 PowerPoint 2016 中，某些占位符也具有移动控制点，可以通过拖动控制点来控制幻灯片中占位符的位置。

5）页脚

页脚表示幻灯片底部的一个区域，可以在这里注明用户的单位名称和幻灯片的主题，也可以删除这个部分。

6）日期和时间

日期和时间显示在幻灯片的底部，此项可设置为自动更新，也可以删除。

7）编号

默认情况下，编号显示在幻灯片的底部，也可以移动或删除。

1．占位符

占位符是一种由虚线组成的框，在该框内可以放置标题及正文，或者图表、表格和图片等对象，幻灯片中的占位符如图 6.8 所示。

1）选择占位符

将光标移至占位符的虚线框上，当光标变为四向箭头形状时，单击即可选中该占位符，若单击占位符内部，则表示进入该占位符，可在占位符中输入与编辑文本。

单击"开始"选项卡|"编辑"组|"选择"按钮，在弹出的下拉菜单中选择"选择窗格"命令，则可弹出"选择"窗格，可以选择窗格中列出的所有对象。

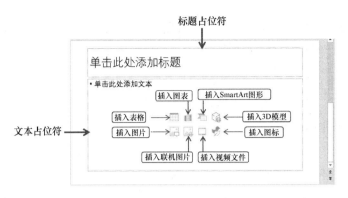

图 6.8　幻灯片中的占位符

2）移动占位符

将光标移至占位符的虚线框上，当光标变为四向箭头形状时，按住鼠标左键，拖动占位符到目的位置即可完成移动。用户也可以先选中占位符，然后使用键盘上的方向键移动占位符至目的位置。

3）调整占位符大小

选中目标占位符，将光标移动到占位符的控制点上，当光标变为双向箭头形状时，按住鼠标左键拖动即可（与 Windows 操作系统中窗口操作类似）。

4）复制占位符

（1）使用"剪贴板"功能。选中目标占位符，单击"开始"选项卡|"剪贴板"组|"复制"或"剪切"按钮，然后在目的位置单击"开始"选项卡|"剪贴板"组|"粘贴"按钮即可。也可以右击占位符，在弹出的快捷菜单中执行"复制"、"剪切"或"粘贴"命令。

（2）使用鼠标操作。移动鼠标指向占位符的框线位置，鼠标指针变为四向箭头形状时，拖动鼠标同时按住 Ctrl 键，则可以完成占位符的复制操作。

5）删除占位符

选中目标占位符，按 Delete 键即可删除占位符。也可以将光标移至占位符的虚线框上，当光标变为四向箭头形状时，右击并在快捷菜单中选择"剪切"命令。

6）旋转占位符

选中目标占位符，将光标移动至占位符的圆形控制点上拖动鼠标即可旋转占位符。也可以选中目标占位符，然后单击"绘图工具|格式"选项卡|"排列"组|"旋转"按钮，在弹出的下拉菜单中选择旋转的角度。

7）对齐占位符

选中目标占位符，然后单击"绘图工具|格式"选项卡|"排列"组中|"对齐"按钮，在弹出的下拉菜单中选择对齐方式即可。

8）设置占位符样式

选中目标占位符，然后在"绘图工具|格式"选项卡|"形状样式"组|中可设置占位符

的样式、填充色、轮廓及形状等（此处占位符的格式化与形状的格式化基本一致）。

提示：对占位符的移动、复制、删除等操作都是包括占位符里面的内容的。

2．输入文本

在幻灯片中输入文本一般有 4 种方式。

1）在占位符中输入文本

单击占位符内部，光标变为闪烁的"|"形状时即可输入文本。

2）在文本框中输入文本

首先通过"插入"选项卡|"文本框"按钮向幻灯片内插入一个文本框，然后单击文本框内部，光标变为闪烁的"|"形状时即可输入文本。

3）在"幻灯片|大纲"窗格中输入文本

单击"视图"选项卡|"大纲视图"按钮切换到大纲视图，在"幻灯片|大纲"窗格中将光标定位到需要输入文本的幻灯片对象，输入文本即可将文本输入至幻灯片中对应的占位符内。

4）将 Word 文档转化为演示文稿

首先在 Word 中调整文本的大纲级别，调整好后保存并关闭，然后单击"开始"选项卡|"幻灯片"组|"新建幻灯片"按钮，在弹出的下拉菜单中执行"幻灯片（从大纲）"命令在弹出的"插入大纲"对话框中选择刚才调整好格式 Word 文档，单击"插入"按钮即可。

提示：Word 文档必须首先进行大纲调整，否则不能成功转化为需要的演示文稿。

3．编辑文本

对文本的修改、复制、剪切、粘贴和删除等操作与在 Word 中完全相同，在此不再赘述。

6.3.3　格式化幻灯片

1．设置字体格式

选中需要设置字体格式的文本，然后单击"开始"选项卡|"字体"组中相关按钮即可设置文本的字体、字号、颜色、加粗、倾斜、下画线、间距、阴影、删除线等。也可以单击"字体"组中右下角的启动按钮，打开"字体"对话框（如图 6.9 所示）进行字体格式设置（字体格式设置与前面的 Word 2016 软件中的操作基本一样，此处不再赘述）。

2．设置文本的段落格式

选中需要设置段落格式的文本，然后单击"开始"选项卡|"段落"组|中的相关按钮即可设置段落的对齐方式、缩进方式、文字方向、行间距、段间距以及分栏、项目符号和编号等。也可以单击"段落"组中右下角的启动按钮，打开"段落"对话框（如图 6.10 所示），在对话框中进行段落格式设置。

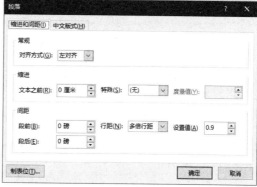

图 6.9 "字体"对话框   图 6.10 "段落"对话框

6.3.4 插入对象

1．插入文本框、图片、表格、公式、图表和艺术字

在幻灯片中使用文本框、图片、表格、公式、图表和艺术字等可以美化幻灯片并增强演示效果。插入这些对象时首先选中目标幻灯片，然后单击"插入"选项卡中的相关按钮即可。这些对象的插入与格式化操作与第 4 章 Word 2016 中的操作基本相同，在此不再赘述。

这里仅介绍插入"相册"功能。

（1）单击"插入"选项卡|"图像"组|"相册"按钮，在弹出的下拉列表中单击"新建相册"选项。

（2）打开"相册"对话框，在"相册内容"栏中单击"文件|磁盘"按钮，打开"插入新图片"对话框（如图 6.11 所示），在该对话框中选择要插入的图片，单击"插入"按钮，返回到"相册"对话框，单击"创建"按钮，此时创建了一个标题为"相册"的演示文稿。

（3）在创建的演示文稿中，打开"插入"选项卡，单击"图像"组中的"相册"按钮，在弹出的下拉列表中单击"编辑相册"选项，打开"编辑相册"对话框，在"相册版式"栏中设置相册的图片版式、相框形状和主题，在右侧预览区中预览效果。

（4）在"编辑相册"对话框中，勾选"相册中的图片"列表框中的图片复选框，在列表框的下方可以对图片进行移动和删除。

相册功能是将图片插入幻灯片中，我们可以使用其他功能在此基础上对幻灯片进行进一步的编辑和格式化，如添加音频和文字，制作出多媒体电子相册。

2．插入音频对象

在 PowerPoint 2016 中，幻灯片中可以插入音频文件以及自己录制的旁白等。PowerPoint 2016 支持的音频文件格式有 .aiff、.wav、.wma、.mp3、.mid、.m4a、mp4、.au、.aac。

图 6.11 "插入新图片"对话框

1）插入音频文件

单击"插入"选项卡|"媒体"组|"音频"按钮，在弹出的列表中有两种插入音频文件的方式："PC 上的音频"和"录制音频"（如图 6.12 所示）。前者是插入已有的音频文件中的音频，后者是启动录音程序录制音频。

2）剪裁音频文件

选中声音图标，然后单击"音频工具|播放"选项卡（如

图 6.12 插入音频

图 6.13 所示）|"编辑"组|"剪裁音频"按钮，将弹出"剪裁音频"对话框，可以对音频进行简单的剪裁处理。

图 6.13 "音频工具|播放"选项卡

3）设置音频播放方式

插入音频后，可以在"音频工具|播放"选项卡|"音频选项"组中选择音频的播放方式，音频播放方式有以下 3 种。

（1）自动：声音将在幻灯片开始放映时自动播放，直到声音结束。

（2）单击时：在幻灯片放映时声音不会自动播放，只有单击声音图标或启动声音的按钮时，才会播放声音。

（3）跨幻灯片播放：当演示文稿中包含多张幻灯片时，声音的播放可以从当前幻灯片延续到后面的幻灯片，不会因为幻灯片的切换而中断。需要注意的是，剪裁过的声音若选择跨幻灯片播放方式，则不会只播放剪辑部分，而是播放全部音频文件。

4）录制音频

PowerPoint 2016 还允许用户自行录制音频。单击"插入"选项卡|"媒体"组|"音频"按钮，在弹出的下拉菜单中选择"录制音频"命令，弹出"录音"对话框，单击 ⬤ 按钮，开始录音，单击 ▇ 按钮停止录音，再单击"确定"按钮即可保存录音。

若要删除幻灯片中插入的音频对象，只需在幻灯片中单击选定 🔊 图标，按Delete 键或 Backspace 键将其删除即可。

3. 插入视频对象

PowerPoint 2016 支持的视频文件格式有.asf、.avi、.mov、.wmv、.mpg、.m4v、.mpeg、mp4、.swf 等。

1）插入视频

单击"插入"选项卡|"媒体"组|"视频"按钮，在弹出的快捷菜单中有 2 种插入视频的方式，分别为"联机视频"和"PC 上的视频（此设备）"。

2）剪裁视频

首先在幻灯片中插入视频，选中插入的视频，然后单击"视频工具|播放"选项卡（如图 6.14 所示）|"编辑"组|"剪裁视频"按钮，将弹出"剪裁视频"对话框。拖动中间滚动条两端的绿色或红色滑块剪裁视频文件的开头或结尾处，或者在"开始时间"数值框中输入视频播放开始的时间，在"结束时间"数值框中输入视频播放结束的时间。

3）调整视频的海报框架

海报框架（PowerPoint 2010 版本中称为"标牌框架"）是指视频文件在没有正式播放的时候所展示的画面。在默认情况下，插入的视频的海报框架为黑色或视频的第一帧画面，用户可根据需要调整视频的海报框架，用其他图片或视频的预览图像来代替。

选中视频后，单击"视频工具|格式"选项卡|"调整"组|"海报框架"按钮，在弹出的快捷菜单上选择"文件中的图像"，打开"插入图片"对话框，找到满足需要的图片插入即可。也可以在视频的播放过程中选择"海报框架"按钮下拉菜单中的"当前帧"命令，将截取视频播放过程中的画面作为视频的海报框架。

4）设置视频播放方式

在"视频工具|播放"选项卡的"视频选项"组中选择视频的播放方式，操作选项与音频播放方式相似，在此不再赘述。另外，播放视频时还可以全屏播放，勾选"全屏播放"前的复选框即可。

5）设置视频特效

选中视频文件后，单击"视频工具|格式"选项卡，可以设置视频的颜色、对比

度、亮度、效果、形状和边框等特效。

图 6.14 "视频工具|播放"选项卡

4. 插入幻灯片页眉页脚

单击"插入"选项卡|"文本"组|"页眉和页脚"按钮，启动"页眉页脚"对话框（如图 6.15 所示）。单击对话框中"幻灯片"选项卡，按照需要选择或输入相关设置。单击"全部应用"按钮，所设置的页眉和页脚被添加到整个演示文稿的幻灯片中。单击"应用"按钮，则此"页眉页脚"设置只添加到当前正处于编辑区的幻灯片中。

在"幻灯片"选项卡下勾选"日期和时间"复选框，表示在幻灯片的"日期区"显示日期和时间；若选择了"自动更新"单选按钮，则时间域会随着制作日期和时间的变化而改变。

勾选"幻灯片编号"复选框，则每张幻灯片上将增加编号；勾选"页脚"复选框，并在页脚区输入内容，可作为每页的页脚注释。勾选"标题幻灯片中不显示"复选框，则"标题"版式幻灯片上不显示"页眉页脚"。

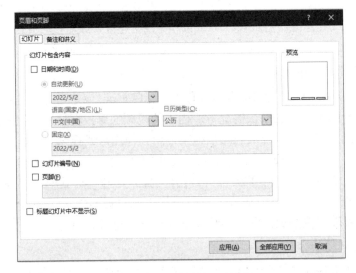

图 6.15 "页眉页脚"对话框

6.3.5 用节管理幻灯片

"节"是 PowerPoint 2016 的一个幻灯片管理功能，当演示文稿包含的幻灯片较多时，使用节管理幻灯片可以实现对幻灯片的快速导航，还可以对不同节的幻灯片设置不同的背景、主题等。

1．新增节

在默认情况下，每个演示文稿只有一个节，用户要想增加新的节只需要在"幻灯片|大纲"窗格中选中要分节的幻灯片，右击并在弹出的快捷菜单中执行"新增节"命令即可，如图 6.16 所示。

新增节后，第一节默认被称为"默认节"，第二节默认被称为"无标题节"，并显示在"幻灯片|大纲"窗格中。

2．编辑节

用户可以在节标题上右击，在弹出的快捷菜单（如图 6.16 所示）中对节进行展开、折叠、重命名、移动或删除操作。

折叠|展开节：单击节名称左侧的三角号按钮，幻灯片被折叠，以节的名称显示。单击节名称左侧的三角号按钮，展开节中所包含的幻灯片。

选定节：单击选定节的名称，则选定该节中所有幻灯片。

删除节：在要删除的节名称上右击，在弹出的快捷菜单中选择"删除节"命令。

图 6.16　节的插入与编辑

6.3.6　幻灯片外观的修饰

1．背景

背景既可以是单色块，也可以是渐变过渡色、底纹、图案、纹理或图片。设置幻灯片背景的操作步骤如下。

选中目标幻灯片，单击"设计"选项卡|"自定义"组|"设置背景格式"按钮，在弹出的下拉菜单中选择需要的背景即可。也可以单击"设计"选项卡|"变体"组|"其他"按钮，在弹出的下拉菜单中选择"背景样式"里"设置背景格式"即可。PowerPoint 2016 提供的背景格式设置方式有纯色填充、渐变填充、图片或纹理填充、图案填充 4 种。

1）纯色填充

单击"设置背景格式"对话框，选中"纯色填充"|"颜色"前的单选按钮，在弹出的下拉菜单中选择合适的颜色即可。若想对其他幻灯片中的背景也做同样设置，则需单击"全部应用"按钮。在其他 3 种设置方式中也是这样操作，下面不再赘述。

2）渐变填充

在"设置背景格式"对话框中选中"渐变填充"，在"预设颜色"里设置渐变色的基本色调，在"类型"、"方向"和"角度"里设置颜色变化类型、变化方向和变化角度。还可以通过"添加|删除渐变光圈"增减光圈的个数和颜色等，如图 6.17 所示。

3）图片或纹理填充

在"设置背景格式"对话框中选中"图片或纹理填充"，在"纹理"里设置背景的纹理。若想使用图片填充，则可通过"图片源"|"插入"按钮插入自己准备的图片。

4）图案填充

在"设置背景格式"对话框中选中"图案填充"，在列表里选择合适的图案。还可以通过"前景色"和"背景色"按钮调整图案的颜色。

图 6.17　幻灯片背景格式设置

2．主题

主题是指对幻灯片中的标题、文字、图片、背景等项目设定一组配置，包括主题颜色、主题字体和主题效果。PowerPoint 2016 提供了多种内置主题，可以快速统一演示文稿的外观。与模板不同，主题不提供内容，仅提供格式。同一个演示文稿中的幻灯片可以使用同一种主题，也可以使用多种主题。用户可以自由选择主题，也可以自定义新的主题。

1）应用主题

单击"设计"选项卡|"主题"组|"其他"按钮，在下拉列表中选择合适的主题单击即可，如图 6.18 所示。在默认情况下，应用主题时会同时更改所有幻灯片的主题，若想只更改当前幻灯片的主题，需在主题上右击，在弹出的快捷菜单中选择"应用于选定幻灯片"命令。有的主题还提供了变体功能，使用该功能可以在应用主题效果后，对其中设计的变体进行更改，如背景颜色、形状样式上的变化等。

图 6.18　幻灯片主题

2）自定义主题

若用户需要自定义主题，则可以单击"设计"选项卡|"变体"组|"其他"按钮下的"颜色"、"字体"和"效果"选项进行自定义。

3．幻灯片的大小设计

PowerPoint 2016 中内置了标准（4：3）和宽屏（16：9）两种幻灯片大小，而宽屏（16：9）是默认的幻灯片大小，当需要用标准（4：3）大小时，单击"设计"选项卡|"自定义"组|"幻灯片大小"按钮，在下拉菜单中选择"标准（4：3）"即可。

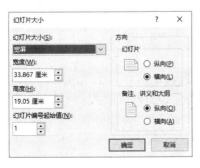

图 6.19　"幻灯片大小"对话框

除内置大小外，PowerPoint 2016 还可以自定义幻灯片大小。单击"设计"选项卡|"自定义"组|"幻灯片大小"按钮，在下拉菜单中选择"自定义幻灯片大小"，弹出"幻灯片大小"对话框（如图 6.19 所示），在对话框中输入高度和宽度值，单击"确定"即可。

4．母版

母版是模板的一部分，主要用来定义演示文稿中所有幻灯片的格式，其内容主要包括文本与对象在幻灯片中的位置、文本与对象占位符的大小、文本样式、效果、主题颜色、背景等信息。PowerPoint 2016 主要提供了幻灯片母版、备注母版和讲义母版3种。

1）幻灯片母版

（1）幻灯片母版版式

在 PowerPoint 2016 中，系统提供了一套幻灯片母版，包括 1 个主版式和 11 个其他版式。单击"视图"选项卡|"母版视图"组|"幻灯片母版"按钮，会弹出"幻灯片母版"选项卡和窗格（如图 6.20 所示），选中目标版式，可以进行插入、删除、重命名、设置主题、背景、标题、页脚等操作。

图 6.20　幻灯片母版编辑界面

选中主版式进行格式化设置时，格式化命令会改变演示文稿中所有版式的幻灯片格式；选中其他 11 个版式进行格式化设置时，则只会改变演示文稿中与选中版式同版式的幻灯片的格式。需要注意的是，"标题"和"标题和内容"这两个版式母版不允许删除。

（2）编辑幻灯片母版

PowerPoint 2016 允许用户对幻灯片母版进行添加、删除、重命名以及设置主题、背景等操作，操作方式与编辑版式相似，唯一区别是操作前用户需要选中幻灯片母版的主版式而不是选中其他某一版式。编辑好版式或幻灯片母版后，关闭母版视图，单击"开始"选项卡|"版式"按钮，从弹出的下拉列表中可以看到新编辑的版式和幻灯片母版。

（3）幻灯片母版的页面设置

在"幻灯片母版"选项卡中还可以对其进行页面设置。单击"大小"组|"幻灯片大小"按钮会弹出"幻灯片大小"对话框。在该对话框中可设置幻灯片大小、方向、起始编号等。

（4）幻灯片母版的页眉、页脚设置

单击"幻灯片母版"选项卡|"母版版式"组|"页脚"复选框，若将其勾选，则在母版下部出现 3 个并排的文本框，分别代表日期、页脚和编号。若不勾选，则这 3 个文本

框都被隐藏。若只想保留其中的某几个，则需选中不保留的文本框，按 Delete 键删除。

在幻灯片母版中没有专门设置页眉的选项，但用户可在幻灯片母版主版式中插入文本框、形状等对象并在其中添加文本，也可以实现页眉效果。

2）讲义母版

讲义母版通常用于教学备课中，可以显示多张幻灯片的内容，便于用户对幻灯片进行打印和快速浏览。

3）备注母版

备注母版也常用于教学备课中，其作用是演示文稿中各幻灯片的备注和参考信息，由幻灯片缩略图和页眉、页脚、日期、正文码等占位符组成。

6.4 幻灯片动画与切换设计

6.4.1 设置幻灯片动画效果

幻灯片动画效果是演示文稿软件的特色功能之一，允许将一张幻灯片上的对象元素（占位符、图片、图形、文本框、艺术字等）按照用户指定的方式和次序投影到幻灯片中，可以提供出更为丰富的展示形式。对用户而言，可以把一张幻灯片的动画设计工作，看成一台舞台剧的设计，幻灯片就是"舞台"，幻灯片中的元素就是"演员"，演员按照"导演"的要求依次出场和表演。

PowerPoint 2016 提供了进入动画、强调动画、退出动画和动作路径 4 种类型的动画效果，每种动画效果下又包含了多种相关的动画，不同的动画能带来不一样的效果。

（1）进入动画是指对象进入幻灯片的动作效果，可以实现多种对象从无到有、陆续展现的动画效果。

（2）强调动画是指对象从初始状态变化到另一个状态，再回到初始状态的效果，主要用于对象已出现在屏幕上，需要以动态方式作为提醒的视觉效果情况，常用于需要特别说明或强调突出的内容上。

（3）退出动画是让对象从有到无、逐渐消失的一种动画效果，主要实现切换幻灯片的连贯过渡。

（4）动作路径是让对象按绘制的路径运动的一种高级动画效果。

1．插入单个动画

选中要添加动画的对象，单击"动画"选项卡（如图 6.21 所示）|"动画"组中按钮，选择合适的动画。也可以单击"其他"按钮，在"高级动画"列表（如图 6.22 所示）中选择合适的动画。添加动画效果后的对象左侧都有编号，编号是根据添加动画效果的顺序自动添加的。

单击动画按钮插入动画后，还可以通过"效果选项"命令改变动画的路径。单击"动画"选项卡，在"计时"组中还可以设置动画的开始方式、动画播放的持续时间和动画开始播放的延迟时间等。

图 6.21 "动画"选项卡

2．对同一个对象插入多个动画

选中要插入多个动画的对象，单击"动画"选项卡|"高级动画"组|"添加动画"按钮，在弹出的"高级动画"列表（如图 6.22 所示）中选择合适的动画，这样就添加了一个动画。或者单击"动画"选项卡|"动画"组|"其他"按钮，在弹出的"高级动画"列表（如图 6.22 所示）中选择合适的动画也可以。

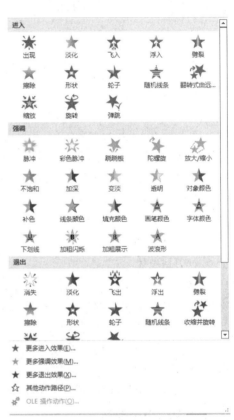

重复这一步骤即可为同一个对象添加多个动画。单击"动画"选项卡|"高级动画"组|"动画窗格"按钮会弹出动画窗格，在"动画窗格"中可以看到幻灯片中添加的全部动画。

3．自定义动画路径

PowerPoint 2016 将所有动画分为进入、退出和强调 3 类，这些动画都有固定的运动路径，用户若需要自定义动画路径，则可单击"动画"选项卡|"动画"组|"其他"按钮，在"高级动画"列表（如图 6.22 所示）单击"其他动作路径"命令，打开"添加动作路径"对话框，在对话框中选择所需要的动作路径。也可以单击"动画"选项卡|"高级动画"组|"添加动画"按钮，打开动画选择列表。

4．删除动画

选中要删除动画的对象，则其左上角会出现该对象的所有动画序号按钮，选中要删除的动画序号按钮，按 Delete 键即可。也可以在动画窗格里选中要删除的动画，右击并在弹出的快捷菜单中执行"删除"命令。

图 6.22 "高级动画"列表

5．动画排序

若一个幻灯片内有多个动画，这些动画默认是按照添加顺序进行播放的。若想改变播放顺序，只需要在动画窗格中选中要改变顺序的动画，然后按住鼠标左键不放上下拖动，拖动时会出现一条黑线表示目的位置，拖动到合适的位置松开鼠标左键即可。

6．复制动画

单击"动画"选项卡"高级动画"组中的"动画刷"按钮，可快速地将动画效果从一个对象复制到另一个对象上，使用方法与 Word 中的"格式刷"相同。

6.4.2 设置幻灯片切换效果

幻灯片切换是指幻灯片放映时，在屏幕上，上一张幻灯片"离开"到下一张幻灯片"登场"的这一过程。演示文稿允许用户设置切换过程中的效果：伴奏声音、换片的控制方式、换片的速度（持续时间）等，丰富幻灯片播放的效果。PowerPoint 2016 内置了 3 种类型（共 47 种）切换效果，可为部分或所有幻灯片设置切换的动画效果，具体的操作如下。

选中目标幻灯片，然后单击"切换"选项卡（如图 6.23 所示）|"切换到此幻灯片"组可添加幻灯片切换方式。

图 6.23 "切换"选项卡

添加后还可以通过"效果选项"、"声音"、"持续时间"和"换片方式"等命令对当前切换方式进行进一步设置。

若要对当前演示文稿中所有幻灯片都使用这种换片方式，则执行该选项卡内的"全部应用"命令即可。

为某幻灯片添加切换动画后，在幻灯片窗格中的幻灯片编号下会添加"*"图标。若取消切换效果，单击"切换到此幻灯片"组|"其他"按钮，在打开的下拉列表中选择"无"即可。

6.4.3 插入超链接和动作

1．超链接

PowerPoint 2016 中的超链接主要用于实现从演示文稿某幻灯片位置快速跳转到其他位置，通过超链接可以在自己的计算机上，甚至网络上进行快速切换。在 PowerPoint 2016 中，超链接不能跳转到幻灯片的某个对象。

幻灯片中的超链接与网页中的超链接类似，是从一个对象跳转到另一个对象的快捷途径。超链接逻辑示意图如图 6.24 所示。

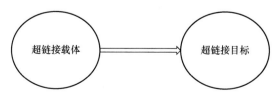

图 6.24 超链接逻辑示意图

超链接载体是数据元素，超链接目标是我们激发超链接后得到的资源；在幻灯片中添加超链接的对象（载体）并没有严格的限制，可以是占位符中的文本，也可以是图形、图片、表格、艺术字、公式或图表等外部对象。如果文本位于某个图形中，还可以为文本和图形分别设置超链接。选定超链接载体，单击"插入"选项卡|"链接"组|"链接"按钮，打开"插入超链接"对话框，如图 6.25 所示。

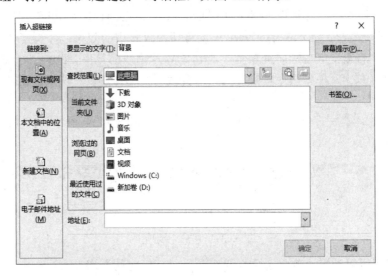

图 6.25 "插入超链接"对话框

超链接目标与 Word 2016 中基本类似，有以下四种。

（1）现有文件或网页：可链接到已存在的文件上（同 Word 2016）。

（2）本文档中的位置：Word 2016 中位置型超链接是"书签"，PowerPoint 2016 中可链接到当前演示文稿中的任何一张幻灯片上，在"本文档中的位置"列表框中选择要链接的幻灯片即可。

（3）新建文档：激发该超链接将创建一个新的文件。

（4）电子邮件地址：超链接目标是一个电子邮箱，激发此类型超链接将打开对应的邮箱。

若要编辑或删除已建立的超链接，可以右击超链接对象，在弹出的快捷菜单中选择"编辑超链接"或"删除超链接"命令。幻灯片中的超链接需在放映幻灯片时才处于可激发状态，在幻灯片编辑状态不能正常使用，需要右击超链接对象，在弹出的快捷菜单中选择"打开超链接"命令。被插入超链接的对象的格式与超链接所在幻灯片应用的主题有关，主题中的颜色方案中有专门设置的"超链接"的颜色格式。

2. 动作设置

演示文稿放映时，由演讲者操作幻灯片上的对象去完成下一步的某项既定工作，称为该对象的动作。对象动作的设置提供了在幻灯片放映中人机交互的一个途径，使演讲者可以根据自己的需要选择幻灯片的演示顺序和展示演示内容，可以在众多的幻灯片中实现快速跳转，也可以实现与网络的超链接，甚至可以应用动作设置启动某一个应用程序或宏。

动作设置时首先选中要设置动作的对象，单击"插入"选项卡|"链接"组|"动作"按钮，打开"操作设置"对话框，如图6.26所示。

单击"单击鼠标"选项卡中选择"超链接到"前面的单选按钮，在下面的下拉列表框中可以选择超链接的对象，操作方法与前面介绍的超链接的内容基本一致，在此不再赘述。

若选择"运行程序"单选按钮，则表示放映时单击对象会自动运行所选的应用程序，用户可在文本框中输入要运行的程序及其完整路径，或单击"浏览"按钮选择。

"鼠标悬停"选项卡下的操作与"单击鼠标"选项卡一样，只是激发的条件不同。

图6.26　"操作设置"对话框

6.5　幻灯片的放映与打包

PowerPoint 2016提供了多种放映类型，包括从头开始（快捷键F5）、从当前幻灯片开始（Shift+F5组合键）、广播幻灯片，也可以自定义幻灯片放映（由用户自由选择播放哪些幻灯片以及播放顺序）。在"设置"组中，用户可以设置幻灯片放映类型、是否隐藏幻灯片、排练计时、录制幻灯片演示等。这里的"录制幻灯片演示"的作用是用户可以在播放演示文稿时配以旁白、设置演示速度等。

6.5.1　设置幻灯片放映

在幻灯片放映前，可以设置放映方式，以根据具体的情况满足相应的需求。单击"幻灯片放映"选项卡|"设置"组|"设置幻灯片放映"按钮，打开"设置放映方式"对话框，如图6.27所示。

在"设置放映方式"对话框中除了设置"放映类型"，还可以进行其他设置。

（1）放映幻灯片：提供了演示文稿中幻灯片的3种播放方式，即播放全部幻灯片、播放指定范围的幻灯片和自定义放映。

（2）换片方式：若选择"手动"，则放映时必须有人为的干预才能切换幻灯片。若选择"如果存在排练时间，则使用它"，并且设置了自动换页时间，则幻灯片在播放时便能自动切换了。

（3）放映选项：若选择"循环放映，按 Esc 键终止"，则在最后一张幻灯片放映结束后，会自动返回第一张幻灯片继续播放。若选择"放映时不加动画"，则在播放幻灯片时原来设定的动画效果将会失去作用。

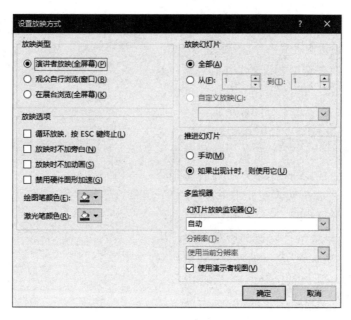

图 6.27　"设置放映方式"对话框

6.5.2　演示文稿的放映

1. 直接放映

在任何一种视图方式下，单击 PowerPoint 2016 主窗口"状态栏"中的视图切换按钮中的"幻灯片放映"按钮，都可以进入幻灯片放映视图，并根据设置的放映方式从当前幻灯片开始播放演示文稿。在幻灯片放映视图中，幻灯片以全屏方式显示，且一直保持在屏幕上，直到用户单击鼠标或键盘上相应的控制键为止。

也可以单击"幻灯片放映"选项卡（如图 6.28 所示）|"开始放映幻灯片"组|"从头开始"放映（快捷键 F5）或者单击"从当前幻灯片开始"放映（Shift+F5 组合键）。

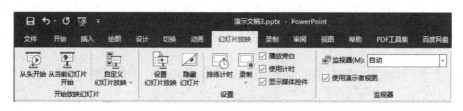

图 6.28　"幻灯片放映"选项卡

2. 自定义放映

利用 PowerPoint 2016 提供的自定义放映功能，可以将同一演示文稿的内容进行不同组合，以满足不同的演示要求。

3. 控制放映过程的快捷菜单

在幻灯片放映视图中右击可以弹出控制放映过程的快捷菜单，各命令的作用如下。

（1）下一张：选择此命令可以切换到下一张幻灯片。

（2）上一张：选择此命令可以切换到上一张幻灯片。

（3）定位至幻灯片：这是一个子菜单，通过选择该子菜单中的幻灯片标题可以切换到指定的幻灯片。

（4）结束放映：选择该命令可以结束演示。实际上，在任何时候，用户都可以按Esc键退出幻灯片放映视图。

（5）指针选项：这是一个子菜单，用来设置关于鼠标指针的选项。

①"箭头"命令用来将鼠标指针设置为箭头形状。

②"圆珠笔"、"毡尖笔"和"荧光笔"命令用来将鼠标指针设置为笔形状，可以在演示过程中对某些内容进行标注。

③"墨迹颜色"命令用于设置绘图笔的颜色；在幻灯片放映时若要强调某些内容，或临时需要向幻灯片中添加说明，这时可以利用 PowerPoint 所提供的墨迹功能，在屏幕上直接进行涂写。

④"橡皮擦"和"擦除幻灯片上的所有墨迹"命令用于擦除幻灯片上的墨迹。

⑤"箭头选项"命令用于设置箭头是否可见。

（6）屏幕：这是一个子菜单，其相关设置的作用如下。

① 选择"黑屏"或"白屏"使整个屏幕变成黑色或白色，直到单击鼠标为止。

② 选择"显示|隐藏墨迹标记"命令，可以控制墨迹的显示或隐藏。

③ 选择"演讲者备注"，会显示当前幻灯片的演讲者备注内容。

④ 选择"切换程序"命令，可以在放映幻灯片时通过任务栏切换到其他程序。

6.5.3 排练计时

在演示文稿的放映方面，PowerPoint 2016 还提供了"排练计时"功能。排练计时可以跟踪每张幻灯片的显示时间并相应地设置计时，为演示文稿估计一个放映时间，以用于自动放映。其操作方法为：单击"幻灯片放映"选项卡|"设置"组|"排练计时"按钮，在幻灯片放映视图中，系统会弹出"录制"窗口（如图 6.29 所示），并自动记录幻灯片的切换时间。

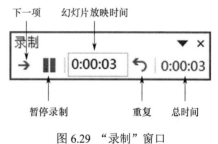

图 6.29 "录制"窗口

结束放映时或单击"录制"工具栏中的"关闭"按钮时，系统将弹出提示框，单击"是"按钮即可保存排练计时。

6.5.4 演示文稿的导出与打印

1．演示文稿的导出

1）演示文稿的打包

打包是指将与演示文稿有关的各种文件都整合到一个文件夹下，将这个文件夹复制到 CD 中。在默认情况下，PowerPoint 播放器包含在 CD 中，即使该计算机未安装

PowerPoint，启动其中的播放程序，也可以正常播放演示文稿。打包演示文稿的操作为：单击"文件"选项卡|"导出"|"将演示文稿打包成 CD"命令，如图 6.30 所示。再单击"打包成 CD"按钮，打开"打包成 CD"对话框，进行设置。

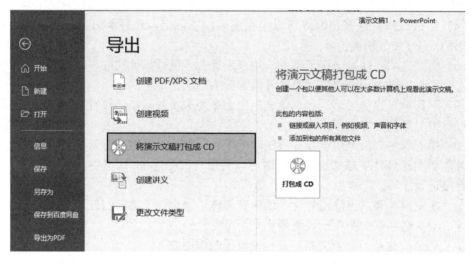

图 6.30　演示文稿打包

2）演示文稿导出为视频

如果需要在视频播放器上播放演示文稿，或在没有安装 PowerPoint 2016 的计算机上播放演示文稿，可将演示文稿导出为视频文件，这样既能播放幻灯片中的动画效果，也能保护幻灯片中的内容不被他人利用。在 PowerPoint 2016 中可将演示文稿导出为.mp4 或.wmv 两种视频文件格式。

单击"文件"选项卡|"导出"|"创建视频"按钮，界面如图 6.31 所示。在界面中完成相关设置后，单击"创建视频"按钮，打开"另存为"对话框。

图 6.31　演示文稿导出视频

3）演示文稿导出为 PDF

PDF 是当前流行的一种文件格式，将演示文稿导出为 PDF 能够保留源文件的字体、格式和图像等，使演示文稿的播放不再局限于应用程序的限制。将演示文稿导出为 PDF 的操作步骤如下。

（1）单击"文件"选项卡|"导出"命令，在"导出"列表中单击"创建 PDF|XPS 文档"选项，在右侧窗格中单击"创建 PDF|XPS"按钮。

（2）弹出"发布为 PDF 或 XPS"对话框，选择文件的保存位置，这里选择文件保存位置为"桌面"，输入文件名，在"保存类型"中选择"PDF"选项。

（3）单击"选项"按钮，打开"选项"对话框，在该对话框中设置幻灯片范围、发布选项等，设置结束后，单击"确定"按钮。

（4）在"另存为"对话框中单击"工具"下拉按钮，打开的下拉列表选择"常规选项"命令，弹出"常规选项"对话框，在该对话框中可以设置 PDF 的打开或修改权限密码。

（5）在该对话框中单击"保存"按钮，完成将演示文稿转换为 PDF。

2．演示文稿的打印

打印演示文稿是指将制作完成的演示文稿按照要求通过打印设备输出并呈现在纸上。单击"文件"选项卡|"打印"命令，即可在图 6.32 右边的"打印"对话框中对打印选项进行设置。可设置的选项如下。

（1）份数：用来设置打印的份数。

（2）打印机：若当前电脑安装了多台打印机，则可在其中选择用哪台打印机进行打印。

（3）打印机属性：单击后会弹出"打印机属性"对话框，可在其中设置纸张大小和纸张的打印方向。

（4）打印全部幻灯片：用来设置打印范围，单击后会弹出下拉列表，打印范围包括"全部幻灯片"、"选中幻灯片"、"当前幻灯片"和"自定义范围"。

（5）整页幻灯片：用来设置打印版式及讲义幻灯片的放置方式，单击后会弹出下拉列表，进行设置。

（6）编辑页眉和页脚：用来设置幻灯片的页眉页脚，单击后会弹出"页眉和页脚"对话框。

3．演示文稿的广播

这是 PowerPoint 2016 较新的功能，用于同其他用户共享演示文稿。该功能需要用到一个公共服务：PowerPoint Broadcast Service。任何收到广播链接的人都可以观看广播。对广播发布者来说，该用户需要注册一个 Windows Live ID。单击"启动广播"按钮后，弹出如图 6.33 所示的对话框。广播发布者复制链接给希望实时观看演示文稿播放的浏览者，即可单击"开始放映幻灯片"按钮，开始播放。

图 6.32　演示文稿打印设置

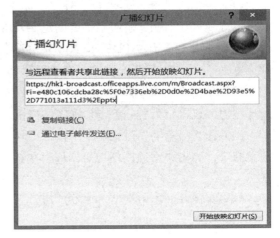

图 6.33　演示文稿广播

思 考 题

1．演示文稿与幻灯片的关系是什么？请对比 Excel 中工作簿与工作表的关系。

2．请比较幻灯片的基本操作与 Excel 中工作表的基本操作的异同点。

3．幻灯片动画和幻灯片切换功能有何不同？

4．PowerPoint 2016 的视图方式有哪几种？每种视图方式的适用情况是什么？

5．PowerPoint 2016 中的"动画刷"和 Word 中的"格式刷"有何异同点？在使用方法上相同吗？

6．演示文稿的几种放映方式分别适用于什么情况？

7．为什么演示文稿打包后就可以在没有安装 PowerPoint 2016 的机器上播放了？

8．PowerPoint 2016 中的"节"与 Word 中"分节符"是一样的吗？差别在哪些方面？

第7章 算法与程序设计

本章导读

计算机之所以能处理复杂的问题，主要依靠的是程序，而高效程序设计的核心是优秀的算法。算法是解决问题的一系列步骤的总称。在算法的基础上，使用程序设计语言设计程序，是开发软件必经的步骤。本章主要介绍算法的基础知识、程序设计及程序设计语言 Python 的基本知识、程序的设计过程。

7.1 算法

日常生活中，在使用计算机处理各种不同的问题时，首先要对各类问题进行分析，确定解决问题的方法和步骤，再编好一组让计算机执行的指令（程序），最后交给计算机，让计算机按人们指定的步骤有效地工作。这些具体的方法和步骤，实质就是解决一个问题的算法。

7.1.1 算法的概念

广义的算法是指为完成某项工作的方法和步骤。本书中的算法只限于计算机算法。计算机算法就是使用计算机来解决一个问题时所采取的特定方法和步骤。算法是解决问题的基本方法，是一系列清晰准确的指令。这些指令可以用一种编程语言或自然语言来表示。对于同一个问题，可以有多种不同的算法。

例 7.1 求任意两个正整数 A 和 B 的最大公约数。

对于该问题，当 A 和 B 的值比较小时，人们可以立即观察得出，如 3 和 6 的最大公约数是 3。但是当 A 和 B 的值比较大时，如 45678 和 78902 的最大公约数就不是一般人一眼能看出来的。为此，古希腊数学家欧几里得提出了一个求任意两个正整数最大公约数的通用方法，步骤如下。

步骤 1：比较 A 和 B 的大小，将较大的数设为 A，较小的数设为 B；

步骤 2：用 A 除以 B，得到余数 C；

步骤 3：如果 C 为 0，则最大公约数就是 B；否则将 B 赋值给 A，C 赋值给 B，重复进行步骤 2 和步骤 3。

以上三步就构成了求最大公约数的算法，被称为"辗转相除法"或"欧几里得算法"。

7.1.2 算法的特征

编程的第一步是设计算法，但不是任意写出一些执行步骤就能构成一个算法，一个算法应该具有以下 5 个特征。

（1）输入：一个算法有 0 个或多个输入，以刻画运算对象的初始情况，所谓 0 个输入是指算法本身定出了初始条件。例如在例 7.1 中，辗转相除法必须输入 A 和 B 的值才能求出两个具体数的最大公约数。

（2）输出：一个算法有 1 个或多个输出，以反映对输入数据加工后的结果。没有输出的算法是毫无意义的。例 7.1 中，如果输入 A、B 的值分别为 24 和 16，那么算法的输出为 8（即 24 和 16 的最大公约数）。

（3）可行性：算法的每步都是可执行的，而且人们用笔和纸做有限次运算后，就能得到运算结果。可行性也称为有效性。例如用辗转相除法求 24 和 16 的最大公约数，可以由以下 5 步完成。

步骤 1：A=24，B=16；

步骤 2：计算 A/B，即 24/16 商 1 余 8，即 C=8；

步骤 3：因为 C 不等于 0，则将 B 的值赋给 A，即 A=16，将 C 的值赋给 B，即 B=8；

步骤 4：计算 A/B，即 16/8 商 2 余 0，即得 C=0；

步骤 5：因为 C 等于 0，那么 24 和 16 的最大公约数即为此时 B 的值，即 8。

（4）有穷性：算法的有穷性是指算法必须能在执行有限个步骤之后终止，且每个步骤都在有穷时间内完成。在例 7.1 中，当 A=24，B=16 时，算法执行 5 步后即终止。

（5）确定性：算法的每步都必须有确切的定义，对于每种情况，等待执行的动作都必须严格地定义，即不能有二义性。并且在任何条件下算法只能有唯一的执行路径，即对相同的输入只能得出相同的结果。

7.1.3　算法的评价

对于同一问题，如果设计了不同的算法来解决，有必要评价哪种算法更好，不同的算法从质量上来讲必然是不同的，一个算法的优劣将直接影响程序的效率。在保证算法正确性的前提下，评价一个算法主要有两个指标：时间复杂度和空间复杂度。

1．时间复杂度

时间复杂度并不关心某个算法的具体执行时间，因为精确的时间估计是十分困难的，其不仅与算法本身有关，还与所使用的计算机硬件、操作系统等都有关，算法的时间复杂度关心的是算法中最耗费时间的指令的执行次数。

例如，求算术级数的和：sum=1+2+…+n。该问题中最耗费时间的是加法指令执行的次数，n 个数相加，需执行 $n-1$ 次加法，所以解决该问题的时间复杂度是 $T(n)=n-1$。

一般来说，计算机算法是问题规模 n 的函数 $f(n)$，算法的时间复杂度记为 $T(n)=O(f(n))$。因此，问题的规模 n 越大，算法的执行时间越长。通常，当解决某问题算法的时间复杂度用多项式表示时，一般认为该算法是比较好的算法，否则就是不太好的算法。

2．空间复杂度

算法的空间复杂度是指算法需要消耗的内存空间，其计算和表示方法与时间复杂度类似，通常用算法所占辅助存储空间大小的数量级来表示算法的空间复杂度，记为 $S(n)$。与时间复杂度相比，空间复杂度的分析要简单得多。例如，对 n 个学生成绩 G_1, G_2, $\cdots$, G_n 进行排序，需要把 n 个学生成绩都放到存储器中，那么解决该问题算法的空间复杂度函数为 $s(n)=n$。

早期的计算机存储单元的容量小，而且价格昂贵，因此设计算法时不仅需要考虑算法的时间复杂度，而且要考虑其空间复杂度，尽量少使用存储空间。随着计算机硬件技术的发展，存储器的容量增加，价格下降，算法的空间复杂度被放到了次要的位置。

在评价算法时，时间复杂度和空间复杂度较低的算法是较优的算法。时间复杂度和空间复杂度往往是相互矛盾的，通常要降低算法的执行时间就要以使用更多的空间作为代价，而要节省空间则往往要以增加算法的执行时间作为成本，二者很难兼顾。因此，只能根据具体情况有所侧重。

7.1.4 算法的描述

算法是解决问题的步骤，为了方便表达和交流，要用合适的载体表达出来。通常可以用自然语言、伪代码、流程图等方法表达。

1. 自然语言

自然语言描述算法是用人们日常使用的语言来表达算法。例 7.1 中的辗转相除法就是用自然语言中文来表达的。

例 7.2 输入 10 个数，将最大的数打印出来，自然语言描述算法如下。

步骤 1：输入一个数，存入变量 A 中，将记录数据个数的变量 N 赋值为 1，即 $N=1$；

步骤 2：将 A 存入表示最大值的变量 MAX 中，即 MAX=A；

步骤 3：再输入一个值给 A，如果 $A>$MAX，则将 A 赋给 MAX，即 MAX=A，否则 MAX 不变；

步骤 4：将记录数据个数的变量 N 增加 1，即 $N=N+1$；

步骤 5：判断 N 是否小于 10，若成立则转到步骤 3 执行，否则转到步骤 6；

步骤 6：打印输出 MAX。

自然语言描述方式是指使用人类语言直接描述步骤，优点是灵活自然，缺点是容易出现二义性，即一个描述可以产生多种不同的程序代码。

2. 流程图

流程图是最早出现的用图形表示算法的工具，它由一些图形框和带箭头的线条组成，可以表达算法中需要描述的各种操作，具有准确、直观、可读性好的特点，被广泛采用。其中，图形框用来表示指令动作或指令序列或条件判断，箭头说明算法的走向。美国国家标准化协会 ANSI 规定了一些常用的标准流程图符号，如表 7.1 所示。

表 7.1 标准流程图符号及含义

名　称	符　号	含　义
起止框	⬭	表示算法的开始和结束，框内一般填写"开始"或"结束"
输入输出框	▱	表示算法的输入输出操作，框内填写需要输入输出的内容
处理框	▭	表示算法中的各种处理操作，框内填写的是指令或指令序列
判断框	◇	表示算法中的条件判断，框内填写判断条件
流程线	⇄↕	表示算法的执行流程，箭头指向流程的方向
连接点	⬭	当流程图在一个页面画不下的时候，常用它来表示相对应的连接处

例 7.2 的算法流程图如图 7.1 所示。

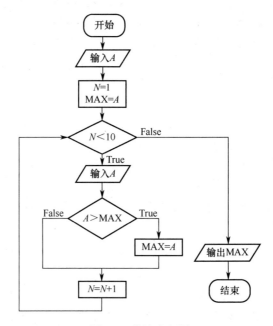

图 7.1 算法流程图

流程图是程序最直观易懂的表达方式，主要适用于较短的算法。优点是直观、清晰且逻辑确定，缺点是流程图绘制比较烦琐，当程序较大时流程图会很复杂，反而降低了表达的清晰性。

3．伪代码

伪代码是用介于自然语言和计算机语言之间的文字和符号来描述算法。使用伪代码不用拘泥于具体编程语言，对整个算法运行过程的描述最接近自然语言。

例 7.2 用伪代码表示如下。

```
Begin              //算法开始
N=1
Input  A
MAX=A
N=1
while  N<=10       //循环条件
```

```
{                              //花括号里为循环体
   input  A
   If A>MAX 则 MAX=A
   N=N+1
}
Print  MAX
End                            //算法结束
```

与自然语言描述不同，伪代码在保持程序结构的情况下描述算法。伪意味着假，因此用伪代码写的算法不能被计算机所理解，但便于转换成某种语言编写的计算机程序。

只有用计算机语言编写的程序才能被计算机识别并执行。因此，在使用自然语言、流程图或伪代码等方法描述某个算法后，还需要将它转换为计算机程序，真正的程序代码必须严格遵守所采用语言的语法规则。

7.1.5　典型算法举例

在长期的实践中，前人总结出了许多经典的算法。学习掌握这些经典的算法思想，有助于我们深入了解计算机处理问题的方法，提高自己的计算思维能力，为今后使用计算机解决本专业实际问题打下良好的基础。下面介绍几个基本的、典型的算法。

1. 枚举法

枚举法又称为穷举法、试凑法，其基本思想是按问题本身的性质，一一列举出该问题所有可能的解，并在逐一列举的过程中，检验每个可能解是否真正满足所求问题，若是，则采纳这个解，否则抛弃它。在枚举的过程中，既不能遗漏也不能重复。

应用枚举法的通常步骤如下。

（1）建立问题的数学模型，确定问题的可能解的集合。

（2）确定合理的筛选条件，用于选出问题的解。

（3）确定搜索策略，逐一枚举可能解集合中的元素，验证是否是问题的解。

计算机程序实现枚举法的基本方法是：用循环结构实现一一枚举的过程，用分支结构实现检验的过程。

使用枚举法求解的典型问题有"百钱百鸡""鸡兔同笼""水仙花数"等。

公元前 5 世纪，我国古代数学家张丘建在《算经》一书中提出了"百钱百鸡"：鸡翁一值钱五，鸡母一值钱三，鸡雏三值钱一。百钱买百鸡，问鸡翁、鸡母、鸡雏各几何？

分析：假设鸡翁为 x 只，鸡母为 y 只，鸡雏为 z 只，那么我们可以列出以下方程。

$x+y+z=100$　　　①

$5x+3y+z/3=100$　　②

经过简单的分析，可以得出鸡翁最多只能买 20 只、鸡母最多只能买 33 只，鸡雏最多只能买 100 只，利用三重循环分别对鸡翁的只数从 0～20、鸡母的只数从 0～33、鸡雏的只数从 0～100 进行枚举，在不同的组合中找出符合条件的结果，据此可得出以下伪代码算法。

```
x,y,z=0
for x=0 to 20 step 1
```

```
for y=0 to 33 step 1
  for z=0 to 100 step 1
    if 5x+3y+z/3=100  print(x,y,z)
```

2. 迭代算法

迭代是一种不断用变量的旧值递推出新值的过程。它利用计算机运算速度快、适合做重复性操作的特点，从一个初始变量值出发，让计算机对一组指令进行重复执行，每次执行这组指令时，都从变量的旧值推出它的一个新值，最终得到所求解。

应用迭代算法的通常步骤如下。

（1）确定迭代变量。在可以用迭代算法解决的问题中，至少存在一个直接或间接地不断由旧值递推出新值的变量，这个变量就是迭代变量。一般在确定迭代变量的同时，还要指定其初始值。

（2）建立迭代关系式。所谓迭代关系式，是指如何从变量的前一个值推出其下一个值的通用公式（或关系），迭代关系式的建立是解决迭代问题的关键，通常可以用顺推或倒推的方法来完成。

（3）对迭代过程进行控制。迭代过程的控制通常有两种情况：一种是所需的迭代次数确定，可以计算出来；另一种是所需的迭代次数无法确定，需要根据每次的迭代结果决定是否再次进行迭代。对于前一种情况，可构建一个固定次数的循环来对迭代过程进行控制（常用程序设计语言中的 for 语句实现）；对于后一种情况，需要在每次循环结束后判断是否已满足要求，以决定是否结束迭代过程（常用程序设计语言中的 while 语句实现）。

例如，求 1+2+3+100 的和。

分析：这是一个典型的迭代问题。假设 s 存放和，i 表示迭代的每一项，s 的初值为 0，i 的初值为 1，则有通式 $s=s+i$ 和 $i=i+1$。

伪代码形式的算法如下。

```
s=0,i= 1
for i=1 to 100 step 1
  s=s+i
print(s)
```

3. 排序算法

把无序的数据整理成有序数据的过程就是排序。排序就是把若干数据按照其中的某个或某些关键字的大小，按递增或递减的顺序排列起来的操作，排序问题是在程序设计中经常出现的问题。在日常生活和工作中许多问题的处理都依赖于数据的有序性，如成绩单按学生的成绩高低来排序等。可以设想一下，若字典中的字不是以字母的次序排列，那么使用起来该是何等的困难。

排序算法有许多，常用的排序算法有选择排序法、冒泡排序法、插入排序法等。下面介绍选择排序法。

选择排序法的基本思想是对整个序列扫描，每次在若干无序数中找最小（大）数，将它与序列的第一个元素交换位置；再在剩下的元素中找出最小（大）数，与序列的第二个元素交换位置，以此类推，直到序列为空。

已知 n 个数的序列，用选择排序法按递增次序排序的通常步骤如下。

步骤 1：从 n 个数中找出最小的数，经过一轮的比较，将最小数与第一个数交换位置，通过这一轮排序，第一个数已确定好。

步骤 2：除已经排好序的数外，将其余数再按步骤 1 的方法选出最小的数，与未排序数中的第一个数交换位置。

步骤 3：重复步骤 2，直到构成递增序列。

例如，已知数组中存放 5 个数，要求按递增顺序排序，选择排序法的排序过程如图 7.2 所示。

参与排序数据					原始数据	8,7,9,6,10
a[1]	a[2]	a[3]	a[4]	a[5]	第1轮比较后的顺序	6,7,9,8,10
	a[2]	a[3]	a[4]	a[5]	第2轮比较后的顺序	6,7,9,8,10
		a[3]	a[4]	a[5]	第3轮比较后的顺序	6,7,8,9,10
			a[4]	a[5]	第4轮比较后的顺序	6,7,8,9,10

图 7.2　选择排序法的排序过程

n 个数用选择排序法按递增次序排序的伪代码形式的算法如下。

```
for i=1 to n-1 step 1
  {
    min=i
    for j=i+1 to n step 1
        if a[j]<a[min]  min=j
    a[i]与 a[min]元素交换
  }
```

7.2　程序设计语言

为了使计算机进行各种工作，就需要有一套用于编写计算机程序的数字、字符和语法规则，由这些字符和语法规则组成计算机的各种指令（或各种语句），就是计算机能接受的语言，即程序设计语言。它用于人与计算机之间的通信，是人与计算机之间传递信息的媒介。它指挥计算机如何工作，因此程序设计语言是软件的重要组成部分。程序设计语言的发展经历了机器语言、汇编语言、高级语言，从低级到高级的发展历程。

7.2.1　程序设计语言概述

1．机器语言

机器语言是以二进制代码表示的指令集合，是计算机硬件能够识别的、不用翻译直接供计算机使用的程序设计语言。

机器语言的可读性差、不易记忆、编写程序困难并且烦琐、容易出错，在程序调试和修改时难度巨大，不容易掌握和使用。机器语言直接依赖于中央处理器，所以用某种机器语言编写的程序只能在相应的计算机上执行，无法在其他型号的计算机上执行，可移植性差。

例如，用机器语言编写的计算 3+5 的程序为：

```
1011000 0000011      //将数据 3 送入累加器中
0000100 0000101      //把累加器中的数据与 5 相加，结果放在累加器中
```

2．汇编语言

汇编语言是"符号化"的机器语言，为了克服机器语言的缺点，20 世纪 50 年代初，出现了汇编语言。汇编语言用比较容易识别的助记符替代特定的二进制串。例如，使用 ADD 来替代加法的二进制指令。通过这种助记符，人们就能较容易地读懂程序，调试和维护程序也更方便。

例如，用汇编语言编写的计算 3+5 的程序为：

```
MOV AL,3             //把 3 送到累加器中
ADD AL,5             //5+3 的结果仍放在累加器中
```

可以看出，使用汇编语言后，程序的可读性增强了。但在汇编语言中使用的助记符计算机无法识别，需要一个专门的程序将其翻译成机器语言，这种翻译程序称为汇编程序。尽管汇编语言比机器语言方便，但汇编语言仍然具有许多不便之处，程序编写的效率远远不能满足需要，而且可移植性差。

通常将机器语言和汇编语言都称为低级语言。

3．高级语言

1954 年，第一个高级语言 FORTRAN 问世了。高级语言与自然语言和数学表达式相当接近，不依赖于计算机型号，通用性较好。高级语言的使用大大提高了程序编写的效率和程序的可读性。同时高级语言的语句是面向问题的，而不是面向机器的，高级语言的书写方式更接近人们的思维习惯。对问题的描述和其求解过程的表述比汇编语言更容易理解，更加简化了程序的编写和调试，使得编程效率大大提高。高级语言独立具体的计算机，这又大大增加了程序的通用性和可移植性。

例如，用 FORTRAN 编写的计算 3+5 的程序为：

```
A=3+5                //3+5 的结果存放在临时变量 A 中
```

7.2.2　高级语言程序的执行

高级语言中有面向过程的语言，如 FORTRAN、BASIC、PASCAL、C 等，有面向对象的语言，如 Visual Basic、C++、Java、Python 等，这些语言的语法、命令格式都各不相同。使用任何计算机高级语言编写的程序都必须翻译成机器语言程序才能执行。

执行高级语言程序包含以下四步。

1．编写源程序

用来编写程序的软件称为文本编译器。文本编译器可以帮助输入、替换及存储字符数据。编写好程序后，将文件存盘，这个文件称为源文件，这时的程序称为源程序。

2．编译程序

源程序必须翻译为机器语言，计算机才能理解，一般使用编译器来实现高级语言到机器语言的翻译，被翻译成的机器语言程序称为目标程序。翻译有两种方法：编译和解释。

（1）编译。编译程序通常把整个源程序翻译成目标程序，如 C、C++、Java。

（2）解释。将源程序逐条语句翻译、同时逐条运行的过程，如 Python、JavaScript。

目标程序以目标文件的形式存储。目标程序虽然是机器语言代码，但还是不能运行，因为还缺少程序运行需要的部分。

编译和解释的不同之处在于，编译在执行前翻译整个源代码，而解释是一次只翻译和执行源代码中的一行。

3．连接程序

高级语言有许多子程序，其中一些子程序是程序员编写的，并成为源程序的一部分，还有一些诸如输入输出处理和数学库的子程序存于其他地方，必须附加到目标程序中，这个过程称为连接。

连接是将所有这些子程序加到可执行程序中的过程。

4．执行程序

一旦程序被连接好后就可以执行了。为了执行程序，可以使用操作系统命令，将程序载入内存并执行。将程序载入内存是由操作系统的载入程序完成的。

在典型的程序执行过程中，程序读入来自用户或文件的数据并进行处理。处理结束后，输出处理结果。数据可以输出至用户的显示器或文件中。程序执行完后，操作系统将程序移出内存。

7.3　程序设计方法

程序设计的常用方法有结构化程序设计方法（Structured Programming）和面向对象程序设计方法（Object-oriented Programming）。

7.3.1　结构化程序设计方法

结构化程序设计方法是 20 世纪 70 年代由著名的计算机科学家 E. W. Dijkstra 提出来的，它是指按照层次化、模块化的方法来设计程序，从而提高程序的可读性和可维护性。

1．结构化程序设计方法的基本结构

结构化程序设计方法是程序设计的先进方法和工具，采用结构化程序设计方法可以使程序结构良好、易读、易理解、易维护。任何复杂的实际问题都可以由 3 种基本的程序控制结构通过合理的组合而得到解决，这 3 种基本的程序控制结构是顺序结构、选择

结构（又称为分支结构）和循环结构。

1）顺序结构

顺序结构是一种线性结构，也是程序设计中最简单、最常用的基本结构。其执行特征为按照语句出现的先后顺序依次执行，顺序结构的流程图如图 7.3 所示。在一般的程序设计语言中，顺序结构的语句主要是赋值语句和输入输出语句等。

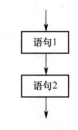

图 7.3　顺序结构的流程图

2）选择结构

选择结构又称为分支结构，程序对约定的条件进行判断，根据判断的结果来控制程序的执行流程。常见的选择结构有单分支结构、双分支结构和多分支结构。单分支结构的流程图如图 7.4 所示，双分支结构的流程图如图 7.5 所示，多分支结构的流程图如图 7.6 所示。

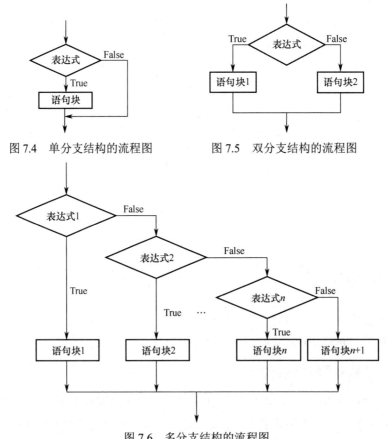

图 7.4　单分支结构的流程图　　图 7.5　双分支结构的流程图

图 7.6　多分支结构的流程图

3）循环结构

循环结构又称为重复结构，根据给定的条件，决定是否重复执行某段程序。循环结构有两种：先判断条件后执行语句（称为循环体）的循环结构称为当型循环结构，如图 7.7 所示，当条件成立时，执行循环体，当条件不成立时，退出循环。先执行循环体后判断条件的循环结构称为直到型循环结构，如图 7.8 所示，先执行一次循环体，然后再判断条件，条件成立时继续执行循环体，直到条件不成立时，退出循环。

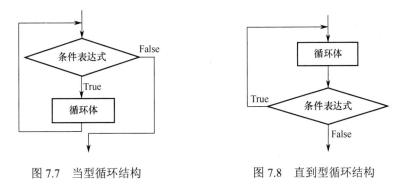

图 7.7　当型循环结构　　　　图 7.8　直到型循环结构

2．结构化程序设计方法的原则

（1）程序模块化。程序模块化是指把一个复杂的程序分解成若干部分，每个部分称为一个模块。通常按功能划分模块，每个模块实现相对独立的功能，模块之间的联系应尽可能简单。

（2）自顶向下、逐步求精的设计过程。自顶向下是指将复杂的、大的问题划分为小问题，找出问题的关键和重点所在，然后用定性和定量思维去描述问题。逐步求精是将现实世界的问题经抽象转化为逻辑空间或求解空间的问题，复杂问题经抽象化处理变为相对比较简单的问题，经若干步抽象处理，直到求解域中只包含比较简单的编程问题，利用三种基本程序结构即可实现。

（3）限制使用 goto 语句。使用 goto 语句会使程序执行效率提高，但对程序的可读性、维护性都造成影响，因此建议尽量不用 goto 语句。

3．结构化程序设计方法的特点

遵循结构化程序设计原则，按结构化程序设计方法设计出的程序具有明显的优点。

（1）程序易于理解、使用和维护。程序员采用结构化程序设计方法，便于控制、降低程序的复杂性，因此容易编写程序，便于验证程序的正确性，结构化程序清晰易读，可理解性好，程序员能够进行逐步求精、程序证明和测试，以确保程序的正确性，程序容易阅读并被人理解，便于用户使用和维护。

（2）提高了编程工作的效率，降低了软件开发的成本。由于结构化程序设计方法能够把错误控制到最低限度，因此能够减少调试和查错的时间。结构化程序由一些为数不多的基本结构模块组成，这些模块甚至可以由机器自动生成，从而极大地减轻了编程的工作量。

支持结构化程序设计方法的编程语言有 C、PASCAL、FORTRAN 等。

7.3.2　面向对象程序设计方法

面向对象程序设计方法是一种支持模块化设计和软件重用的实际可行的编程方法。

它把程序设计的主要活动集中在建立对象和对象之间的联系上，从而完成所需要的计算。一个面向对象的程序就是实现相互联系的对象集合。由于现实世界可以抽象为对象和对象联系的集合，所以面向对象程序设计方法更接近现实世界、更自然。

面向对象程序设计方法中有几个基本概念：对象、消息、类、封装、继承和多态性。

（1）对象。对象由一组属性和对这组属性进行操作的一组方法构成。其中，属性描述对象的静态特征，如一个学生对象由学号、姓名、性别、年龄、籍贯等属性来描述；方法描述对象的动态特征，如学生注册、改名、登记成绩、打印输出等都是对学生对象的属性进行操作。

（2）消息。对象是面向对象程序设计方法的基本要素。通过向对象发送消息来处理对象，每个对象根据消息的性质来决定要采取的行动，即响应一个消息。

（3）类。类是数据抽象和信息隐藏的工具。类是具有相同属性和方法的一组对象的抽象描述。对象是类的实例。发送给一个对象的所有消息都在该对象的类中来定义，并用方法来描述。

（4）封装。封装是一种组织软件的方法，它的基本思想是把客观世界中联系紧密的元素及相关操作组织在一起，使其实现细节隐藏在内部，并以简单的接口对外提供服务。

（5）继承。继承用于描述类之间的共同性质。它减少了相似类的重复说明，体现出了一般化及特殊化的原则。例如，可以把"汽车"作为一个一般化的类，而把"卡车"作为一种更具体的类，它从汽车类继承了许多属性及方法，并且可以添加卡车类特有的属性和方法。

（6）多态性。多态性是指相同的语句组可以代表不同类型的实体或对不同类型的实体进行操作。

用面向对象程序设计方法编写的程序，其结构与求解的实际问题的结构基本一致，具有很好的可读性和可维护性。另外，利用继承、多态等机制，程序设计者能够很好地实现代码重用，极大地提高了设计程序的效率。目前，面向对象程序设计方法已成为主流的程序设计方法，在软件开发过程中被广泛使用。

支持面向对象程序设计方法的编程语言有 C++、Java、Python 等。

7.4 Python 基础

程序设计语言也像自然语言一样，由字、词和语法规则构成。不同的程序设计语言，其字、词和语法规则也不一样。本节以 Python 为例，简要叙述程序设计语言的基本要素。

7.4.1 Python 简介

Python 是一种面向对象、解释型的程序设计脚本语言。它语法简洁，易于理解，作为脚本语言无须编译直接运行，因此，学习 Python 对于程序设计入门和上手都相对简单。在国内外很多大学多门课程中的实践都表明，Python 非常适合作为没有程序设计体验的初学者的入门语言。Python 还提供了好用的内置标准库和丰富的第三方库/模块，数量众多，涉及领域众多，使得初学者能用很短的程序，实现非常丰富的功能，更利于全方位体验计算。

Python 是一门活跃的语言，自 1990 年由荷兰人吉多·范罗苏姆（Guido van Rossum）发明以来，一直在改进。2000 年推出 Python 2.0 后，Python 进入一个发展高峰期，越来越多的人开始使用 Python 开发软件系统，同时越来越多的人为 Python 的发展贡献力量。2008 年推出了 Python 3.0，这个版本对 Python 2.0 做了很大的改进，但是 Python 3.0 不兼容 Python 2.0，所以用 Python 2.0 编写的程序无法在 Python 3.0 解释器上运行。Python 社区的志愿者做了大量的工作，将很多基于 Python 2.0 编写的库移植到了 Python 3.0 上。目前，使用较多的版本是 Python 3.x。

7.4.2　Python 开发环境配置

要使用 Python 开发程序，要先安装 Python 解释器。Python 解释器是一个轻量级软件，可以在 Python 官方网站下载最新版本。打开网站，进入如图 7.9 所示的 Python 下载页面。

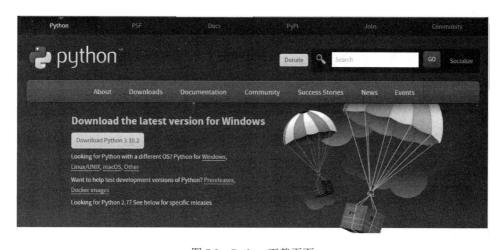

图 7.9　Python 下载页面

根据个人所用的操作系统，选择对应的安装程序。在图 7.9 中单击 Download Python 3.10.2 按钮，即可下载目前最新的版本。本书以 Windows 操作系统下的 Python 3.10.2 为例进行安装和环境配置，其安装文件的大小大约 30MB，十分小巧。

其安装过程与其他的 Windows 版本软件基本一样，双击所下载的 Python 3.10.2.exe 文件，开始安装 Python 解释器，出现安装程序启动页面，如图 7.10 所示。建议勾选 "Add Python 3.10 to PATH" 复选框，然后单击 "Install Now" 选项，进入安装过程。"Customize installation" 选项表示用户自行选择安装内容和安装路径。安装结束后，进入如图 7.11 所示的安装成功页面。

安装完成后，Windows 开始菜单中会出现 Python 3.10 所包含的 4 个组件，其中最重要的两个是 Python 命令行（Python 3.10(64-bit)）和 Python 集成开发环境（IDLE(Python 3.10 64-bit)）。Python 3.10 包含的组件如图 7.12 所示。

图 7.10　安装程序启动页面

图 7.11　安装成功页面　　　　　图 7.12　Python 3.10 包含的组件

7.4.3　运行 Python 程序

运行 Python 程序有两种方式：交互式和文件式。交互式指 Python 解释器即时响应用户输入的每条代码，给出输出结果。文件式也称为批量式，指用户将 Python 程序写在一个或多个文件中，然后启动 Python 解释器批量执行文件中的代码。交互式一般用于调试少量代码，文件式则是最常用的编程方式。其他编程语言通常只有文件式执行方式。

下面以运行 Hello 程序为例具体说明两种方式的启动和执行方法。

例 7.3　编写一个程序，运行输出 "Hello,Welcome to Python"。

使用 Python 编写的程序如下：

```
print("Hello,Welcome to Python")
```

这个程序虽小，却是初学者接触编程语言的第一步。

1. 交互式

交互式有两种启动和运行方法。

第一种方法是以命令行方式启动。启动 Windows 操作系统命令行工具，在命令提

示符 ">" 后输入 "Python" 并按 Enter 键，进入 Python 环境，然后就可以开始交互式编程了。在 Python 环境提示符 ">>>" 后输入 Python 语句并按 Enter 键，解释器就会执行该语句，输出相应的结果，如图 7.13 所示。

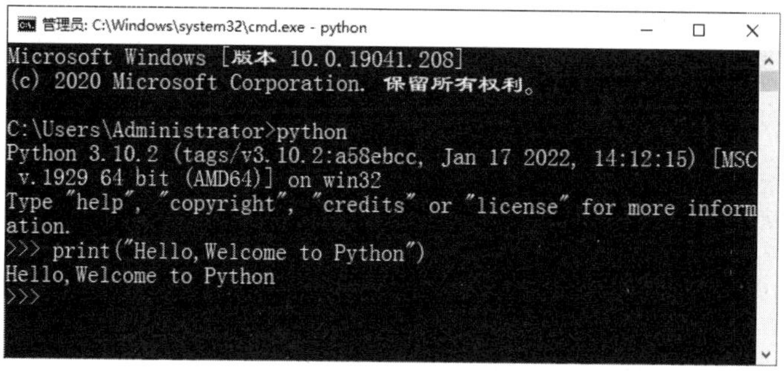

图 7.13　通过命令行启动交互式 Python 运行环境

也可以从开始菜单中选择 "Python 3.10|Python 3.10 (64-bit)" 选项，进入命令行方式，如图 7.14 所示。

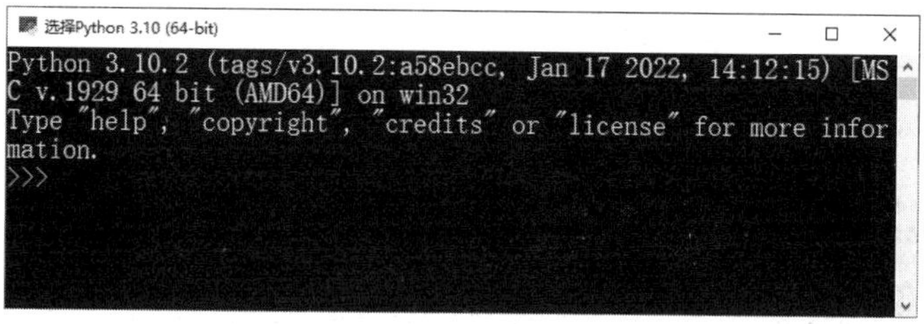

图 7.14　选择 Python 3.10 (64-bit)

在 ">>>" 提示符后输入 exit()或者 quit()可以退出 Python 运行环境。

第二种方法是通过调用安装的 IDLE 来启动 Python Shell 窗口。从开始菜单中选择 "Python 3.10|IDLE (Python 3.10 64-bit)" 选项，启动 IDLE，打开 Python Shell 窗口，如图 7.15 所示。这里，推荐使用 IDLE，因为它具有语法高亮辅助显示，还能支持文本缩进等功能。

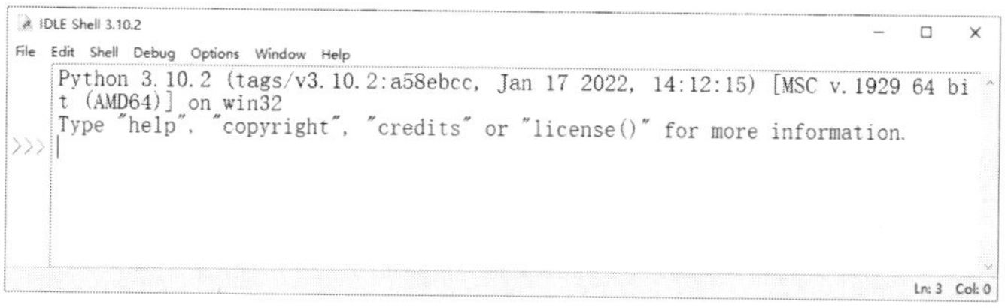

图 7.15　启动 Python Shell 窗口

在提示符 ">>>" 后输入 Python 语句，每输入一条语句并按 Enter 键后，解释器就会执行该语句，输出相应的结果。在该环境下运行程序的效果，如图 7.16 所示。

上述两种 Python 交互式方法，区别在于第一种命令行方式是 DOS 控制台模式，不支持鼠标操作，第二种 Python Shell 是窗口模式，支持鼠标操作，也支持剪贴板操作。

例如在交互模式中，要想重复执行前面已执行过的命令，或想通过修改前面已执行过的命令得到新的命令。Python 命令行方式中是使用箭头键"↑"，上翻到所需命令，Python Shell 中可以用复制粘贴的方法，也可以在已完成的命令行任意位置单击然后按 Enter 键，该行文本会自动复制到当前等待输入的命令行提示符的后面，可进行修改后或直接按 Enter 键再次执行。

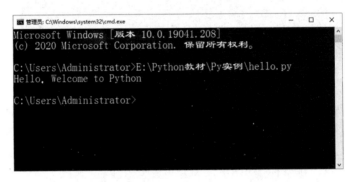

图 7.16　通过 IDLE 交互式运行 Python 语句

2．文件式

文件式也有两种运行方法，与交互式相对应。

第一种方法是用文本编辑器（如 Notepad）按照 Python 语法格式编写代码，并保存为 ".py" 形式的文件。然后，打开 Windows 命令行窗口，按实际路径输入 py 文件即可运行，如图 7.17 所示。

图 7.17　以命令行方式运行 Python 程序文件

第二种方法是打开 IDLE，在如图 7.15 所示的窗口中，选择菜单"File|New File"选项打开一个新窗口，如图 7.18 所示。这个新窗口不是交互模式，它是一个 Python 语法高亮辅助的编辑器，可以进行代码编辑。在窗口中输入代码，然后选择菜单"File|Save"选项，保存文件为 hello.py 文件。选择"Run|Run Module"选项运行该文件。

图 7.18　以 IDLE 方式创建和运行 Python 程序文件

Python IDLE 窗口有两种形式，一种形式是如图7.15所示的"Shell Window"，另一种形式是如图 7.18 所示的"Edit Window"。在"Shell Window"下，选择菜单"File|New File"选项可以打开"Edit Window"；在"Edit Window"下，选择菜单"Run|Python Shell"选项可以打开"Shell Window"。Python IDLE 的默认打开窗口可以选择菜单"Options|Configure IDLE"选项打开如图 7.19 所示的窗口进行设置。

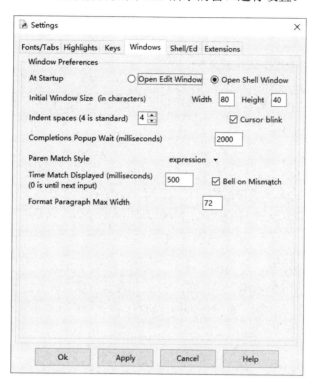

图 7.19 Python IDLE 设置窗口

7.4.4 数据类型

数据是信息在计算机内的表现形式，也是程序的处理对象，将数据分为不同的种类，称为数据类型。数据类型定义了一系列值及能应用于这些值的一系列操作。Python 不仅能提供基本数据类型，如数值类型、字符串类型、布尔类型，还能提供描述复杂数据的复合数据类型。复合数据类型是用户根据需要来定义的由相同或不同的基本数据元素组合而成的数据类型，如列表、元组、字典和集合等，这里主要介绍 Python 的基本数据类型。

1．数值类型

数值类型用于存储数值，Python 提供 3 种数值类型：整数类型、浮点数类型和复数类型。

1）整数类型

整数类型表示数学里的整数，有二进制、八进制、十进制和十六进制 4 种表示方式，默认表示方式是十进制，二进制数使用 0b（或 0B）开头，八进制数使用 0o（0O）开头，十六进制数使用 0x（0X）开头。例如，123、0b1101、0o132、0X8a 都是合法的整数。

2）浮点数类型

浮点数类型用于表示一个实数，浮点数有十进制和科学记数法两种表示形式。其中，科学记数法使用字母 e（或 E）表示以 10 为底的指数，e 之前为数字部分，e 之后是指数部分，指数必须为整数。例如，-6.7、98.0、1.5e7、1.3E-12 等都是合法的浮点数，其中 1.5e7 相当于数学表达式 1.5×10^7。

整数和浮点数分别由 CPU 中不同的硬件完成运算。对于相同类型的操作，如加法，前者的运算速度比后者快得多，为了尽可能地提高运算速度，需要根据实际情况定义整数类型或浮点数类型。

3）复数类型

在科学计算中经常会遇到复数运算问题。Python 提供了复数类型，复数类型数据的形式 $a+bj$，复数的虚部通过后缀 "J" 或 "j" 来表示。复数类型中的实部和虚部的数值部分都是浮点数类型。例如，4+3.5j 和-6+5.2J 都是合法的复数。

2. 字符串类型

字符串是字符的序列，使用单引号（'）、双引号（"）或三引号（'''或"""）括起来。其中，单引号和双引号表示单行字符串，三引号表示单行或多行字符串，并且可以在三引号中任意地使用单引号和双引号。例如，'apple'和"apple"表示的是同一个字符串。

```
>>> print("apple")
apple
>>> print('apple')
apple
>>> print('''hello'
… apple''')
hello'
apple
```

提示：连续的 3 个大于号（>>>）是 Python 语句首行输入提示符，3 个连续点（…）表示延续上一行内容。

3. 布尔类型

布尔类型用于描述逻辑判断的结果，只有真和假两种值。True 代表逻辑真，False 代表逻辑假。

```
>>>x=10
>>>x>100
False
>>>x<100
True
```

7.4.5 常量和变量

常量是指在程序运行的过程中，其值不变的量，如 123、"Python"、True 等。

计算机在处理数据时，必须将其存储在内存中。将存放数据的内存单元命名，通过内存单元的标识名来访问其中的数据，一个有名称的内存单元就是变量。与常量不同，变量的值在程序运行过程中是可以改变的。

每个变量都有一个名称，通过名称来引用变量。Python 语法规定变量名（又称为标识符）可以包含字母、数字、下画线和汉字等字符，但是不能以数字开头，长度没有限制，对字母大小写敏感。例如，_abc、_Abc 都是合法的变量名，并且是两个不同的变量名。

Python 保留了一些标识符作为保留关键字，这些关键字具有特定含义，不能被用作变量名，包括 and、as、assert、break、class、continue、def、del、elif、else、except、exec、finally、for、from、global、if、import、in、is、lambda、not、or、pass、print、raise、return、try、with、while、yield 等。

赋值语句用赋值运算符（=）给变量赋值，如：

```
r=2
area=3.14*r*r
r=5
```

7.4.6 运算符与表达式

运算是对数据进行加工。运算符是表示实现某种运算的符号。表达式由变量、常量、运算符和函数等组成。Python 中的运算符种类非常丰富，包括算术运算符、字符串运算符、关系运算符和逻辑运算符等。

1. 算术运算符

算术运算符用来对数值型数据进行算术运算，如表 7.2 所示，表中均假设变量 y=3。

表 7.2　算术运算符

运算符	含　义	表达式举例	运　算　结　果	说　　　　明
**	幂	y**3	27	y**3 表示 y*y*y
–	负号	–y	–3	
*	乘	y*y*2	18	
/	除	10/y	3.333333	标准除法运算，其结果为浮点数
//	整除	10//y	3	结果取商的整数部分
%	取模	10% y	1	结果是两个数相除得到的余数
+	加	10+y	13	
–	减	10-3	7	

算术运算符的优先级按以下顺序由高到低排列：① **；②-（负号）；③*、/、//、%；④+、-。

2．字符串运算符

Python 提供了 5 个字符串运算符，如表 7.3 所示，表中均假设变量 str="abc"。

表 7.3　字符串运算符

运算符	含　义	表达式举例	运算结果	说　　　明
+	连接	str+"cd"	abccd	将两个字符串首尾相连
*	多次复制	str*3	abcabcabc	复制 3 次字符串"abc"
in	子串测试	"a" in str	True	如果"a"是 str 的子串，返回 True，否则返回 False
[i]	索引	str[2]	c	返回第 2 个字符
[N:M]	切片	str[1:2]	b	返回第 N 个到第 M 个字符串，不包含 M

3．关系运算符

关系运算符是用来比较两个操作数的大小的。关系表达式的运算结果为逻辑值。若关系成立，结果为 True；若关系不成立，结果为 False。Python 中的关系运算符如表 7.4 所示。

表 7.4　关系运算符

运　算　符	含　义	表达式举例	运算结果
==	等于	"abc"=="abd"	False
!=	不等于	"abc"<>"abd"	True
>	大于	"abc">"abd"	False
>=	大于等于	"abc">="计算机"	False
<	小于	6<(3+4)	True
<=	小于等于	"123"<="abc"	True

关系运算符的优先级相同，按从左到右的顺序运算即可。

4．逻辑运算符

逻辑运算符的作用是对操作数进行逻辑运算，逻辑表达式的运算结果为逻辑值。Python 中常用逻辑运算符如表 7.5 所示。

表 7.5　逻辑运算符

运算符	含义	表达式举例	运算结果	说　　　明
not	取反	not("a">"b")	True	当操作数为假时，结果为真；当操作数为真时，结果为假
and	与	(5>=3) and (9>5)	True	两个操作数都为真时，结果才为真
or	或	(4==5)or (4!=5)	True	两个操作数中有一个为真时，结果为真。两个操作数都为假时，结果才为假

逻辑运算符的优先级：not>and>or。

5．表达式

表达式是指由常量、变量、函数、运算符及圆括号按一定的规则组成的式子。表达式通过运算后返回一个结果，运算结果的类型由操作数和运算符共同决定。

书写表达式必须遵循一定的规则，否则系统将无法识别。

在一个表达式中，运算的先后顺序取决于运算符的优先级，即优先级高的先运算，优先级低的后运算，如果两个运算符的优先级一样，则按照从左到右的顺序进行运算。

7.4.7　流程控制语句

在高级语言中，程序控制结构是由流程控制语句实现的。不同的高级语言，流程控制语句有所不同，Python 中实现选择结构和循环结构的语句如下。

1．分支语句

分支语句用于实现选择结构，根据对给定条件的判断选择不同的执行路径。通常根据执行路径的分支数不同，分支语句分为单分支结构、双分支结构和多分支结构，根据问题的不同，选择相应的结构。

1）单分支结构：if 语句

语法格式如下：

```
if <条件>:
    <语句块>
```

if 语句首先评估<条件>的结果值，如果结果为 True，则执行语句块里的语句序列，然后控制转向程序的下一条语句。如果结果为 False，语句块里的语句会被跳过。单分支结构的执行流程如图 7.4 所示。

```
if "a" in "123abc456":
    print("找到了")
```

运行结果为：

```
找到了
```

语句块是 if 条件满足后执行的一个或多个语句序列。语句块必须向右缩进，当包含多条语句时，语句要缩进统一。

2）双分支结构：if-else 语句

语法格式如下：

```
if <条件>:
    <语句块 1>
else:
    <语句块 2>
```

语句块 1 是条件满足后执行的一个或多个语句序列，语句块 2 是条件不满足后执行的语句序列。双分支结构用于区分条件的两种可能：True 或 False，分别形成执行路径。双分支结构的执行流程如图 7.5 所示。

例如，"判断整数变量 x 的奇偶性"对应的 if-else 语句如下：

```
if x%2==0:
    str = "该数是偶数"
```

```
else:
    str = "该数是奇数"
```

3）多分支结构：if-elif-else 语句

语法格式如下：

```
if <条件1>:
    <语句块1>
elif <条件2>:
    <语句块2>
…
else:
    <语句块N>
```

Python 依次评估寻找第一个结果为 True 的条件，执行该条件下的语句块，同时结束后跳过整个 if-elif-else 结构，执行后面的语句。如果没有任何条件成立，else 下面的语句块被执行。else 子句是可选的。多分支结构的执行流程如图 7.6 所示。

多分支结构是二分支结构的扩展，这种形式通常用于设置同一个判断条件的多条执行路径。

例如，"判断某字符是大写字母、小写字母、数字还是其他符号"的 if-elif-else 语句如下：

```
# ch 存放被判断的字符,chtype 存放判断的结果
ch=input("请输入一个字符")
if ch>="A" and ch<="Z":
    chtype = "大写字母"
elif ch>="a" and ch<="z":
    chtype = "小写字母"
elif ch>="0" and ch<="9":
    chtype = "数字"
else:
    chtype = "其他符号"
print(chtype)
```

2. 循环语句

循环语句的作用是根据条件判断一段程序是否再次或多次执行，用于实现循环结构。

根据循环执行次数的确定性与否，循环可以分为确定次数循环和非确定次数循环。确定次数循环指循环次数有明确定义的循环，称为"遍历循环"，循环次数采用遍历结构中元素个数来体现，由 for 循环语句实现。非确定次数循环通过条件判断是否继续执行循环体，由 while 循环语句实现。

1）遍历循环：for 语句

语法格式如下：

```
for <循环变量> in <遍历结构>:
    <语句块>
```

之所以称为"遍历循环"，是因为 for 语句的循环执行次数是根据遍历结构中的元素个数确定的。遍历循环可以理解为从遍历结构中逐一提取元素，放在循环变量中，对

于所提取的每个元素执行一次语句块。

例如：用 for 循环将字符串"Python"中的每个字符另起一行输出。

```
n=0
for ch in "Python":
    print("第",n,"个字符是:",ch)
    n=n+1
```

执行该语句组的结果如下所示。

```
第 0 个字符是: P
第 1 个字符是: y
第 2 个字符是: t
第 3 个字符是: h
第 4 个字符是: o
第 5 个字符是: n
```

如果要遍历一个数字序列，可以使用 Python 的内置函数 range()。range()的语法如下：

```
range(start,end,step)
```

range()返回一个包含所有 k 的列表，这里 start<=k<end，从 start 到 end，k 每次递增 step。step 不可以为 0，否则将发生错误。如果 range()只包含一个参数，则该参数代表 end，start 默认为 0，step 默认为 1。例如，range(2,6)返回[2,3,4,5]，range(6)返回 [0,1,2,3,4,5]

```
s=0
for i in range(11):
    s=s+i
print("i=",i)
print("s=",s)
```

程序运行结果如下：

```
i=10
s=55
```

2）无限循环：while 语句

很多应用无法在执行之初确定遍历结构，这需要编程语言提供根据条件进行循环的语句，称为无限循环，又称为条件循环。无限循环一直保持循环操作直到循环条件不满足才结束，不需要提前确定循环次数。

Python 通过 while 语句实现无限循环，语法格式如下：

```
while <条件>:
        <语句块>
```

其中，条件与 if 语句中的判断条件一样，结果为 True 和 False。当条件判断为 True 时，循环体重复执行语句块中语句；当条件为 False 时，循环终止，执行与 while 同级别缩进的后续语句。while 语句的执行流程如图 7.7 所示。

while 语句实现例 7.1 中求 24 和 16 的最大公约数的代码如下：

```
#辗转相除法求最大公约数
a=24
```

```
b=16
if a<b:
    t=a
    a=b
    b=t
c=a%b
while c!=0:
    a=b
    b=c
    c=a%b
print(b)
```

3）循环体中的 break、continue 和 pass 语句

在循环的过程中，可以使用循环控制语句来控制循环的执行。有三个控制语句，分别是 break、continue 和 pass 语句。一般来说，break 和 continue 语句的作用是改变控制流程。当 break 语句在循环结构中被执行时，控制流程会立即跳出其所在的最内层循环结构，转而执行该内层循环外后面的语句。与 break 语句不同，当 continue 语句在循环结构中被执行时，并不会退出循环结构，而是立即结束本次循环，重新开始下一轮循环，也就是说，跳过循环体中在 continue 语句之后的所有语句，继续下一轮循环。对于 while 语句，执行 continue 语句后会立即检测循环条件；对于 for 语句，执行 continue 语句后并没有立即检测循环条件，而是先将"遍历结构"中的下一个元素赋给控制变量，然后再检测循环条件。

下面通过几段简单的代码，了解它们的工作过程。

```
str="asdfg"
for ch in str:
    if ch=="d":
        break
    print(ch)
```

上述代码的运行结果如下：

```
a
s
```

continue 语句会忽略后面的语句，强制进入下一次循环。

```
str="asdfg"
for ch in str:
    if ch=="d":
        continue
    print(ch)
```

上述代码的运行结果如下：

```
a
s
f
g
```

循环体可以包含一个语句，也可以包含多个语句，但是却不可以没有任何语句。如果只是想让程序循环一定次数，但是循环过程什么也不做的话，可以使用 pass 语句。

```
while True:
    pass
```

这段代码可用于实现任何形式的输入，一直等待用户按 Ctrl+C 组合键中断为止。

7.4.8 函数

为了增加代码的可重用性、可读性和可维护性，程序设计语言一般都提供函数机制来组织代码。函数又称为子程序，是以一个名字标识完成特定功能的一组代码。函数有以下两个重要作用。

（1）任务划分。把一个复杂的任务划分为多个简单任务，并用函数来表达，使任务更易于理解、易于实现。

（2）代码重用。各种复杂的任务常常包含一些完全相同或非常相近的简单任务。把这些简单任务编写成独立的函数，由各大任务调用，避免重复编程。

函数就是完成特定功能的一个语句组，这组语句可以作为一个单位使用，给函数起一个函数名，通过函数名在程序的不同地方多次执行（即函数调用），却不需要重复编写这些语句。每次使用函数时可以提供不同的参数作为输入，以便对不同的数据进行处理。函数处理后，将相应的结果反馈给调用者。

在 Python 里，函数分为两大类。一类是由安装包自带的函数，包括 Python 内置的函数，如 input()、print()、str()等，也包括 Python 标准库中的函数，如 math 库中的sqrt()等。另一类是用户根据应用需求自定义的函数。

Python 函数定义的一般形式如下：
```
def <函数名> (<形式参数表>):
    <函数体>
    return <返回值列表>
```
其中，def 是关键字，函数名的命名规则与变量的命名规则相同。形式参数表是执行函数时需要的参数列表，可以是零个或多个，参数之间用逗号隔开。函数体是函数每次被调用时执行的一组语句，可以由一个或多个语句组成。函数体一定要注意缩进。return是关键字，用于返回值列表，并将控制权返回给调用者。

Python 函数调用的一般形式如下：
```
<函数名>(<实际参数列表>)
```
调用函数时，函数名后面括号中的表达式称为实际参数列表，简称实参。

例 7.4 编写程序，定义求圆面积的函数 ymj，并调用函数求任意半径的圆的面积。
```
# 自定义函数 ymj
def ymj(r):
    return 3.14*r*r
bj=eval(input("请输入圆的的半径:"))
print("半径为",bj,"的圆的面积为:",ymj(bj))              #调用自定义函数 ymj
```

7.4.9 复合数据类型

Python 包含的复合数据类型主要有序列类型、映射数据类型和集合类型。

序列类型是一个元素向量，元素之间存在先后关系，通过序号进行访问。序列类型主要有列表、元组和字符串等。

映射数据类型是一种键值对，一个键只能对应一个值，但是多个键可以对应相同的值，而且通过键可以访问值。字典是 Python 中唯一的映射数据类型。字典中的元素没有特定的顺序，每个值都对应唯一的键。字典类型的数据与序列类型的数据的区别是存储和访问方式不同。另外，序列类型仅使用整数作为序号，而映射类型可以使用整数、字符串或者其他类型数据作为键，而且键和值具有一定关联性。

集合类型是由数学中的集合概念引入的，集合是一个无序的不重复元素的序列。集合的元素类型只能是固定数据类型，如整型、字符串、元组等，而列表、字典等是可变数据类型，不能作为集合中的数据元素，集合可以进行交、并、差、补等集合运算。

1. 集合

集合是一个无序的不重复元素的序列，其基本功能是完成成员关系测试和删除重复元素。集合的语法格式为

```
{value₁,value₂,···,valueₙ}
```

其中，使用大括号括起来的 $value_i$ 为集合元素，各个元素之间使用逗号隔开。如 animal 集合为

```
animal={"tiger","dog","cat","pig","sheep"}
```

2. 列表

在 Python 中，列表用方括号表示，在方括号中，列表元素可以是数值型，也可以是字符串型，还可以是布尔型。列表的语法格式为

```
[value₁,value₂,···,valueₙ]
```

其中，使用方括号括起来的 $value_i$ 为列表元素，各个元素之间使用逗号隔开。列表的各元素不需要具有完全相同的数据类型。列表初始化之后，可以对其元素进行修改。如 ls 列表为

```
ls=["dog",123,True,"apple"]
```

3. 元组

元组是另外一种有序列表，元组用圆括号表示。元组的语法格式为

```
(value₁,value₂,···,valueₙ)
```

元组与列表类似，但是元组是不可变数据类型，元组一旦初始化之后，元组的元素就不能修改。因为元组的元素不可变，所以其代码更为安全，故若能用元组代替列表就尽量使用元组。如 tp 元组为

```
tp=("dog",123,True,"apple")
```

4. 字典

字典是由键值对组成的集合，字典中的值通过键来引用。字典的语法格式如下：

```
{k₁:v₁,k₂:v₂,···,kₙ:vₙ}
```

其中 k_i 为键，v_i 为值。每个键与值用冒号隔开，前面为键，后面为值。各个键值对之间用逗号分隔，字典整体放在花括号中。例如 dict 字典为

```
dict={"中国":"北京","美国":"华盛顿","德国":"柏林"}
```

7.4.10 turtle 库画图

turtle 库是 Python 标准库之一，是 Python 中一个很流行的绘制图像的函数库。turtle 库绘图原理：想象一只小海龟，在一个以画布中心为坐标原点，横轴为 x、纵轴为 y 的坐标系中，从(0,0)位置开始，面向 x 轴正方向，根据一组函数指令的控制，改变小海龟的位置、方向和状态，在这个平面坐标系中移动，从而在它爬行的路径上绘制出图形。

1．函数库的导入

turtle 库是一个专门绘制图像的函数库，要使用库中的函数，必须先导入这个函数库到当前的程序中。

Python 中导入函数库的方法有两种，但对函数的使用方式略有不同。

第一种导入函数库的方法如下：

```
import <库名>
```

此时，程序可以调用库名中的所有函数，调用库中函数的格式如下：

```
<库名>.<函数名>(<函数参数>)
```

第二种导入函数库的方法如下：

```
from <库名> import <函数名,函数名…函数名>
from <库名> import *
```

其中，*是通配符，表示所有函数。此时，调用该库的函数时不再需要使用库名，直接使用如下格式：

```
<函数名>(<函数参数>)
```

例如：

```
import turtle                #引用 turtle 库
turtle.circle(60)            #绘制半径为 60 像素的圆，circle 函数来自 turtle 库
```

上面的代码也可以改为：

```
from turtle import *         #调用 turtle 库中的所有函数
circle(60)                   #绘制半径为 60 像素的圆
```

2．turtle 库绘制坐标系

turtle 库绘制图形有一个基本框架，turtle 库绘制坐标系如图 7.20 所示。一只小海龟在坐标系中爬行，其爬行轨迹形成了绘制图形。对于小海龟来说，有"前进"、"后退"和"旋转"等爬行行为，对坐标系的探索也通过"前进方向"、"后退方向"、"左侧方向"和"右侧方向"等小海龟的自身角度方位来完成。刚开始绘制时，小海龟位于画布正中央，此处坐标为(0,0)，前进方向为水平向右。

3．画笔状态函数

画笔状态包括提起画笔、放下画笔、画笔宽度、画笔颜色、显示与隐藏画笔等。在绘图过程中，经常需要控制画笔在绘图区域移动以绘制不同部分或线条。此时，需要使用 penup()提起画笔，到目标位置后再用 pendown()将画笔放回到画布上，在绘图结束时，经常需要用 hideturtle()隐藏画笔的箭头。常用画笔状态函数如表 7.6 所示。

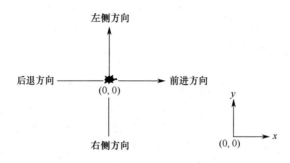

图 7.20　turtle 库绘制坐标系

表 7.6　常用画笔状态函数

函　　数	说　　明
penup()|pu()	提起画笔移动，不绘制图形，用于另起一个地方绘制
pendown()|pd()	移动时绘制图形
pensize(wid)	设置画笔的宽度，默认值为 1
isdown()	返回画笔是否放下，True 为放下
hideturtle()	隐藏画笔的 turtle 形状
showturtle()	显示画笔的 turtle 形状
pencolor(colorstring)	设置画笔的颜色
fillcolor(colorstring)	绘制图形的填充颜色
color(color1, color2)	设置画笔的颜色为 color1，填充颜色为 color2
begin_fill()	准备开始填充图形
end_fill()	填充完成
done()	启动事件循环，必须是图形程序中的最后一条语句

4．移动与绘画函数

移动与绘画函数是 turtle 库中最主要和应用最多的函数，用于控制画笔的前进、后退、转向、直接移动到某位置、绘制圆、正多边形等，还包括控制绘图速度、刷新速度等。移动与绘画函数如表 7.7 所示。

表 7.7　移动与绘画函数

函　　数	说　　明
speed(speed)	设置画笔移动速度，参数 speed 值为 0～10
forward(distance)|fd()	向当前画笔方向移动 distance 像素长度，简写为 fd()
backward(distance)|bk()	向当前画笔相反方向移动 distance 像素长度
right(angle)	angle 为角度值，顺时针移动 angle
left(angle)	angle 为角度值，逆时针移动 angle
goto(x,y)	将画笔移动到坐标为(x,y)的位置
circle(radius,extent)	画圆弧，半径为正（负），表示圆心在画笔的左边（右边）画圆
home()	设置当前画笔位置为原点，坐标为(0,0)，朝向东

5. 绘制四边形

例 7.5 编写程序，利用 turtle 库绘制一个边长为 100 像素的红色的正方形。

绘制正方形有两种方法：第一种方法是逐一绘制每条边，形成正方形；第二种方法是鉴于正方形的规则性，采用循环方式绘制正方形。

第一种方法的程序代码如下：

```
# 绘制正方形
import turtle
turtle.pensize(3)            #设置画笔宽度
turtle.pencolor("red")       #设置画笔颜色
turtle.fd(100)
turtle.right(90)
turtle.fd(100)
turtle.right(90)
turtle.fd(100)
turtle.right(90)
turtle.fd(100)
turtle.right(90)
turtle.hideturtle()          #隐藏画笔形状
```

第二种方法的程序代码如下：

```
# 绘制正方形
from turtle import *         #导入 turtle 库中的所有函数
pensize(3)
pencolor("red")
for i in range(4):
    fd(100)
    right(90)
hideturtle()
```

7.4.11 Python 编程示例

1. 计算银行存款利息

已知银行年存款利率为 2.1%，编写程序，计算至少需要存多少年，10 万元存款连本带利翻一番。

这是一个迭代问题，存款以年为单位发生变化，而这样的循环究竟要循环多少次呢？显然是这个问题要求解的结果。对于不知道循环次数的问题，使用 while 是非常方便的。

程序代码如下：

```
ck=100000
years=0
while ck<200000:
    years=years+1
    ck=ck*(1+0.021)
print(years,"年后 10 万元存款连本带利翻一番")
```

程序运行结果：

34 年后 10 万元存款连本带利翻一番

2. 鸡兔同笼问题

鸡兔同笼是中国古代的数学名题之一。大约在 1500 年前，《孙子算经》中就记载了这个有趣的问题。书中是这样叙述的：今有雉兔同笼，上有三十五头，下有九十四足，问雉兔各几何？这四句话的意思是：有若干只鸡和兔同在一个笼子里，从上面数有 35 个头，从下面数有 94 只脚。问笼中各有多少只鸡和兔？

假设鸡有 x 只，兔有 y 只，根据关系可以列出下面的等式：

$x+y=35$　　①

$2x+4y=94$　　②

这显然是一个穷举问题，鸡的数量从 1 只到 34 只，一个个去检验是否满足条件 $2x+4y=94$，也就是 94 只脚。该题检验次数虽然不多，但是如果自己一个个去试还是有些麻烦的，如果给计算机去试，还是非常简单的，只要告诉它规则就可以了，满足规则输出结果。

使用 range(1,34)函数返回一个包含 33 个数的列表，即[1,2,3,…,32,33]。

程序代码如下：

```
chickens=0
rabbits=0
for chickens in range(1,34):
    rabbits=34-chickens
    if 2*chickens+4*rabbits==94:
        print("鸡:",chickens)
        print("兔:",rabbits)
```

程序运行结果：

鸡: 21

兔: 13

3. 简易发红包

某人打算发 100 元的红包，共 10 个。编写程序，要求每发一个红包输出一行内容"第 x 个红包 y 元，剩余 z 元"。前 9 个红包，每个红包 5 元至 10 元间的随机金额，剩余的是第 10 个红包的金额。

使用 random 库中的 randint(5,10)产生 5 到 10 之间的随机整数。

程序代码如下：

```
import random
bonus=100
for i in range(1,10):
    redbag=random.randint(5,10)
    bonus=bonus-redbag
    print("第",i,"个红包",redbag,"元")
print("第",10,"个红包",bonus,"元")
```

程序运行结果：
第 1 个红包 9 元
第 2 个红包 8 元
第 3 个红包 9 元
第 4 个红包 5 元
第 5 个红包 9 元
第 6 个红包 5 元
第 7 个红包 6 元
第 8 个红包 10 元
第 9 个红包 10 元
第 10 个红包 29 元

4．绘制奥运五环

奥运五环的大小、间距有固定的比例，已知坐标 (-110,-25)、(0,-25)、(110,-25)、(-55,-75) 和 (55,-75)，是半径为 45 像素的奥运五环的起点，五环的颜色分别是 red、blue、green、yellow、black，根据给定坐标和颜色绘制奥运五环，运行效果如图 7.21 所示。

图 7.21　奥运五环

可以构建两个列表分别用于存放 5 个点的横坐标和纵坐标，再用一个列表存放颜色，构建一个可执行 5 次的循环来完成绘制。

程序代码如下：

```
#绘制奥运五环
import turtle
ringx=[-100,0,110,-55,55]                      #5 个环的绘制起点横坐标
ringy=[-25,-25,-25,-75,-75]                     #5 个环的绘制起点纵坐标
ring_color=["red","blue","green","yellow","black"]      #5 个环的颜色
turtle.pensize(5)
turtle.speed(0)                                 #speed 函数参数为 0，表示速度最快
for i in range(5):                              #构建 5 次的循环
    turtle.pencolor(ring_color[i])              #按顺序从颜色列表中取环的颜色
    turtle.penup()
    turtle.goto(ringx[i],ringy[i])              #移动绘图起点到此坐标
    turtle.pendown()
    turtle.circle(45)                           #画圆
turtle.hideturtle()                             #隐藏箭头
turtle.done()                                   #停止画笔绘制
```

5 个环的绘制起点（即上述 5 个坐标）是依据圆的半径为 45 像素计算得到的。如

果圆的半径不是 45 像素，则 5 个环的起点坐标也要随之改变。

思　考　题

1. 简述算法的概念和特征。
2. 简述枚举法解决问题的步骤。
3. 程序的基本控制结构有几个？并画出它们的流程图。
4. 机器语言、汇编语言、高级语言有什么不同？
5. 用高级语言编写的程序的执行分为哪几个步骤？
6. Python 程序运行有几种方式？
7. 使用 import 导入函数库有几种方法？

第 8 章　计算机网络与 Internet

本章导读

当今世界正处在一个以网络为核心的信息时代，网络的概念随着技术的发展而不断更新，传统的"三网"正在融合，通信网络、有线电视网络都逐渐融入了现代计算机网络技术，以 Internet 为代表的计算机网络技术已经从根本上改变了人们获取信息的方式，并在很大程度上改变了人们的观念和生活方式，对人类社会产生的和将要产生的影响也是极为巨大和深远的。在网络无处不在，区块链、云计算、元宇宙等新技术层出不穷的今天，具备一定的计算机网络和 Internet 基础知识是非常必要的。

8.1　计算机网络概述

8.1.1　认识计算机网络

1．什么是计算机网络

两台计算机的网卡通过一根双绞线连接起来就能组成一个最简单的计算机网络。全世界数以亿计的计算机相互间通过各种网络设备连接起来构成了世界上最大的计算机网络——Internet。网络中的计算机可以是在同一间宿舍内，也可能分布在地球上的不同区域。

计算机网络的通常定义是：将地理位置分散的具有独立功能的多台计算机，通过网络连接设备和传输介质连接起来，在网络软件及协议的管理和协调下，实现资源共享和信息传递的系统。

由定义可知，计算机网络是由计算机、网络连接设备和传输介质等硬件设备以及网络操作系统和网络协议等软件系统共同组成的一个有机整体，网络的基本功能是资源共享和信息通信。

2．计算机网络的功能

计算机网络最基本的功能是可以互相通信、资源共享。随着计算机网络技术的发展进步以及用户需求的增加，计算机网络的功能也在不断延展，综合来说，计算机网络有以下基本功能。

1）数据通信

数据通信是计算机网络最基本的功能，用于实现计算机与终端之间、计算机与计算机之间传送字符、语音、图像等各类数据信息。利用这一功能，计算机可以超越地理位置的限制，让分布在不同地点的网络用户能够相互通信、传递信息，进行如收发电子邮件、电子商务、视频会议等活动。

2）资源共享

资源共享是计算机网络最显著的特点，也是最吸引人的特点，它包括软件资源共享、硬件资源共享和数据资源共享。网络本身是一个巨大的信息资源库，蕴含着极其丰富的数据，人们可以通过相互共享数据资源，达到充分利用信息的目的，网上图书馆、视频网站、搜索引擎等都是数据资源共享的典型应用。计算机中的很多高性能软、硬件资源是比较昂贵的，如超级计算机、海量数据存储、高速打印机、大型数据库软件、某些专用软件以及特殊设备等，计算机网络允许用户共同使用这些软硬件资源，提高了资源利用率，避免了重复购置。

3）分布式处理

单台计算机的处理能力毕竟有限，对于一些复杂、庞大的任务，计算机网络采用适当的算法，将大型任务转化成小型任务，分散到网络中的各计算机上进行分布式处理，提高了整个系统的处理能力，实现重大科研项目的联合开发和研究。GIMPS（互联网梅森素数大搜索）、SETI@home（搜寻地外文明）等项目都是网络分布式处理的成功应用。

4）提高系统的可靠性

系统的可靠性对于通信、金融及石化等工业过程控制领域尤为关键，可以通过网络中的冗余部件大大提高系统的可靠性。冗余部件是指重复配置的一些系统关键部件，当系统发生故障时，冗余部件会自行介入并承担故障部件的工作，例如在系统运行过程中，一台计算机发生故障，在管理软件的控制下故障计算机的当前任务会转给网络中的其他计算机；网络中一条通信线路发生故障，可以采用另一条备用通信线路，从而保证了系统不间断工作，降低数据丢失风险，提高整体系统的可靠性。

3．计算机网络的发展历程

1）以终端数据通信为主的第一代计算机网络

计算机网络是计算机技术和通信技术紧密结合的产物。自从有了计算机，就有了把计算机技术与通信技术结合在一起的需求，早在 1951 年，美国麻省理工学院林肯实验室就开始为美国空军设计被称为 SAGE 的半自动化地面防空系统，这被认为是计算机和通信技术结合的先驱。美国航空公司与 IBM 公司在 20 世纪 50 年代初开始联合研究、60 年代初投入使用的飞机订票系统 SABRE-I 由一台计算机和全美范围内 2000 多个远程终端（仅包括显示器、键盘，没有 CPU、内存和硬盘）组成，为了提高通信线路的利用率并减轻主机的负担，使用了多点通信线路、终端集中器以及前端处理机等现代通信技术，这些技术为以后计算机网络的发展做好了技术准备，并奠定了理论基础。

这一类早期的计算机网络实际上是一种以单个计算机为中心的远程联机系统，实现多个地理位置不同、不具备自主处理能力的远程终端与中心计算机之间的数据通信，严格来讲，并不是真正的计算机之间的互连网络，只是计算机网络的雏形，一般称为第一代计算机网络。

2）以资源共享为目的的第二代计算机网络

第一代计算机网络只能在终端和计算机之间进行通信，不同的计算机之间无法通信。20 世纪 60 年代中期出现了大型计算机，同时也出现了多台计算机相互连接以实现对大型计算机资源远程共享的需求，以分组交换为特征的网络技术的发展则为这种需求提供了实现的手段，于是以资源共享为目的的第二代计算机网络产生了。

这个阶段的典型代表是 1969 年由美国国防部高级研究计划局主持研究建立的 ARPAnet 实验网，ARPAnet 实验网采用了分组交换技术、分布式资源共享以及两级子网的概念。所谓两级子网，是从逻辑上把计算机网络分成通信子网和资源子网两大部分，通信子网由网络节点（又称为通信处理机）和通信线路组成，负责完成网络数据传输、转发等通信处理任务；资源子网由主机、终端控制器和终端组成，负责运行用户程序，向用户提供网络资源和网络服务。ARPAnet 实验网提出的这些技术和概念沿用至今，对计算机网络的发展产生广泛而深刻的影响。

3）基于 OSI 体系结构的第三代计算机网络

进入 20 世纪 70 年代，计算机网络技术、方法和理论的研究日趋成熟，网络应用越来越广泛，为了促进网络产品的开发，各大计算机公司纷纷制定自己的网络技术标准，如 IBM 公司于 1974 年公布的 SNA（System Network Architecture，系统网络体系结构），DEC 公司于 1975 年公布的 DNA（Distributed Internetwork Architecture，分布式网络体系结构）等。这些网络技术标准都只在本公司范围内有效，从而造成不同公司生产的计算机及网络产品很难实现互联，这给用户的使用带来极大的不便，同时也制约了计算机网络的发展。

1977 年，国际标准化组织（ISO）针对各大公司开发的计算机网络体系结构均有封闭性的情况，开始着手制定开放系统互连参考模型 OSI/RM（Open System Interconnection/Reference Model），也称为 OSI 体系结构。作为一个能使各种计算机在世界范围内进行互连的国际标准框架，OSI 体系结构把网络划分为七个层次，简化了网络通信原理，规定了可以互联的计算机系统之间的通信协议，为今后网络体系和网络协议的开发提供了依据。此时的计算机网络在共同遵循 OSI 体系结构的基础上，形成具有统一网络体系结构，并遵循国际标准的开放式和标准化的网络，这标志着第三代计算机网络的诞生。

4）以 Internet 为核心的第四代计算机网络

如何将世界范围内不计其数的局域网、广域网连接起来，从而达到扩大网络规模和实现更大范围的资源共享？Internet 的出现解决了这一问题。20 世纪 90 年代后期以来，随着国家信息基础设施（NII）和全球信息基础设施（GII）等信息高速公路计划的推动实施，Internet 呈现出爆炸式的高速发展，主机数量、上网人数、网络信息流量每年都在成倍地增长，如今已发展成一个现代化国家离不开的、极为重要的基础设施，尤其在当今全球化经济发展的进程中，Internet 已成为不可缺少的信息基础设施，对推动世界科学、文化、经济和社会的发展起着不可估量的作用。目前，网络的发展正处在以 Internet 为核心的第四代计算机网络，高速互连、智能、更广泛的应用服务已成为这一阶段网络的特点。

8.1.2　计算机网络的分类

计算机网络依据不同的划分方法有不同的分类，这些分类方法都只能反映网络某一方面的特征，如使用范围、拓扑结构、覆盖范围等，下面分别介绍几种常见的计算机网络分类。

1．按覆盖地理范围分类

按照覆盖地理范围的大小，计算机网络可以分为局域网、城域网和广域网三种类型，这也是计算机网络最常用的分类方法。三种网络的比较如表 8.1 所示。

表 8.1　局域网、城域网和广域网的比较

对　比　项	局　域　网	城　域　网	广　域　网
地理范围	楼宇内、园区内	城市内	国内、跨国
运营者	所属单位	城市级网络运营商	大型网络运营公司
传输线路	双绞线、光纤、无线电	光纤、微波、无线电	光纤、卫星
传输速率	高速	高速	低速
误码率	最低	低	高
主要应用	分布式数据处理 办公自动化	LAN 互联，综合语音、视频 和数据业务	远程数据传输

1）局域网

局域网（Local Area Network，LAN）是将较小的地理范围内（通常是 10 千米之内）的计算机连接在一起进行高速数据通信的计算机网络。例如一个办公室、一栋楼、一个楼群、一个企业或学校内部的联网多为局域网。局域网配置简单，传输速率高，目前主流的局域网技术是千兆以太网（Ethernet），速率为 1Gbps，在一些对传输速率要求较高的数据中心、汇聚骨干等场景中，10G、40G、100Gbps 速率的万兆以太网也已经被普遍采用。

2）广域网

广域网（Wide Area Network，WAN）在物理空间上跨越很大，覆盖范围约在几百千米至几千千米，往往是跨省、跨国甚至跨洲际将若干局域网进行互联，实现更广范围的资源共享。例如中国教育和科研计算机网就是一个把全国各地教育部门、大中小学的局域网互联构建而成的广域网。虽然广域网的主干线路带宽以 Tbps 级别来计量，但由于广域网用户众多，从用户的角度看广域网的数据传输速率比局域网要慢。

3）城域网

城域网（Metropolitan Area Network，MAN）的覆盖范围介于局域网和广域网之间，通常为几十千米至上百千米，覆盖一个城市。城域网往往由所在城市的宽带网络运营商组建，作为一种公用基础设施将城市内不同地点的多个局域网连接起来实现资源共享。从技术上看，为了达到局域网间的高速通信，城域网普遍使用诸如 40G/100G 以太网等与局域网相似的技术，同时为了使覆盖范围扩大，城域网也采用了一些广域网技

术，城域网可以视为广域网和局域网之间的桥接区。

2．按网络拓扑结构分类

网络拓扑结构（Network Topology）是指计算机网络中各台计算机、网络设备的分布形式和相互连接的方式，它代表网络的物理布局。常见的网络拓扑结构有：总线型结构、星型结构、环型结构、树型结构、网状结构，计算机网络可以根据所采用的网络拓扑结构的不同分为以下几类。

1）星型网

星型网的拓扑结构形式如图 8.1 所示，这种结构中的每个节点都用单独的线路连接到中心节点，各个节点之间的通信必须通过中心节点的存储转发技术实现。这种结构的优点是：网络结构简单、建网容易且便于集中管理和故障诊断，增加、删除节点容易，不会因为某个节点发生故障导致整个网络不能正常工作。缺点是：网络的可靠性差，完全依赖中心节点，对中心节点的性能和可靠性要求高，若中心节点出现故障，会导致全网瘫痪。在实际工程应用中，中心节点采用交换机等专用网络设备来实现，性能高效稳定，传输速度快，故障率极低。星型网是局域网中应用最广、实用性最强的一种连接形式。

2）总线型网

总线型网的拓扑结构形式如图 8.2 所示，这种结构采用一条单根的通信线路（总线）作为公共的传输通道，所有节点都通过相应的硬件接口直接连接到总线上，并通过总线使用广播传输技术进行数据传输，同一时刻只允许一个节点发送数据。这种结构的优点是：网络结构简单，不需专用的网络连接设备，使用线缆少，成本低。缺点是：广播传输技术使每个节点都能监听所有网络信息，信息安全性差，且易造成网络拥塞，使得网络规模受限，故障不易诊断和隔离。总线型网仅在早期网络和小型低成本网络中使用，如同轴电缆以太网。

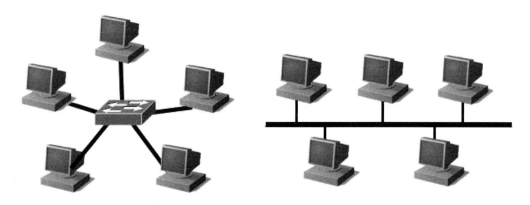

图 8.1 星型网的拓扑结构   图 8.2 总线型网的拓扑结构

3）环型网

环型网的拓扑结构形式如图 8.3 所示，在这种结构中，各节点通过环接口连在一条首尾相接的闭合环型通信线路中,数据在环中单向进行传送,每个节点只能与它相邻的节点直接通信。如果要与网络中的其他节点通信,数据需要依次经过两个通信节点之间的每个节点。这种结构的优点是:网络路径选择和网络管理机制简单,通信设备和线路较为节省。缺点是:传输速率和效率低,可靠性差,任何线路或节点的故障都有可能引起全网瘫痪,且故障诊断困难。令牌环网、FDDI(Fiber Distributed Data Interface,光纤分布式数据接口)网都是环型网的典型代表。

4)树型网

树型网的拓扑结构形式如图 8.4 所示,树型网的拓扑结构是从星型网的拓扑结构扩展而来的,是一种多级星型网的拓扑结构,在树型网的拓扑结构的顶端有一个根节点,其下带有分支,每个分支还可以再带子分支,各个节点按一定的层次连接起来,形状像一棵倒置的树。这种结构的优、缺点与星型网的拓扑结构极为相似,便于扩展和管理,但对根节点和各分支节点可靠性要求高。目前层次化架构的大中型局域网几乎都是采用树型网的拓扑方式,各分支节点对应接入层、汇聚层交换设备,根节点对应的核心层设备通常采用双机冗余热备以保证高可靠性。

图 8.3　环型网的拓扑结构　　　　　图 8.4　树型网的拓扑结构

5)网状结构网

网状结构网的拓扑结构如图 8.5 所示。在这种结构中,各网络节点与通信线路连接成一个不规则的"网",任意两个节点之间至少有两条线路,这就相当于起到了均衡和冗余的双重作用,一条线路故障就走另外一条,某个节点故障不会影响整个网络的正常工作。这种结构的优点是:网络可靠性高,路径选择灵活,提高了网络性能。缺点是:结构复杂,不易管理和维护,建网成本高。广域网通常采用网状结构网。

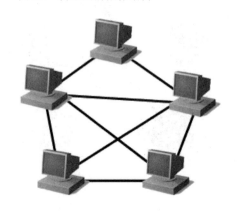

图 8.5　网状结构网的拓扑结构

3．按使用范围分类

根据网络使用者的不同，计算机网络可以分为公用网和专用网两类。

公用网（public network）也称为公众网，是指由网络运营商（国有或私有）出资建造的，为公众提供各种信息服务的大型网络。所有愿意遵守网络运营商的使用管理规定的人都可以付费使用，属于经营性网络。例如，联通宽带、电信宽带、广电宽带、鹏博士宽带等。

专用网（private network）是指某个单位为自身的特殊业务需求而建造的网络，这种网络仅为本单位业务提供服务，不向本单位以外的人开放。例如，军队、铁路、金融、电力等系统均有自己的专用网。

除上述分类外，还可以按传输介质将计算机网络分为有线网和无线网；按网络管理模式将计算机网络分为对等式网络、专用服务器式网络、主从式网络等。

8.1.3　计算机网络的网络协议与网络体系结构

1．网络协议

1）网络协议的概念

为了使计算机网络中的众多不同功能、配置、使用方式的设备能够有条不紊地交换数据、共享资源，就需要事先约定一些通信双方共同遵守的规则，即网络协议。网络协议规定了网络中每台设备所发送的每条信息的格式和意义，每台设备在何种情况下应该发送何种信息，以及设备在接收到信息时应做出怎样的应答等。具体地说，网络协议由以下三个要素组成：

（1）语法，即数据与控制信息的结构或格式；

（2）语义，即需要发出何种控制信息、完成何种动作以及做出的应答；

（3）时序，指事件发生的时序关系。

2）网络协议的层次式结构

计算机网络是一个十分复杂而庞大的系统，涉及不同的计算机、软件、操作系统、传输介质等，要相互通信所需要的网络协议是非常复杂的。在工程设计中，对付这种复杂系统的常规方法就是把很多相关的功能分解开来，将一个复杂系统划分为若干容易处理的子系统，"各个击破"逐个予以解释和实现，这就是网络协议的层次式结构。层次式结构的好处在于使各层网络协议功能相对简单且独立，每层都是利用下层提供的服务完成本层的功能，从而为上层提供服务，且服务细节对上层屏蔽，完成本层功能的协议可以独立设计和实现，具有很大的灵活性，更易于交流、理解和标准化。

可以通过一个实际生活中的例子来说明层次式结构的优势，如图 8.6 所示是中日两家公司进行商务交流活动的示意图。经理层、秘书层、报务员层的功能都相对简单且独立，每层并不需要关心其他层的服务工作细节。例如，秘书层只要能够实现英文翻译功能，就可以利用下一层的报务员送来的英文电报为上一层的经理层提供服务，至于报务员层是如何收发电报的，以及经理层是如何进行商业决策的，都不需要秘书层费心考虑。

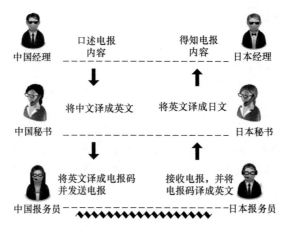

图 8.6 层次式结构实例

2．网络体系结构

计算机网络的层次结构模型及各层协议的集合，被称为网络体系结构或参考模型。网络体系结构是比较抽象的概念，可以用不同的硬件和软件来实现这样的结构。20 世纪 60 年代后期开始，各大计算机公司就纷纷组织力量开发自己的网络体系结构，比较著名的有 IBM 公司 1974 年发布的 SNA、DEC 公司 1975 年发布的 DNA 等，这些网络体系结构的封闭性导致了不同网络之间难以互联，也把研究网络体系结构标准化的问题推向了高潮，形成了如今常见的两种网络体系结构：作为国际标准的 OSI 体系结构以及作为事实工业标准的 TCP/IP 体系结构。

1）OSI 体系结构

为了使不同网络体系结构的异种网络能够互联，1977 年，国际标准化组织信息处理系统技术委员会（ISO TC97）设立了专门的分委员会着手制定一个国际范围的网络体系结构标准，并于 1984 年 10 月正式发布了作为网络体系结构国际标准的 OSI 体系结构。OSI 体系结构是开放的，无论参与互连的网络系统的差异有多大，只要它们都遵循 OSI 体系结构，便可有效地进行通信，从而解决了异种计算机、异种操作系统、异种网络间的通信问题。

OSI 体系结构在逻辑上将整个网络的功能划分为七个层次，由低到高分别为物理层、数据链路层、网络层、传输层、会话层、表示层和应用层，如图 8.7 所示。其中第一、二层解决网络信道问题，第三、四层解决传输服务问题，高三层处理应用进程的访问，解决应用进程通信问题。下面简要说明每个层次的主要功能。

（1）物理层（Physical Layer）

物理层是 OSI 体系结构的最低层，它向下直接与传输介质相连接，利用物理传输介质为上一层提供一个物理连接。物理层的主要功能是对传输介质、调制技术、传输速率、接插头等具体的特性加以说明，例如什么信号代表"1"？什么信号代表"0"？一位持续多少时间？传输是双向的，还是单向的？从而实现在物理介质上传输原始的二进制数据，即比特流。

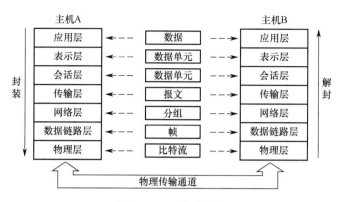

图 8.7　OSI 体系结构

（2）数据链路层（Data Link Layer）

数据链路层利用物理层所建立起来的物理连接形成相邻节点之间的数据链路，为上一层提供相邻节点之间无差错的数据传输服务。这一层实现以帧为单位传送数据，将物理层的比特流封装成帧（包含目的地址、源地址、数据段以及其他控制信息），然后按顺序传输帧，并通过接收端的校验检查和应答保证可靠的传输。

（3）网络层（Network Layer）

网络层主要负责提供连接和路由选择。在网络层中交换的数据单位称为分组或包（packet），数据在网络层被转换为分组，然后通过路由选择、流量、差错、顺序、进/出路由等控制，从发送端传送到接收端。传送过程中要解决的关键问题是通过执行路由算法，为分组选择最适当的路径，路径既可以是固定不变的，也可以是根据网络的负载情况动态变化的。其他要解决的问题还包括阻塞控制、信息包顺序控制和网络记账等功能。

（4）传输层（Transport Layer）

传输层的作用是为上层提供端到端的可靠和透明的数据传输服务，主要负责确保数据可靠、顺序、无差错地从发送端传输到接收端。如果没有传输层，数据将不能被接收端验证或解释，所以传输层常被认为是 OSI 体系结构中最重要的一层。传输层同时还执行端到端差错检测和恢复、顺序控制和流量控制功能，并管理多路复用。传输层传送的数据单位是报文。

（5）会话层（Session Layer）

应用进程间的一次连接称为一次会话，例如一位用户通过网络登录到一台主机，或一个正在用于传输文件的连接等都是会话。会话层负责控制发送端和接收端究竟什么时间可以发送与接收数据，为不同用户建立、识别、拆除会话关系，并对会话进行有效管理。例如，当许多用户同时收发信息时，会话层主要控制、决定何时发送或接收信息，才不会有"碰撞"发生；当一段信息传错了，会话层使用校验点可使会话从校验点继续恢复通信，而不必重传数据。

（6）表示层（Presentation Layer）

表示层以下各层只关心如何可靠地传输数据，而表示层关心的是所传输数据的语法表示问题。其主要功能是完成数据转换、数据压缩和恢复、加密和解密等服务，使双方均能识别对方数据的含义。例如 ASCII 码和 Unicode 码之间的转换、不同格式文件的转换、文本压缩、数据加密等。

（7）应用层（Application Layer）

应用层是 OSI 体系结构的最高层，也是用户访问网络的接口层。应用层负责为网络操作系统或网络应用程序提供访问网络服务的接口，监督并管理相互连接起来的应用系统以及所使用的应用资源，为用户提供各种网络服务，如电子邮件、文件传输、网页浏览等。

以上所述的各层的最主要功能可以归纳如下。

① 应用层：与用户应用进程的接口，即相当于"做什么？"。

② 表示层：数据格式的转换，即相当于"对方看起来像什么？"。

③ 会话层：会话的管理与数据传输的同步，即相当于"轮到谁讲话和从何处讲"。

④ 传输层：从端到端经网络透明地传送报文，即相当于"对方在何处？"。

⑤ 网络层：分组交换和路由选择，即相当于"走哪条路可到达该处？"。

⑥ 数据链路层：在链路上无差错地传送帧，即相当于"每一步该怎么走？"。

⑦ 物理层：将比特流送到物理媒体上进行传送，即相当于"对上一层的每一步我们怎样利用物理媒体？"。

2）TCP/IP 体系结构

OSI 体系结构虽然在理论方面比较完整，概念清晰，但是由于其实现起来过分复杂，而且制定周期较长，导致其实用性较差，不能被市场所认可，只被视为一种用来理解网络体系结构的理论性成果，无法进入商业化领域。生产厂商们公认和使用的工业标准则是相对简单的 TCP/IP 体系结构。

TCP/IP 是 Transmission Control Protocol/Internet Protocol（传输控制协议／互联网协议）的缩写，是罗伯特·卡恩（Robert Kahn）和文顿·瑟夫（Vinton Cerf）为 Internet 的前身 ARPAnet 实验网所开发设计的网络体系结构和协议，Internet 上的计算机均需采用 TCP/IP 体系结构。虽然 TCP/IP 体系结构中没有清楚地区分哪些是规范、哪些是实现，在概念上并不严谨清晰，但这并不妨碍其随着 Internet 的流行而获得广泛的支持和应用，在市场化方面获得成功，TCP/IP 体系结构已成为目前事实上的国际标准和工业标准。

TCP/IP 体系结构是一个四层的体系结构，自下而上依次是：网络接口层、网际层、传输层和应用层。TCP/IP 与 OSI 体系结构的层次对应关系如图 8.8 所示。

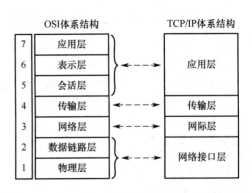

图 8.8　TCP/IP 与 OSI 体系结构的层次对应关系

TCP/IP 体系结构的网络接口层与 OSI 体系结构的物理层和数据链路层对应，但实际上 TCP/IP 体系结构在这一层并没有实质性内容，而是允许参与互联的各网络使用自己的物理层和数据链路层协议，如 PPP 协议、SLIP 协议等。TCP/IP 体系结构的网际层与 OSI 体系结构的网络层相当，网际层协议有 IP（网际协议）、ICMP（网际控制报文协议）、IGMP（网际组管理协议）、ARP（地址解析协议）等。TCP/IP 体系结构的传输层与 OSI 体系结构的传输层相当，传输层协议有 TCP（传输控制协议）和 UDP（用户数据报协议）。TCP/IP 体系结构的应用层相当于 OSI 体系结构的高三层：会话层、表示层和应用层，提供了各种应用程序使用的协议，常见的应用层协议有 HTTP（超文本传输协议）、FTP（文件传输协议）、Telnet（网络终端协议）、DNS（域名解析）、SMTP（简单邮件传输协议）、RIP（路由信息协议）、SNMP（简单网络管理协议）等。

8.1.4 计算机网络的组成

计算机网络的组成，根据网络规模、网络结构、应用范围以及采用的技术不同而不尽相同，但无论网络的复杂程度如何，从系统组成上来说，一个计算机网络是由网络硬件和网络软件这两大部分共同组成的。网络硬件提供的是数据处理、数据传输和建立传输通道的物质基础，而网络软件则控制数据通信，对网络资源进行管理、调度和分配，提供各种网络服务。没有网络软件的支撑，网络硬件只是一堆摆设，网络软件所实现的各种网络功能则需依赖于网络硬件去完成，二者缺一不可，共同组成一个有机整体。

1．网络硬件

网络硬件包括计算机系统、网络连接设备和传输介质。

1）计算机系统

计算机系统是计算机网络中的主体设备，是被连接的对象。构建网络的目的就是将各个功能独立的计算机系统互相连接，实现数据通信和资源共享。网络连接的计算机可以是巨型机、大型机，也可以是个人计算机、移动终端，根据在网络中所担当的角色不同，网络中的计算机可分为服务器和客户机两类。

（1）服务器

服务器也称为中心站，是网络的核心设备，是网络中的"服务提供者"，它提供了网络通信服务和网络管理功能，并提供了各种网络资源，用户通过网络向服务器提出各种各样的网络服务请求，服务器响应并处理这些请求，从而实现网络功能。服务器的性能决定了所提供网络服务的能力，因此多由配置较高的计算机担当，服务器如图 8.9 所示。

（2）客户机

客户机也称为工作站，是用户与网络之间的接口，是网络服务的"享用者"。用户通过操作客户机连入网络并向服务器提出服务请求，获取网络资源。客户机只是一个接入网络的设备，它的接入和离开对网络系统不会产生影响，因此配置不需要很高，多采用普通的个人计算机以及手机、笔记本电脑等移动终端。

2）网络连接设备

在计算机网络中，除计算机外，还有大量的用于计算机之间、网络与网络之间的连接设备，这些设备负责控制数据的发出、传送、接收或转发，包括信号转换、路径选择、编码与解码、差错校验、通信控制管理等，是连接计算机系统的桥梁，称为网络连接设备。常用的网络连接设备有网卡、交换机、路由器等。

图 8.9　服务器

（1）网卡

网卡又称为网络适配器（Network Adapter）、网络接口卡（Network Interface Card，NIC），是局域网中计算机与网络进行连接的设备。无论是普通客户机还是高端服务器，都需要有一块网卡，才能连接到局域网中。网卡从功能上看，对应着 OSI 体系结构中的物理层和数据链路层，一方面将发送给其他计算机的数据封装成帧通过物理网络发送出去，另一方面又接收从网络中传送过来的帧，并将帧重新组合成数据送给本机。为了区分数据从哪里来到哪里去，每个网卡在出厂时都被分配了一个全球唯一的 48 位的 MAC 地址，用于数据链路层寻址。

按照传输速率，网卡可分为 100Mbps（百兆）网卡、1Gbps（千兆）网卡、10G/40Gbps（万兆）网卡。按照与物理网络连接的接口类型，网卡可分为无线网卡、RJ-45 网卡、SFP 光纤网卡、FCoE 网卡等。按照物理形式的不同，网卡可分为集成网卡和独立网卡，早期的网卡都是独立网卡，如图 8.10 所示，插在主机箱内的主板扩展插槽中；随着网络的普及，很多主板内部集成了网卡功能，网卡成为了主板的一部分。集成网卡成本低廉，能够满足普通大众的需求，但性能相对较低，种类也比较单一，大多数是 RJ-45 接口的 10/100/1000Mbps 自适应网卡；高性能网卡（如光纤网卡）均为独立网卡。按照与主板总线接口的不同，网卡又分为 PCI 网卡、USB 网卡、ISA 网卡等，应针对不同的网络应用和网络环境选择合适的网卡。

（2）交换机

交换机（Switch）通过面板上的端口把引自各个计算机网卡和其他网络设备的网线集中连接起来，组成一个物理形态上的星型网络。如图 8.11 所示是一台华为交换机，具有 24 个千兆 RJ-45 端口、4 个千兆光纤端口、4 个万兆光纤端口。

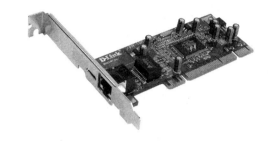

图 8.10　网卡

图 8.11　华为交换机

　　交换机工作在数据链路层，不但能够完成基本的集线功能，还有通过 MAC 地址寻址、错误校验、防止广播风暴等功能，可网管的中档交换机还具有划分虚拟局域网（Virtual Local Area Network，VLAN）、MAC 访问控制列表等功能，高档交换机甚至可以通过增加路由模块而具备三层交换能力。交换机拥有一个高带宽的背板总线和内部交换矩阵，就像一座立交桥，两个端口之间传送数据不会影响其他端口同时工作，连接在每个端口的网络设备都独自享有全部的网络带宽，无须同其他设备竞争使用，是典型的星型网的拓扑结构。交换机有许多类型，按照应用领域，交换机可分为局域网交换机和广域网交换机；按照应用规模，交换机可分为企业级交换机、部门级交换机和工作组级交换机，部门级以上的交换机具备网络管理功能，且提供光纤端口；按照网络构成方式，交换机可分为接入层交换机、汇聚层交换机和核心层交换机，分别用于客户机接入、多台接入层交换机的汇聚、高速骨干网络的搭建。

　　（3）路由器

　　路由器（Router）是用于连接多个不同网络的广域网设备，它通过路由选择（routing）决定数据的转发策略，这也是路由器名称的由来。路由器是一种典型的网络层设备，通过判断网络层地址和选择最佳路径，在多网络互连环境中建立灵活的连接，大大提高了通信速度，减轻了网络系统通信负荷，节约了网络系统资源，提高了网络系统畅通率，从而让网络系统发挥出更大的效益。

　　无论是局域网之间的连接，还是局域网接入 Internet，都离不开路由器。在 Internet 中，路由器是主要的节点设备，构成了 Internet 的骨架。在华为、华三、思科等全球知名网络设备生产厂商的研发体系中，路由器技术始终处于核心地位，它的性能和可靠性直接影响着网络互联的质量。如图 8.12 所示是一台华为路由器。

图 8.12 华为路由器

普通用户所能接触到的路由器是指家用宽带路由器，它实际上是一个内置了网络地址转换（Network Address Translation，NAT）、无线等功能的双口路由器和一个小型多口交换机的结合体，其路由功能非常简单，只有两个网段，LAN 口对应着家庭内部网络，WAN 口用来接入 Internet。

3）传输介质

传输介质是指网络中相邻计算机以及网络连接设备之间的物理路径，是传输数据的物理载体。不同的道路状况会影响车辆的行驶性能，与此类似，作为数据传输物理载体的传输介质也对网络传输性能产生重要影响。传输介质的性能指标主要包括以下内容。

① 传输距离：能够保证数据正常通信的最大距离。

② 抗干扰性：屏蔽外部噪声干扰的能力。

③ 衰减性：信号在传输过程中会逐渐减弱。衰减性与传输距离关系密切，衰减性越低，传输距离就越远。

④ 性价比：指性能值与价格值之比，是网络性能与投入成本的量化方式，对于控制网络建设成本有重要意义。

⑤ 带宽：指传输信道的宽度，也就是可传送信号的最高频率与最低频率之差，带宽的单位是 Hz（赫兹）。作为用户，最感兴趣的是数据在某种传输介质中所能够达到的最大传输速率，传输速率的单位是 bps（位/秒）。带宽可比作道路上行车道的数量，数据最大传输速率可比作理想状态下（不堵车、最高车速）每小时车辆的通过数量，随着技术的发展，未来有可能还会出现"更高车速"的编码技术，从而提高数据最大传输速率，因此，传输速率并不能准确地描述传输介质的性能，而传输介质的带宽则是物理受限的，所以带宽成为评价传输性能的一个重要指标。由于带宽和最大传输速率之间有

着明确的关系，在日常使用中常不加区别。

不同种类的传输介质由于其自身物理特性、传输特性等的差异，在性能上都有各自的优势和缺陷，在实际工程应用中需要根据具体的通信要求，合理地选择使用各种传输介质。传输介质分为有线和无线两大类，有线传输介质有双绞线、光纤、同轴电缆等，无线传输介质有无线电波、微波、红外线、激光等。

（1）双绞线

双绞线是局域网内最常用的一种网络传输介质，常见的双绞线由 8 根绝缘的彩色铜导线两两扭绞组成，共计 4 个线对，外围包着一层塑料保护套管，如图 8.13 所示。每个线对内的两根线都是按照规定好的扭距相互缠绕，4 个线对之间也按照一定的规律相互缠绕，目的是将导线与导线、线对与线对之间的电磁干扰减至最小，同时还能抵御一部分外界电磁波干扰。双绞线有多种分类方式，按照有无金属屏蔽层，双绞线可分为屏蔽双绞线（STP）和非屏蔽双绞线（UTP）；按照线径粗细及扭距的不同，双绞线可分为五类（CAT5）、超五类（CAT5e）、六类（CAT6）、七类（CAT7）和八类（CAT8）双绞线等；按照外部护套保护能力的不同，双绞线可分为室内双绞线和室外双绞线；工程应用上还有一类大对数双绞线，在一根线缆中有几十个线对，便于集中施工。

图 8.13　双绞线

双绞线传输衰减性较高，最大传输距离为 100 米；双绞线抗电磁干扰能力较差，布线时应与电线等强电系统保持一定距离；五类双绞线能支持 100Mbps 的传输速率，超五类双绞线能支持 1Gbps 的传输速率，七类双绞线能稳定支持 10Gbps 的传输速率，八类双绞线能支持 40Gbps 的传输速率（理论传输距离只有 30 米，主要用于数据中心）；双绞线突出优势是性价比高，工程造价低廉，在一般的局域网建设中被广泛采用，例如一栋楼宇范围内的网络连接通常使用双绞线作为传输介质。

双绞线两端与计算机网卡或网络设备连接时需要使用 RJ-45 接头（俗称水晶头）。将 8 根彩色铜线排列整齐后按照一定的线序并排插入 RJ-45 接头中，然后使用专业压线钳压制，即可完成双绞线与 RJ-45 接头的连接。标准化布线系统中双绞线的线序排列应遵循两种国际标准之一，EIA/TIA568B：白橙—1，橙—2，白绿—3，蓝—4，白蓝—5，绿—6，白棕—7，棕—8；EIA/TIA568A：白绿—1，绿—2，白橙—3，蓝—4，白蓝—5，橙—6，白棕—7，棕—8；工程应用中一般使用 EIA/TIA568B。标准化布线除基本的双绞线和 RJ-45 接头外，还会根据实际情况使用信息模块、配线架等部件，以便于线路维护和管理。例如暗埋在楼体内部的双绞线可通过墙壁上的信息模块盒提供外接接口；机柜内的大量双绞线先汇集到配线架上，再通过一根根较短的跳接双绞线连入交换机端口。

（2）光纤

光纤是光导纤维（Optical Fiber）简称，是一种极细、柔韧并能传输光信号的介质，材质以石英玻璃为主。因为光纤本身纤细脆弱，不能直接与外界接触，所以在实际使用中，一般以光缆、尾纤、光纤跳线等形式出现。光缆中含有多根光纤以及加强芯、填充物、保护层等，如图 8.14 所示，它能够应用在条件严苛的室外环境，适用于光纤铺设；尾纤和跳线只是在单根光纤外部加一层较薄的保护层，如图 8.15 所示，保护能力较差但柔软灵活，而且带有光纤连接头，适用于光纤与网络设备的连接。根据光传输方式的不同，光纤可分为多模光纤和单模光纤，单模光纤在带宽、传输距离、衰减性等方面都要优于多模光纤，相应地，光缆、尾纤、光纤跳线等也分成多模、单模两大类。

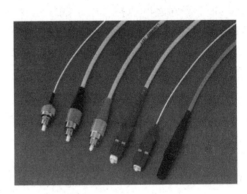

图 8.14　光缆　　　　　　　　　　　　　　　图 8.15　尾纤和跳线

光纤带宽比较高，传输速率可达到 10Gbps 以上的级别；传输光信号不受电磁干扰，保密性强；衰减性低传输损耗小；传输距离远，光纤的传输距离与两端的光纤收发器本身的发射功率、接收灵敏度和使用波长有关，单模光纤的最大传输距离可达 40 千米，多模光纤的最大传输距离可达 2 千米。由于这些性能特点，光纤目前广泛用于广域网主干传输、局域网骨干连接和家用宽带领域。

举一个光纤的应用实例：校园网内两栋楼宇相距 500 米，楼宇交换机之间需要通过 2 根光纤互联组成网络。先在两栋楼宇的设备室之间通过地下管道铺设黑色外皮的光缆，具体的光缆型号要根据楼宇距离和所需线路数量来选择，本例中可采用 8 芯单模光缆，选择单模光纤是因为多模光纤最多只支持 1Gbps 的传输速率，难以满足校园网主干速率要求；增加光纤根数是为了通过线路冗余提高可靠性，一旦某根光纤发生故障可以迅速切换到另一根光纤，同时也为未来业务扩充提供预留。在设备室内将光缆末端放入光纤终端盒，使用专门的熔接设备将光缆中的 8 根光纤分别熔接上 8 根单模尾纤，尾纤的一端自带接头，可直接插入交换机的单模光纤接口/模块中。如果是较大规模的光纤布线，为了便于线路维护和管理，应按照标准化布线要求，先将尾纤通过光纤耦合器接入光纤配线架，再由光纤配线架通过单模光纤跳线（两端都自带接头）插入交换机的单模光纤接口/模块。如果交换机没有光纤接口/模块，在光纤跳线与交换机的 RJ-45 端口之间还需要增加一个光电转换器，用来将光信号转换成电信号。从本例可见，光纤连接需要更多的部件，选择时除考虑单模、多模的区别之外，还需要注意每类部件都有多种类型规格，例如尾纤、跳线接头就有 LC、SC、ST 等类型之分，必须相互匹配才能正常连接使用。

（3）无线传输介质及无线网络通信技术

无线传输是通过自由空间传播电磁波信号，不受地理条件的约束，部署灵活。按照信号频谱和传输技术的不同，无线传输包括无线电频率通信、地面微波通信、卫星通信、红外线通信和激光通信等。

① 无线局域网

无线局域网是以无线方式构成的局域网，一般用于家庭组网和办公区域、候车厅、餐厅等公共场所。基于 IEEE 802.11 系列协议标准的 2.4GHz/5GHz 扩展频谱通信技术 WiFi（Wireless Fidelity）是目前无线局域网的主流技术，其第六代技术 WiFi6 的最大传输距离可达到数百米，最大传输速率达到 9.6Gbps。而蓝牙、红外线等技术由于覆盖距离很短，更多的用于随身数码设备间的近距离通信。无线局域网的优点是组网快捷、成本低廉、具有灵活性和移动性；缺点是覆盖距离、传输速率、抗干扰性等性能指标无法与光纤比拟，仅适合于个人终端接入和小规模网络应用。

② 地面微波通信

微波是指频率在 300MHz～300GHz 的电磁波，地面微波通信中主要使用的是 2～40GHz 频率范围，微波的特点是在空间沿直线传播，由于地球表面是曲面，所以每隔几十公里便需要设立中继站进行信号的中继，如图 8.16 所示。微波通信对环境干扰不敏感，但受障碍物的影响大，微波的收发器必须安装在建筑物的外面，最好放在建筑物顶部。微波通信的优点是带宽较高、传输距离远、抗干扰性强、建设成本低、见效快；缺点是隐蔽性和保密性差、使用成本高。常用于电缆（或光缆）铺设不便的特殊地理环境或作为地面传输系统的备份和补充。

地球表面

图 8.16　地面微波通信

③ 卫星通信

卫星通信是一种特殊的微波中继系统，它将微波中继站放在了人造地球同步卫星上。卫星通信最大的优点是覆盖面积广，在赤道上空每隔 120° 设置一颗同步通信卫星，只需要三颗同步通信卫星即可覆盖几乎整个地球，因此常用于远程计算机网络，中国四大网络中的金桥网就是以卫星通信为基础，结合了光纤、微波等多种传输方式，形成天地一体的网络结构。卫星通信的缺点是传输延时较大，因为无论地面上两站距离的远或近，都需要通过卫星来中继，天地往返间就会产生大约 0.27 秒左右的传输延时，不能用于对延时要求较高的网络系统。例如，国内很多证券公司通过 VAST（小型卫星通信地球站）接收卫星通信广播的证券行情，而证券的交易信息则通过延时小的有线方式（如光纤）来传输。

美国太空探索技术公司（SpaceX）于 2019 年启动的"Starlink 星链计划"则是通过大量的近地轨道卫星提供高速互联网服务，截至 2022 年 3 月已累计发射 2000 多颗"星链"卫星，为美国、英国、加拿大、澳大利亚、新西兰和墨西哥等国的 25 万名用户提供互联网接入服务。预计 2024 年将达到 4.2 万颗卫星，为全世界提供高速卫星互联网。中国也于 2020 年整合前期的"虹云工程""鸿雁星座"等低轨通信项目，计划建设卫星数量达到 12992 颗的"国网星工程"（简称星网），提供太空 WiFi 服务。

2. 网络软件

根据软件的功能，网络软件可分为网络系统软件和网络应用软件两大类。

1）网络系统软件

网络系统软件是控制数据通信、对网络资源进行管理、调度和分配的网络软件，它包括网络操作系统、网络协议软件和网络管理软件等。其中，网络操作系统是网络系统软件的核心，也是整个网络系统软件的基础。网络操作系统（Network Operating System，NOS）是指能够提供基本网络连接、网络协议安装，以及实现基本网络服务的计算机操作系统，使用户能透明有效地利用计算机网络的功能和资源。网络协议软件是指包含网络通信双方必须共同遵守的网络协议的软件包，网络操作系统通常都内置了一些典型的网络协议软件，如 TCP/IP 协议包、IPX/SPX 协议包等。

服务器上运行的网络操作系统有 Unix、Linux 以及 Windows 系列的服务器级版本 Windows Server 等，客户机上运行的网络操作系统则主要是 Windows 系列的桌面级版本，以及一些 Linux 的桌面级版本如 Ubuntu、Linux Mint、深度 Deepin、红旗 linux 桌面版等。

Windows 作为一个面向普通网络用户的网络操作系统，提供了众多的网络功能，例如：内置了大多数主流网卡的驱动程序；自带了常用的网络协议包；可以方便地管理网络连接；通过多种途径设置和使用网络共享资源；提供建立 Internet 连接的基本功能；提供丰富的网络命令；自带众多功能各异的网络应用软件，等等。下面以 Windows 10 为例，简单介绍其网络功能。

（1）网卡驱动程序的管理

将网卡插入计算机的主板扩展槽完成物理安装后，要想使网卡工作，还需要安装网卡驱动程序。绝大多数网卡都支持即插即用功能，Windows 启动后就能够自动识别并安装大多数主流网卡的驱动程序，无须用户手动安装。如果用户希望手动安装，可以在购买网卡时附带的光盘中找到网卡驱动程序（如果是集成网卡则在主板驱动光盘中找），也可以根据网卡芯片型号到网上下载最新版驱动程序，双击驱动程序文件，按照提示就可以完成网卡驱动程序的安装。

网卡驱动程序安装完成后，可以在设备管理器中查看网卡的运行状态，还可以对网卡驱动程序进行更新、卸载、重新安装、停用、启用等管理操作，如图 8.17 所示。如果网卡驱动程序安装有问题，设备管理器的"网络适配器"展开项中的网卡图标上会有黄色叹号或问号标识，表明网卡状态不正常，可以通过右击快捷菜单的"卸载设备"命令卸载网卡驱动，之后再用"扫描检测硬件改动"命令重新发现并安装网卡驱动，通常能解决此类问题。

图 8.17　网卡驱动程序的管理

（2）网络连接

如果计算机安装了网卡及网卡驱动程序，Windows 将会自动建立一个名为"以太网"的网络连接；如果计算机安装的是无线网卡，则会建立一个名为"WLAN"的网络连接。正确配置网络连接的相关属性，才能够通过网卡连入局域网。

打开"网络和 Internet"设置中的"网络和共享中心"，显示计算机内的各种网络连接及其状态，如图 8.18 所示。其中"以太网"图标表示的是通过本地网卡建立的网络连接，如果网卡已经接在局域网上，则"以太网"就是指本机与局域网的有线网卡连接。如果计算机中还建立了其他的网络连接，如宽带连接、VPN 连接、无线连接等，窗口中也会显示相应的连接图标，例如，图中的"WLAN"就对应着无线网卡通过 WiFi 上网的网络连接。

单击"以太网"，会打开"以太网状态"对话框，可以观察到网络的连接状态，如图 8.18 所示，包括连接持续时间、网络连接速度、发送和接收到的数据包数目等。

图 8.18　网络和共享中心

单击"属性"按钮,打开"以太网属性"对话框,如图 8.19 所示,可以配置网络连接当前的各个网络功能组件及其属性。Windows 的网络功能组件分为客户端、服务、协议三种类型。一般地,网卡驱动程序安装完毕后,网络连接中的基本网络组件都已经安装好了,在"以太网属性"对话框的"此连接使用以下项目"列表框中可以看到"Microsoft 网络客户端"、"Microsoft 网络的文件和打印机共享"、"Internet 协议版本 4(TCP/IPv4)"和"Internet 协议版本 6(TCP/IPv6)"等网络功能组件,并均被勾选。如果需要安装其他网络功能组件,可以单击"安装"按钮,打开"选择网络功能类型"对话框,根据需求选择添加新的网络功能组件。

图 8.19 "以太网属性"对话框

(3)共享资源

Windows 可以将本机中指定的驱动器、文件夹和打印机设置成通过网络共享,也允许本机通过网络访问其他计算机的网络共享资源。

① 驱动器和文件夹的共享设置

只有事先被设置为共享的驱动器和文件夹才能够通过网络访问到。在"文件资源管理器"中右击想要设置为共享的驱动器或文件夹,从快捷菜单中选择"属性"命令,将会打开文件夹属性对话框,如图 8.20 所示,单击进入"共享"选项卡,再单击"共享"按钮,选择要与其共享的用户,可以给不同的用户和用户组分配不同的共享访问权限,达到限制非授权用户访问共享资源的目的。完成共享设置后,这个驱动器或文件夹就可以被其他网络用户远程访问了。如果想停止共享,单击"高级共享"按钮,取消"共享此文件夹"复选框的勾选即可。

② 共享驱动器和文件夹的访问方式

用户可通过多种方式访问局域网内的共享资源,最直观的方式是在"文件资源管理器"中单击"Network",将会列出本网络工作组中的所有共享资源（刚刚设置为共享的资源需要经过几分钟的刷新时间才能显示出来），双击即可访问。如果知道共享资源所在的计算机名或者 IP 地址，则可以通过搜索计算机或者运行命令的方式来访问。

图 8.20　开启共享后的文件夹属性对话框

如果需要经常访问某个网络共享资源，每次都通过前述几种方法访问比较麻烦，可以使用"映射网络驱动器"功能，将该共享资源映射为一个驱动器，之后计算机每次开机后都会自动映射该网络驱动器，用户可以像访问本地硬盘驱动器一样随时访问该共享资源。具体方法是：右击"文件资源管理器"|"Network"中的该共享资源图标，从快捷菜单中选择"映射网络驱动器"命令，打开"映射网络驱动器"对话框，如图 8.21所示，进行具体设置。

图 8.21　"映射网络驱动器"对话框

③ 本地打印机的共享设置

在网络中，用户不仅可以共享各种软件资源，还可以共享硬件资源，例如，局域网中只有一台计算机配备了打印机，可以将该打印机设置成共享资源，其他计算机通过网络共同使用该打印机进行打印。

在开始菜单中选择"开始"|"设置"命令，打开"Windows 设置"窗口，单击"设备"类别中的"打印机和扫描仪"，单击需要共享的打印机，在展开的命令菜单中单击"管理"|"打印机属性"，打开该打印机的属性对话框，如图 8.22 所示。单击其中的"共享"选项卡，然后勾选"共享这台打印机"复选框并设置共享名，单击"确定"按钮，即可将本地打印机设为共享，可以供其他网络用户远程使用。

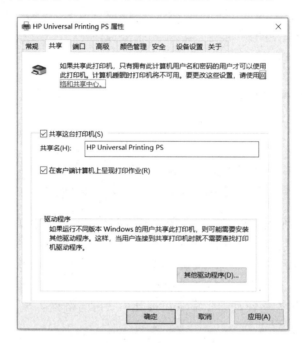

图 8.22　打印机的属性对话框

④ 添加网络共享打印机

如果局域网中某台计算机共享了其本地打印机，其他计算机就可以添加该共享打印机并通过网络使用该打印机了。提示：添加及使用共享打印机前，要确认与打印机直接相连的计算机处于开机运行状态。

在想要使用共享打印机的计算机的开始菜单中选择"开始"|"设置"命令，打开"Windows 设置"窗口，单击"设备"类别中的"打印机和扫描仪"，单击"添加打印机和扫描仪"，如果能搜索到共享打印机，直接单击即可；如果没有搜索到，单击"我需要的打印机不在列表中"，打开"添加打印机"对话框，可以在"按名称选择共享打印机"文本框中输入"\\计算机名或 IP 地址\共享名"，找到网络上的共享打印机，如图 8.23 所示，安装即可。也可以选择"使用 TCP/IP 地址或主机名添加打印机"，通过输入共享打印机所在计算机的 IP 地址来完成安装。"打印机和扫描仪"窗口中将会增加一个网络打印机的图标，此后本机中的打印任务将可以通过网络调用共享打印机打印，打印方法与

使用普通的本地打印机没有区别。

图 8.23 "添加打印机"对话框

2）网络应用软件

网络应用软件是指为满足用户某个网络应用需求而开发的网络软件。网络应用软件为用户提供访问网络的手段、网络服务、资源共享和信息的传输。运行在服务器上对外提供网络服务的网络应用软件被称为服务器端软件，例如 WWW 服务器上的 IIS 或 Apache、FTP 服务器上的 Serv-U 等，这一类软件通常由服务器管理人员负责管理和维护。普通网络用户不需要关心服务器端软件，只要学会使用运行在客户机上用来获取网络服务的客户端软件即可，例如用来获取 WWW 服务的 Chrome 浏览器、火狐浏览器，用来访问 FTP 服务器的 CuteFTP、FlashFXP，用来收发电子邮件的网易邮箱大师、Outlook、Foxmail，用来即时聊天的 QQ、微信，等等。

Windows 内置了一些基本的网络应用软件，如远程桌面连接、Edge 浏览器等，还提供了一组命令行网络应用工具软件供用户使用。例如一条 Net 命令就可以完成共享资源、映射服务器、管理账户等诸多图形界面烦琐操作才能实现的功能，深受网络管理员以及网络技术爱好者的喜爱，但是这种命令行方式需要记忆命令参数，而且不如图形界面操作直观，因此普通用户很少使用。这里介绍几条适合普通用户使用的命令行网络工具，它们的共同特点是命令参数简洁灵活、功能实用，因此较为常用。

（1）ipconfig

ipconfig 用于查看计算机的 TCP/IP 配置信息，可以不带参数直接运行，获得基本信息，如图 8.24 所示。也可以加一些命令参数，实现更多功能，例如加入 all 参数，命令格式为"ipconfig/all"，将会显示计算机完整的 TCP/IP 配置信息，包括计算机名、当前的网络连接、网卡 MAC 物理地址、IP 地址、子网掩码、默认网关以及首选和备用 DNS 服务器地址等。

图 8.24 "ipconfig" 执行结果

提示: 所有命令行工具都必须在"命令提示符"窗口中执行和获得结果。可以在开始菜单中选择"Windows 系统"|"命令提示符"命令,打开"命令提示符"窗口,在窗口中用键盘输入完整的命令,并按 Enter 键,将执行命令,显示命令运行结果。命令通常有严格规定的格式,如果对命令格式不熟悉,可以在命令字后加"/?"参数,获取命令详细帮助信息,来了解如何正确使用该命令。

(2) ping

ping 常用于检查网络是否能够连通,协助分析判断网络故障。基本命令格式为"ping IP 地址或域名地址",执行该命令后,会向目标地址连续发送 4 次大小为 32 字节的测试数据包,然后显示目标地址对测试数据包的响应情况,如图 8.25 所示,如果对方有响应,则显示响应时间(以 ms 为单位)等信息,如果对方无响应,则显示"Request time out"。该命令还可以加一些命令参数使用,实现更多功能,例如在命令的最后加参数"-t",可以持续发送测试数据包。

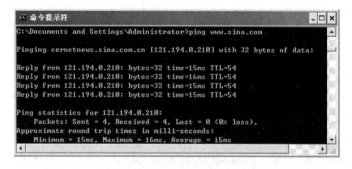

图 8.25 "ping www.sina.com" 执行结果

大到 Internet,小到只有几台计算机的小型局域网,只要发生无法访问对方或者网络工作不稳定的现象,都可以通过 ping 来测试。根据 ping 的执行结果,可以初步判断网络连通情况。如果 4 次测试都有响应且响应时间较短,说明物理网络连通性很好;如果响应时间大于 400ms,或者存在个别无响应的丢包现象,说明网络虽然勉强连通但质量较差,访问会很慢;如果 4 次均无响应,则存在两种可能:要么是网络连接不通;要么是对方为了避免被黑客攻击关闭了对 ping 测试数据包的响应功能。为了分析定位网络故障的大概位置，还可以依次 ping 不同的地址，根据返回信息进行判断。首先"ping 127.0.0.1"，该地址是本机回环地址，正常应该有响应，如果无响应，说明本机网卡驱动程序或网络协议的安装很可能有问题；接下来继续"ping 同网段某计算机 IP 地址"，如果无响应，说明网卡、网线或者交换机端口等局域网线路有问题；然后"ping 默认网关地址"，如果无响应，说明本网段交换机到网关路由器的线路有问题。最后，"ping 某网站的域名地址"，如果显示结果为无响应且域名地址没有被转换成 IP 地址，说明 DNS 服务器地址配置错了，或者 DNS 服务器发生故障。

（3）tracert

tracert 主要用来显示数据包从本机传递到目标地址所经过的路径，便于掌握网络访问的传输路径。基本命令格式为"tracert IP 地址或域名地址"，执行该命令后，会向目标地址发送测试数据包，然后显示数据包经过的每个中继路由器反馈回来的地址信息和响应时间清单，如图 8.26 所示。

图 8.26 "tracert www.sina.com"执行结果

tracert 同 ping 有些相似，并且它能够显示传输路径方面的信息，告诉用户要到达目标地址中途需要经过多少次信息中继，经过的每个中继节点花费了多长时间，如果线路出现故障，可以很直观地看到是哪一个中继节点出了问题。如果在 tracert 后面加上一些参数，还可以检测到其他更详细的信息，例如使用参数"-d"，可以在跟踪路径信息的同时还解析目标地址的域名。

（4）netstat

netstat 的作用是监控 TCP/IP 网络的运行情况，提供各种协议的统计报告，有助于用户掌握网络的整体使用情况。它可以显示路由表、实际的网络连接情况等状态信息，一般用于检验本机各端口的网络连接情况。基本命令格式为"netstat"，执行后会显示目前本机都与哪些地址的计算机间存在网络连接？使用的何种协议？连接哪个端口？连接状态如何？等等，如图 8.27 所示。如果在 netstat 后面加上一些参数，还可以实现更多功能，例如，执行"netstat -a"可以查看所有连接和监听端口；执行"netstat -r"可以显示路由表信息。

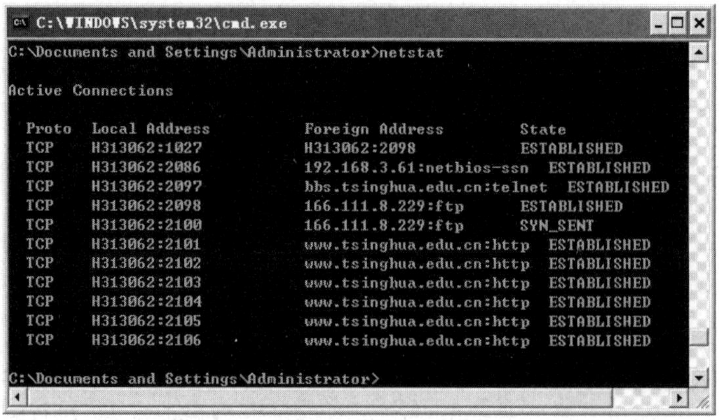

图 8.27　"netstat"命令执行结果

8.2　Internet 基础

8.2.1　Internet 的起源与发展

1. Internet 的产生和发展

Internet 也被称为"因特网"或"国际互联网",是由遍布于全球的不同类型的局域网和广域网通过 TCP/IP 协议互联而成的一个世界范围的信息资源网络。Internet 的出现可以追溯到 20 世纪 60 年代,美国国防部高级研究计划局(Advanced Research Project Agency,ARPA)为了设计一种受到核打击后仍能有效地实施控制和指挥的网络结构,组建了用于研究异种网络互联的 ARPAnet 实验网,由于最初建立 ARPAnet 实验网的项目名称为"The Internetworking Project",因此由 ARPAnet 实验网发展起来的网络被称为 Internet。

1969 年 12 月,ARPAnet 实验网投入运行,最初是利用租用的电话线路把分散在不同地区的 4 台计算机连接起来;到了 1972 年,有 50 多家大学和研究所与 ARPAnet 实验网连接;到 1983 年连接入 ARPAnet 实验网的计算机达到 300 多台,在这个以 ARPAnet 实验网为主干的"网际网"中,用户可以共享网络中的各种软、硬件资源,现代 Internet 的雏形已经显现。

1985 年,美国国家科学基金会(National Science Foundation,NSF)采用 ARPAnet 实验网的网络互连技术建立了 NSFnet,覆盖全美国主要的大学和研究所,并与包括 ARPAnet 实验网在内的其他网络广泛互连,与此同时,出于军事保密目的,ARPAnet 实验网也开始淡出 Internet,NSFnet 成为 Internet 新的主干,这一时期的 Internet 主要用于教育和科学研究目的。

20 世纪 90 年代初期,Internet 技术已经发展成熟,1992 年美国 IBM、MCI、MERIT 三家公司联合组建高级网络服务公司 ANS(Advanced Networks and Services),其建立的 ANSnet 成为 Internet 新的主干,标志着 Internet 进入商业化运营时代,遍布世界各地的商业机构、私营公司纷纷加入，开始了 Internet 迅猛发展的时期，并在很短的时间里演变成如今覆盖全球的国际互联网络。

2．Internet 在中国的发展

随着 Internet 的飞速发展和全球信息高速公路的建设，Internet 在中国也取得了令世人瞩目的成就，中国互联网络信息中心（CNNIC）发布的最新《中国互联网络发展状况统计报告》显示，截至 2021 年 12 月底，中国的网民规模达到 10.32 亿，互联网普及率达 73%，CN 域名注册量达到 2041 万。回顾 Internet 在中国的发展，大致可以分为三个阶段。

第一阶段（1987—1993 年）是与 Internet 的 E-mail 连通阶段，1987 年 9 月 20 日钱天白教授发出的 E-mail 标志着我国开始连入 Internet。第二阶段（1994—1995 年）是教育科研网阶段，1994 年 4 月，教育科研示范性网络 NCFCnet 开通了一条 64Kbps 的国际 Internet 线路，是中国第一个正式与 Internet 实现全面互联的大型网络。第三阶段（1995 年至今）是商业应用网络阶段，中国四大主干网络的建成标志着中国已经全方位进入 Internet。虽然随着时代的变迁中国的 Internet 主干网络也在不断推陈出新，但里程碑式的四大主干网仍值得铭记。

1）中国公用计算机互联网（ChinaNET）

1995 年 4 月，由原邮电部投资建设的中国第一个商业化的计算机互联网络中国公用计算机互联网 ChinaNET 正式开通，其骨干网覆盖全国各省市、自治区，包括 8 个地区网络中心和 31 个省市网络分中心。近年来随着中国通信企业的重组，ChinaNET 也随之拆分为联通、电信等各大通信运营商的运营网络。ChinaNET 的特点是面向社会大众、入网方便、接入方式灵活，在全国各通信运营商营业厅均可办理入网手续。

2）中国教育和科研计算机网（CERNET）

中国教育和科研计算机网（CERNET）是 1994 年由原国家教委主持建设和管理的全国性学术计算机互联网络，用户是我国的大学、教育机构、科研单位、政府部门及非盈利机构。目前，CERNET 会员单位超过 2500 家，用户超过 5000 万人，为学校师生提供了先进的互联网服务，是我国教育信息化的重要基础设施，是国家信息基础设施的重要组成部分与建立学习型社会的重要平台。2000 年 8 月，CERNET 转制组建了赛尔网络有限公司，承担 CERNET 主干网的运营管理，并发展网络增值服务。

CERNET 分四级管理，分别是全国网络中心、地区网络中心和地区主节点、省教育科研网、校园网。全国网络中心设在清华大学，负责全国主干网运行管理。地区网络中心和地区主节点分别设在清华大学、北京大学、北京邮电大学、上海交通大学、西安交通大学、华中科技大学、华南理工大学、电子科技大学、东南大学、东北大学等 10 所高校，负责地区网运行管理和规划建设。例如，东南大学为华东北地区网络中心，连接江苏、安徽、山东三个省网，山东大学是山东省网络中心，连接全省各高校校园网。

3）中国科技网（CSTNET）

中国科技网（CSTNET）是以中国科学院的 NCFCnet 及 CASnet 为基础，连接了中国科学院以外的一批中国科技单位而构成的网络。目前接入 CSTNET 的单位有农业、林业、医学、电力、地震、气象、铁道、电子、航空航天、环境保护等近 20 个科研单

位及国家科学基金委、国家专利局等科技管理部门。它是一个为科研、教育和政府部门服务的网络，主要提供科技数据库、成果信息服务、超级计算机服务、域名管理服务等，中国的互联网管理机构 CNNIC（中国互联网络信息中心）就设置在中国科技网。

4）中国国家公用经济信息通信网络（ChinaGBN）

中国国家公用经济信息通信网络（ChinaGBN）又称为金桥网，是自 1994 年开始建设的一个商业化计算机互联网络，主要用于给我国金字头工程（金卡、金关、金税等）提供信息化基础设施。ChinaGBN 以卫星综合数字业务网为基础，以光纤、无线移动等方式形成天地一体的网络结构，即天上卫星网和地面光纤网互联互通，互为备用，可覆盖全国各省市和自治区。网管中心设在原电子部信息中心，后由中国吉通通信有限公司负责运营，2003 年中国吉通通信有限公司因经营不善被原网通公司兼并，ChinaGBN 也停止运营。

8.2.2　IP 地址与子网掩码

1. IP 地址

为了使连入 Internet 的众多计算机在通信时能够相互识别，Internet 中的每台计算机都被赋予唯一的标识，即 IP 地址。IP 协议就是使用 IP 地址在计算机之间选择路由、传递数据包的，这是 Internet 能够运行的基础。

如同唯一标识电话网中每台电话机的电话号码一样，IP 地址也采用数字型标识，用一组 32 位的二进制数来表示，理论上能够提供 2^{32} 个地址。由于 32 位的二进制数难以书写和记忆，实际使用时把 IP 地址的 32 位二进制数分成四组，每组的 8 位二进制数转换成相应的十进制数，各组之间用一个圆点符号"."分隔开，这种 IP 地址格式被称为点分十进制表示法。例如某计算机的 IP 地址为："11001010.01111000.11100000.00000101"，可以写为"202.120.224.5"。

电话网中每个电话号码都是由电话区号和本区内电话号码两部分组成的，与此类似，每个 IP 地址都是由网络号和主机号两部分组成的，网络号由 Internet 管理机构统一分配，主机号则由具体网络的网络管理员来自行分配。例如前面的 IP 地址例子，高 24 位"202.120.224"为网络号，表明该计算机所在的具体网络，通过查询可知这个网络号被分配给复旦大学；IP 地址的低 8 位"5"为主机号，表明是复旦大学该网络内编号为 5 号的计算机；该网络的主机号只有 8 位，全 0 和全 1 的两个号码还要保留，因此该网络中最多能够容纳 254（2^8-2）台计算机。

Internet 是由若干不同规模的网络连接而成的，每个网络所含的计算机数目各不相同。为了便于对 IP 地址进行管理，充分利用 IP 地址以适应不同规模的网络，IP 地址根据网络号和主机号所占位数的不同进行了分类，共分为五类，即 A 类、B 类、C 类、D 类和 E 类，如表 8.2 所示。

表 8.2　IP 地址的分类

A 类	0				网络号（7 位）			主机号（24 位）		
B 类	1	0				网络号（14 位）			主机号（16 位）	
C 类	1	1	0				网络号（21 位）			主机号（8 位）
D 类	1	1	1	0			多播地址（28 位）			

A 类地址：高 8 位是网络号，其中第 1 位固定为 "0"，因此全球只有 126（即 2^7-2，减 2 是因为 0 和 127 被保留作为特殊地址）个 A 类地址；低 24 位是主机号，因此每个网络最多可容纳 16777214（2^{24}-2）台计算机。A 类地址通常分配给大型公司（如 IBM）和 Internet 主干网。

B 类地址：高 16 位是网络号，其中第 1、2 位固定为 "10"，因此全球允许有 16382（2^{14}-2）个 B 类地址；低 16 位是主机号，因此每个网络最多可容纳 65534（2^{16}-2）台计算机。通常分配给主机比较多的网络，如区域网。

C 类地址：高 24 位是网络号，其中第 1、2、3 位固定为 "110"，允许有 2097150（2^{21}-2）个 C 类地址；低 8 位是主机号，因此每个网络最多可容纳 254 台计算机。通常分配给主机比较少的网络，如大学校园网。一个大学校园网可以拥有多个 C 类网络号。

D 类地址：高 4 位为 "1110"，用于多址广播（组播）。目前使用的视频会议等应用系统都采用了组播技术进行传输。

E 类地址：高 4 位为 "1111"，是实验性地址，保留未用。

2．子网和子网掩码

按照 IP 地址分成网络号和主机号的设计本意来讲，一个单位申请 IP 地址段的最小单位应该是一个 C 类网络号（即 254 个 IP 地址），但随着 IP 地址资源的紧缺，往往一个 C 类网络地址段被分配给多个单位，为了区分各单位的网络，引入了子网和子网掩码的概念。IP 地址的主机号部分可以根据子网掩码被再次分为子网号和真正主机号两部分，子网号和网络号合在一起表示实际获得的网络号，这样一个网络可以被划分为若干子网。

子网掩码是一个由网络管理员指定的 32 位的二进制数码，IP 地址与子网掩码按位做逻辑与运算后，所得出的值中的非 0 部分才是实际的网络号，从而获得一个范围较小的、实际的网络地址。

例如一个 C 类网络，如果将子网掩码设为 255.255.255.0（即 11111111.11111111.11111111.00000000），经过逻辑与运算后，实际获得的网络号仍是 24 位，表明这个 C 类网络中没有划分任何子网，是一个单一的物理网络；如果将子网掩码设为 255.255.255.128（即 11111111.11111111.11111111.10000000），可见实际获得的网络号增加了一位子网号，这个增加的子网号能够把 C 类网络中划分为 2 个子网，每个子网中的真正主机号只有 7 位，表示子网中最多容纳 126（即 2^7-2）台计算机；如果这个 C 类网络希望划分成 4 个子网，则子网掩码应设为 255.255.255.192（即 11111111.11111111.11111111.11000000），每个子网中最多容纳 62（即 2^6-2）台计算机。

3．IPv6

Internet 核心网络协议之一的 IP 协议有两个版本，分别是 IPv4 和 IPv6。IPv4 已经使用了 40 多年并取得了极大的成功，因此通常说的 IP 协议默认是指 IPv4。尽管 IPv4 为 Internet 的发展做出了无可替代的巨大贡献，但随着 Internet 规模的增长，它的许多不足也逐渐暴露出来，其中最严重、最迫切需要解决的是 IPv4 地址资源枯竭、骨干网路由表过于庞大、网络安全等问题，因此国际互联网工程任务组（Internet Engineering

Task Force，IETF）提出了 IPv6，用来替代 IPv4。由于 IPv6 并不向下兼容 IPv4，将基于 IPv4 的传统网络和网络服务改造为 IPv6 需要耗费大量人力物力和时间，所以在相当长的一段时期 IPv4 和 IPv6 将混合共存，网络中需要同时运行两套协议，至少需要 5～10 年现有网络才能彻底转入纯 IPv6 网络。

IPv6 将地址的长度由 IPv4 的 32 位扩充到 128 位，形成了一个巨大的地址空间，以支持海量的网络节点。IPv6 的地址总数大约有 3.4×10^{38} 个，地球表面每平方米将获得 6.5×10^{23} 个地址，足够为地球上每粒沙子提供一个独立的 IPv6 地址，在可预见的很长时期内，它能够为所有可以想象出的网络设备提供一个全球唯一的地址。

IPv6 地址也是采用数字型标识，用一组 128 位的二进制数来表示，由于 128 位的数字难以书写和记忆，实际使用时把 IPv6 地址的 128 位二进制数分成八组，每组的 16 位二进制数转换成相应的 4 位十六进制数，各组之间用冒号符号 "："隔开，这种 IPv6 地址格式被称为冒号十六进制表示法。例如某计算机的 IPv6 地址二进制形式为："0010000000000001:0000010000010000:0000000000000000:0000000000000001:0000000000000000:0000000000000000:0000000000000000:0100010111111111"，可以写为冒号十六进制表示法："2001:0410:0000:0001:0000:0000:0000:45ff"。这样仍然比较长，IPv6 地址允许使用压缩表示方法，首先，可以将每一组内不必要的 0 去掉，表示为 "2001:410:0:1:0:0:0:45ff"；其次，可以进一步压缩，用 "::"（双冒号）来表示多个连续的全 0 组，表示为 "2001:410:0:1::45ff"。提示：一个 IPv6 地址中只允许有一个 "::"（双冒号）。

IPv6 也有子网的概念，但是没有子网掩码的概念，也没有网络号与主机号的概念，取而代之的是 "前缀长度" 和 "接口 ID"。前缀长度可以视为子网掩码来理解，接口 ID 可以视为主机号来理解。前缀长度通常与 IPv6 地址写在一起，例如："2001:410:0:1::45ff/64"，表示前缀长度为 64 位，剩下的后 64 位则是接口 ID。

8.2.3　域名地址和 DNS

1．域名地址

数字形式的 IP 地址记忆起来十分困难，为了方便用户使用，出现了以有意义的名称来标记 Internet 地址的方式，即域名地址，简称域名。例如，复旦大学网站服务器的域名地址为 www.fudan.edu.cn，显然比它的 IPv4 地址 202.120.224.81 以及 IPv6 地址 2001:da8:8001:2::81 容易记忆和书写。

域名地址采用分层结构，通常由 3 至 5 个子域名组成，每个子域名是一个具有明确意义的字符代码，从右到左分别表示所在国家或地区、所在组织的类别、组织名称和主机名称，一般格式为："主机名．组织名称．组织类别代码．国家或地区代码"。如果某个组织不需要特别申明所在国家地区，可以申请没有国家或地区代码子域名的国际域名。例如域名 www.fudan.edu.cn 从右到左可以解读为中国的教育机构中名称为 fudan（复旦校名拼音）的组织里的一台名为 www 的主机。

域名地址最右边的那个子域名称为顶级域名，顶级域名大体可分为两类：组织类别顶级域名和地理顶级域名，常用的顶级域名对照表如表 8.3 所示。这些顶级域名由一个非盈利的因特网域名与地址管理机构（Internet Corporation for Assigned Names and Numbers，ICANN）来分配和管理；中国的顶级域名.cn 下的域名由中国互联网络信息中心（CNNIC）进行分配和管理；edu.cn 下的域名由中国教育和科研计算机网（CERNET）进行分配和管理，例如复旦大学的 fudan.edu.cn 就是从 CERNET 申请到的；fudan.edu.cn 下的域名由复旦大学网络中心来分配和管理，例如把 www.fudan.edu.cn 这个域名分配给了 IP 地址是 202.120.224.81 的服务器；以上这种分层的管理模式能确保每个域名地址都是全球唯一的。

表8.3　常用的顶级域名对照表

组织类别顶级域名		地理顶级域名			
域名	组织类别	域名	国家或地区	域名	国家或地区
edu	教育机构	cn	中国	it	意大利
com	商业机构	de	德国	jp	日本
gov	政府机构	dk	丹麦	sg	新加坡
int	国际性组织	eg	埃及	uk	英国
mil	军事网点	fr	法国	us	美国
net	网络管理机构	tw	中国台湾	nl	荷兰
org	其他机构	hk	中国香港	au	澳大利亚

2. DNS 域名系统

Internet 中的通信协议只能使用 IP 地址，无法直接识别和使用域名地址，因此需要通过域名系统（Domain Name System，DNS）将域名翻译成 IP 地址，翻译的过程称为域名解析。

为了记录组织内的域名与 IP 地址映射关系，同时也为了给本组织内想上网的用户提供域名解析服务，需要在该组织的局域网内设置至少一台专门用来运行域名系统提供域名解析服务的计算机，即 DNS 服务器。

Internet 中成千上万台的 DNS 服务器彼此互连，构成一个树状结构，最顶层是 13 台全球根域名服务器，通过层层递归查询机制使任何一个域名地址都能查询到对应的 IP 地址。例如，用户要访问复旦大学网站，当在客户机端输入域名地址 www.fudan.edu.cn 后，客户机首先向本地 DNS 服务器查询 www.fudan.edu.cn 对应的 IP 地址，如果本地 DNS 服务器的 DNS 缓存中存在 www.fudan.edu.cn 所对应的 IP 地址 202.120.224.81 记录（本地其他用户此前曾经解析过，所以缓存了），则将该 IP 地址发送给发出查询请求的客户机；如果没找到，则本地 DNS 服务器会向上级 DNS 服务器提出递归查询，若干次递归后必能获得该域名对应的 IP 地址。客户机端得到复旦大学网站服务器的 IP 地址后，便可以通过 Internet 的 TCP/IP 协议访问了。要特别说明的是，由于目前正处于 IPv4 和 IPv6 混合共存的过渡时期，所以实际上 www.fudan.edu.cn 域名解析后将同时获得 IPv4 和 IPv6 两个地址，分别为 202.120.224.81 和 2001:da8:8001:2::81，客户机默认会优先使用 IPv6 来进行访问，如果不通，再使用 IPv4 访问。

8.2.4 接入 Internet 的方式

用户的计算机、移动终端想要接入 Internet，必须通过某一个 Internet 服务提供商（Internet Service Provider，ISP）来实现。ISP 是专为广大用户提供 Internet 接入服务业务的公司或机构，例如通信运营商、宽带运营商、高校网络中心，等等。根据接入环境情况、ISP 服务能力等实际因素，可能会存在多种接入 Internet 的方式供用户选择，用户可通过比较，选择一种能够满足自身需求、性价比高的接入方式。以下介绍常见的几种接入方式。

1. 通过局域网接入 Internet

如果用户位于某个已经接入了 Internet 的局域网的覆盖范围内（如学校教学区、企事业园区），则用户可以通过接入该局域网来实现 Internet 接入。此时局域网的管理机构担当了本地 ISP 的角色，例如校园网网络中心就是 ISP，校内用户可以联系网络中心来办理接入 Internet 的手续。

这种接入方式可以充分利用 Internet 线路资源。局域网中所有用户的 Internet 访问请求通过各级交换机汇聚到核心交换机上，再经路由器通过一条由上级 ISP 提供的专用出口线路进入 Internet。由于是所有局域网用户共享一条出口线路，出口带宽和同时在线用户数量是影响 Internet 访问速度的两个重要因素，一个数百用户规模的局域网的 Internet 出口带宽一般需达到 1Gbps 以上才能令用户满意，否则用户在线高峰期往往会出现网络出口拥塞的状况。

局域网接入方式的特点是便于用户的集中管理：使用 ISP 分配的合法 IP 地址（通常是私有地址）才能接入；通过统一身份认证系统进行用户认证；在核心交换机或出口位置放置防火墙、上网行为管理、日志等设备；提供仅限局域网内使用的资源，等等。

移动终端经常使用的 WiFi 上网也属于通过局域网接入 Internet 的方式，如图 8.28 所示，移动终端通过 WiFi 无线信号连接到附近的 AP（Access Point，无线接入点，俗称"热点"），再通过 AP 连入有线局域网，进而达到接入 Internet 的目的。随着智慧校园、智慧园区、智慧城市的兴起，校园、图书馆、车站码头、景区等公共区域大都实现了免费 WiFi 覆盖，餐饮娱乐等商家为了吸引顾客也纷纷提供 WiFi 服务，用户在享受 WiFi 上网便利的同时，也应注意上网安全，不贸然接入陌生的 AP，毕竟在这种局域网接入方式下，用户的上网数据存在被 AP 提供者窃听、篡改的风险。

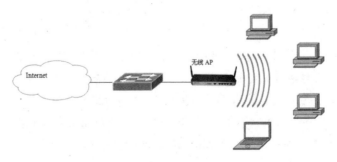

图 8.28　通过无线局域网接入 Internet

2．通过移动通信网络接入 Internet

移动通信网络就是俗称的手机网络，由移动、联通、电信等移动通信运营商建设和运营，具有语音通话功能和数据传输功能。手机、平板电脑等移动终端通过 USIM 卡接入移动通信网络，利用其数据传输功能就能非常便捷的接入 Internet。由于移动通信网络覆盖范围极广，上网业务开通便捷，已经成为手机用户群体最常使用的接入 Internet 方式。

移动通信网络所采用的蜂窝移动通信技术至今已发展到第五代（5th Generation Mobile Communication Technology），简称 5G，具有高速率、低延时和大连接等特点，用户体验速率达 10Gbps，延时低至 1ms，用户连接能力达 100 万连接/平方千米，能够满足无人驾驶、虚拟现实、物联网等应用场景网络需求。5G 网络切片技术可以为不同的应用或业务提供相互隔离、逻辑独立的完整网络，从而实现多个业务共享一张网络，节约网络资源，减少维护成本，例如，可以利用 5G 网络切片技术为高校搭建校园专网，方便师生随时随地访问校内资源。

3．通过 FTTH 宽带网络接入 Internet

光纤到户（Fiber To The Home，FTTH）是通信运营商广泛采用的一种家用宽带接入技术，顾名思义就是一根光纤直接到家庭，解决了家庭上网的"最后一公里"问题。以往家庭用户上网主要采用基于铜缆电话线路的 ADSL 等技术，此类技术对电话线路质量要求高，传输距离短，传输速率慢，成为家庭上网的瓶颈。随着光纤通信技术的迅速发展，光纤制造技术以及 FTTH 为代表的光纤接入技术不断成熟，中国于 2013 年启动"宽带中国"战略，推动运营商实施"光进铜退"工程，实现了以"窄带+铜缆"为主网络向以"宽带+光纤"网络的转变，短短数年间，中国家庭上网用户的带宽从 ADSL 时期的数兆增长到如今的数百兆甚至千兆，有效地支撑了网络强国、数字中国建设和数字经济发展。根据工信部数据，截至 2021 年 5 月，我国光纤接入 FTTH 用户为 4.75 亿户，已占到全部宽带用户的 94%，大幅领先于欧美和全球平均水平。

FTTH 不仅能提供更高的带宽、更远的传输距离，而且在传输、安全和承载等方面也具有综合优势。它采用无源光网络技术，从运营商局端到用户家庭之间的线路不使用有源电子器件，放宽了对环境条件和供电等方面的要求，简化了维护和安装。线路不受强电干扰、电气信号干扰和雷电干扰，抗电磁脉冲能力也很强，保密性好，可承载语音电话、数字电视等综合业务。用户家中放置一台"光猫"，就可以连接电话，连接电视，更重要的是连接无线家用路由器，通过 WiFi 组建一个家庭无线局域网，为遍布每个房间、各个角落的智能家居设施提供千兆级接入，享受智慧家庭生活。

以上介绍了几种较为普遍采用的接入 Internet 的方式，此外还存在一些特定运营商使用的接入技术，例如，使用电力供电线路上网的 PLC 接入，使用电话线路上网的 xDSL 接入，使用有线电视线路上网的 Cable Modem 接入，使用低轨宽带通信卫星网络接入，等等。

8.3 Internet 服务及应用

8.3.1 WWW 服务

1．WWW 服务概述

WWW（World Wide Web，万维网）简称 3W 或 Web，是目前应用最为广泛的 Internet 服务之一。它是一个把信息检索技术与超文本（Hyper Text）技术相融合而形成的环球信息系统，以图文声像多媒体的方式展示信息，使用简单且功能强大。WWW 由遍布在 Internet 上的许许多多台 WWW 服务器组成，每台服务器除提供自身独特的信息服务外，还"指引"着存放在其他服务器上的信息，而那些服务器又"指引"着更多的服务器，就这样，世界范围的 WWW 服务器互相指引而形成信息网络，所以它的发明者将其命名为 World Wide Web。

WWW 是由英国科学家蒂姆·贝纳斯·李（Tim Berners-Lee）于 1989 年开发的，其最初目的是便于研究人员查询和交流数据，1991 年在 Internet 上首次露面，便立即引起轰动，并迅速得到推广和应用，渗透到广告、新闻、销售、电子商务、信息服务等诸多领域。如今 WWW 的影响力已远远超出了专业技术的范畴，可以说它是对信息的存储和获取进行组织的一种思维方式，它的出现是 Internet 发展中的一个革命性的里程碑，"万维网之父"凭此获得首届"千年技术奖"。英国互联网市场咨询公司 Netcraft 于 2022 年 3 月公布的调研数据 Web Server Survey 显示，全球提供 WWW 服务的网站数量达到 11.69 亿。

2．相关概念

1）网页与 HTML

网页是构成 WWW 服务的基本元素，是展现在用户眼前传递信息的一张张图文并茂的多媒体页面。网页实质上是一个由 HTML（Hypertext Markup Language，超文本标记语言）编写的超文本文件。HTML 的特点：一是可以包含指向其他相关网页的超级链接，这样用户便可以通过一个网页中的超级链接访问其他网页；二是可以将声音、图像、视频等多媒体信息集成在一起，使用户在单一的界面中既可以阅读到文字信息，也可以欣赏到各种图像、动画、声音。

2）超文本传输协议 HTTP

HTTP（Hyper Text Transfer Protocol，超文本传输协议）是客户机与 WWW 服务器之间相互通信的协议，默认工作在 TCP 协议的 80 端口，是 TCP/IP 协议族中专门负责 WWW 服务的协议。WWW 服务的基本工作原理如图 8.29 所示，信息资源以超文本网页文件的形式存储在 WWW 服务器中，用户通过客户机上的 WWW 应用程序（即浏览器）向 WWW 服务器发出访问某个网页的请求，WWW 服务器对请求进行响应，将该网页超文本文件使用 HTTP 传送给客户机，客户机在本地浏览网页文件，通过单击网页中感兴趣的超链接再次发出访问请求，服务器再次响应……，HTTP 在其中起着关键的信息桥梁作用。

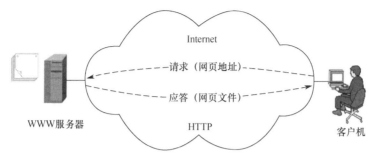

图 8.29　WWW 服务的基本工作原理

3）超文本传输安全协议 HTTPS

HTTP 虽然使用极为广泛，但是却存在安全隐患，其数据以明文方式传送，不提供任何方式的数据加密，容易被监听、窃取、篡改、劫持。HTTPS 经由 HTTP 进行通信，但利用 SSL（Secure Sockets Layer，安全套接字协议）证书来加密数据包，从而提供对 WWW 服务器的身份认证，保护交换数据的隐私与完整性。随着网络安全问题越来越被人们所重视，HTTPS 正在逐渐取代 HTTP。

4）统一资源定位器 URL

Internet 中的信息资源都是以文件的形式存放在网络服务器中，统一资源定位器（URL）用来描述资源文件所在的位置。俗称的"网址"就是指 URL。URL 包括三个部分：所使用的传输协议、存放该资源的服务器地址、该服务器上资源文件的路径，格式为：传输协议://服务器域名或 IP 地址/具体文件路径。例如：http://sports.163.com/nba/index.html，表示用 HTTP 来访问域名地址为 sports.163.com 的网易体育栏目 WWW 服务器中的 nba 文件夹下名为 index.html 的网页文件。用户只要将 URL 输入浏览器的地址栏中，或单击包含该 URL 的超链接，就可以直接访问该网页资源。

3. Web 浏览器

Web 浏览器是为了使用 WWW 服务而运行在客户机上的 WWW 客户端软件。它的作用主要是两个方面：一是通过在地址栏输入 URL 或者单击带有 URL 的超链接，向 WWW 服务器发送访问网页的请求；二是对 WWW 服务器响应请求发来的网页文件进行解释、显示和播放，供用户浏览。

常见的 Web 浏览器包括微软的 Edge 浏览器、Mozilla 的 Firefox（火狐）浏览器、Google 的 Chrome 浏览器、Apple 的 Safari 浏览器以及基于 IE、Chrome 等内核开发的众多国产浏览器。这些浏览器在使用界面和支持功能上各有特点，但从初学者角度上讲基本功能方面并没有本质的区别。其中 Windows 附带的 Edge 浏览器最为用户熟知，如图 8.30 所示，通过下拉菜单中的各个命令可以对 Edge 浏览器进行配置，如管理收藏夹和历史记录、更改默认主页和默认下载存放位置、设置隐私和站点权限等，浏览器的具体使用方法是每位用户所应掌握的最基本的网络技能，在此不做赘述。

图 8.30　Edge 浏览器

8.3.2　电子邮件服务

1．概述

电子邮件（Electronic Mail）服务简称为 E-mail，是一种在 Internet 上快速、方便、高效地传递邮件的服务，是传统邮政服务的电子化。电子邮件早在 ARPAnet 实验网时期就已经出现，是 Internet 中最古老、最基本、最重要的服务之一。电子邮件不但可以发送普通文字内容的信件，还可以附带邮寄其他类型的文件，例如办公文档、计算机软件程序、电子杂志、声音文件、图像文件、视频文件，等等。

电子邮件的特点是收发方便、高效可靠、费用低廉。发件人可以在任意时间、任意地点通过 Internet 发送信件，几分钟内即可送达世界上任何指定的电子邮箱，收件人随时随地都能通过 Internet 获取邮件；邮件服务器采用冗余、均衡负载、云计算等多种技术，安全可靠；只需低廉的上网费用即可实现全球范围的邮件传送，大大降低用户通信费用和时间成本。

2．相关概念

1）电子邮箱与 E-mail 地址

用户使用电子邮件服务的首要条件是要拥有一个电子邮箱。Internet 上分布着成千上万的邮件服务器，每台邮件服务器中都为本服务器的每位用户开辟专用的存储空间，用来存放该用户的电子邮件，这就是电子邮箱。用户要想获得一个电子邮箱，需要向某个邮件服务器进行申请，Internet 上有一些服务商面向大众提供免费的电子邮箱服务，例如新浪邮箱、163 网易免费邮等，只要填写注册信息，就能获得一个电子邮箱。

每个电子邮箱都有一个邮箱地址，称为电子邮件地址或 E-mail 地址。E-mail 地址是某个用户的通信地址，在全球范围内是唯一的。E-mail 地址有着固定的格式："用户名@邮箱所在服务器的域名"，其中间隔符"@"读作"at"。例如 lduzhangsan@163.com，指的是网易 163 邮件服务器中用户名注册为 lduzhangsan 的电子邮箱地址。

2）电子邮件的发送和接收

从用户角度看，电子邮件服务分为两个相对独立的环节：收信和发信，邮件服务器也分为收信服务器（IMAP/POP3 服务器）和发信服务器（SMTP 服务器）两种，收信服务器就如同传统邮政服务里的邮局收发室，发信服务器如同邮筒，各司其职。

用户要发送一封电子邮件，首先用客户机上的电子邮件客户端软件写好信件，再通过 SMTP（简单邮件传送协议）协议发送给本地发信 SMTP 服务器，这就好比是把信件投入了邮筒，本地 SMTP 服务器根据电子邮件上的收件人地址对邮件进行存储转发，通过 Internet 送到相邻的其他 SMTP 服务器，就这样经过 SMTP 服务器间的若干次传递，最终邮件到达收件人电子邮件地址所位于的 SMTP 服务器，并被转移到相应的收信 IMAP/POP3 服务器中，即存放在了邮局收发室中。

用户要接收电子邮件，先通过客户机上的电子邮件客户端软件使用 IMAP（交互邮件访问协议）或者 POP3（邮局协议版本 3）协议访问本地 IMAP/POP3 服务器，查看电子信箱中有无新邮件，如果有，则将电子邮件下载到本地客户机中阅读和管理。

3）电子邮件格式

同普通的邮政信件类似，电子邮件也有自己的固定格式。电子邮件包括邮件头与邮件体两部分。邮件体类似信纸内容，符合传统书信格式即可。邮件头类似信封，由若干关键字加冒号开头的域组成，用来向邮件服务器提供收件人地址和向接收者提供信息，主要有以下几个域：

（1）To 域（收件人地址），是电子邮件正确传递的关键；

（2）From 域（发件人地址），方便收件人回复邮件；

（3）Subject 域（主题），方便收件人快速了解邮件内容；

（4）Cc 域（抄送），抄送域中的 E-mail 地址也将收到邮件，但礼仪上不如收件人正式；

（5）Bcc 域（密送），密送域中的 E-mail 地址将秘密的收到邮件，密送人 E-mail 地址不为他人所知；

（6）Attachment 域（附件），在电子邮件中附加文件，如图像文件、电子文档等。

3. 电子邮件客户端软件

电子邮件客户端软件安装在客户机（如个人电脑或手机）上，方便用户与邮件服务器联系，收发电子邮件。虽然很多提供免费邮箱的网站都提供网页版界面供用户使用，但网页版存在访问速度慢、不易备份等缺点，对于拥有个人固定使用的计算机的用户来说，电子邮件服务客户端软件是与 Web 浏览器同等重要的上网软件。目前常用的电子邮件客户端软件有网易邮箱大师、Foxmail、Outlook 等。

Foxmail 是由微信之父张小龙开发的一款优秀的国产电子邮件客户端软件，是中国最著名的软件产品之一，已于 2005 年被腾讯公司收购，成为腾讯战略中的一部分，目前最新版本为 Foxmail 7.2，软件界面如图 8.31 所示。Foxmail 针对中国人使用电子邮件的习惯特点开发，可以分门别类的管理多个电子邮箱，账户能够设置访问密码，具备强大的反垃圾邮件功能，支持名片（vCard），在易用性和功能性方面都超越了 Outlook，成为最受中国人欢迎的电子邮件客户端软件之一。

图 8.31　电子邮件客户端软件 Foxmail

8.3.3　搜索引擎

1．搜索引擎的种类

Internet 上信息繁杂，而且每天都在以惊人的速度增加着，如何在这些海量信息中快速有效地搜索对自己有用的信息是发挥 Internet 用途的一个重要方面，搜索引擎正是为解决这一问题而开发的。搜索引擎是指自动从 Internet 中搜集信息，经过一定整理以后，提供给用户进行查询的系统。Internet 如同大海，信息则像大海中的一个个小岛，那么搜索引擎就是海洋中的导航台，指引所需信息的位置，供人们随时去查阅。

Internet 上分布着大大小小数千个搜索引擎，虽然数量众多、用途各异，但按照信息搜集方法和服务提供方式的不同，大致可以将搜索引擎划分为以下三种类型。

1）全文搜索引擎

全文搜索引擎是通过俗称"蜘蛛（Spider）"或"机器人（robots）"的自动搜索程

序分析、获取各个网站的网页信息内容，建立网页数据库，并按事先设计好的规则分析整理形成索引，供用户通过关键词（Keywords）查询。该类搜索引擎的优点是信息量大、更新及时、无须人工干预；缺点是返回信息过多，结果往往不够精准，有相当多的无价值的垃圾信息。最具代表性的全文搜索引擎有百度（Baidu）和谷歌（Google）。

2）目录索引

目录索引是以人工方式或半自动方式搜集信息，并由编辑人员将信息分门别类地存放在相应的目录中，用户在查询信息时，可按分类目录逐层查找，即使不输入关键词也能获得信息。一般的搜索引擎分类目录体系有五、六层，有的甚至有十几层。由于是通过人工操作收集整理网站资料的，目录索引的搜索准确度高，但也存在维护量大、信息量少、信息更新不及时等缺点。目录索引中最具代表性的是 Yahoo 雅虎分类目录，国内的搜狐、新浪、网易等网站也都是以分类目录起家的。此外，一些导航站点如"hao123网址之家"，也可以归类为原始的目录索引。

3）元搜索引擎

元搜索引擎没有自己的数据库和检索程序，而是在接受用户查询时，将查询请求同时向多个搜索引擎递交，将返回的结果进行重复排除、重新排序等处理后，作为自己的结果返回给用户。通俗地说，元搜索引擎是"搜索引擎之上的搜索引擎"。这类搜索引擎的优点是返回结果的信息量更大、更全，个性化搜索功能也比较强，缺点是不能够充分利用所使用搜索引擎的功能，用户需要做更多的筛选以排除无用信息。这类搜索引擎的代表有 360 搜索、Vivisimo、infoSpace 等。

由于普通用户日常使用的主要是全文搜索引擎的功能，因此，下文中所提及的搜索引擎如果没有特殊说明，是指全文搜索引擎。

2. 搜索引擎的工作原理

搜索引擎是如何做到"大海捞针"的呢？在这里简单描述一下全文搜索引擎的工作原理。一个功能完整的搜索引擎基本上是由信息采集、索引、检索三个模块组成的，而搜索引擎的工作流程也就是三个模块功能的实现。

1）信息采集

搜索引擎利用被称为"蜘蛛"和"爬虫机器人"的自动搜索程序来访问某个网页，并沿着网页中的所有超链接再"爬"到其他网页，重复这个过程，并把遍历过的所有网页信息收集保存到网页数据库中。理论上讲，如果为"蜘蛛"建立一个适当的初始网页集，从这个初始网页集出发，遍历所有的超链接，"蜘蛛"将能够采集到整个 Internet上的所有网页，但实际上，即便是当今最强大的搜索引擎也仅能采集 30%～40%的网页。

2）索引

对采集回来的网页进行分析，提取相关网页信息（包括网页 URL、编码类型、页面内容包含的关键词、关键词位置、生成时间、大小、与其他网页的链接关系等），根据一定的相关度算法进行大量复杂计算，得到每个网页针对页面内容及超链接中每个关键词的相关度（或重要性），然后用这些相关信息按照一定的规则进行编排，建立网页索引数据库，并能经常更新、重建数据库的内容，以保持与信息源的同步。索引是搜索引擎中较为复杂的部分，涉及网页结构分析、分词、排序等技术，好的索引技术能极大地提高信息搜索速度。

3）检索

当用户输入关键词发出搜索请求后，分解搜索请求，从网页索引数据库中找到符合该关键词的所有相关网页，最后向用户返回以网页链接形式提供的搜索结果，通过这些网页链接，用户便能到达含有自己所需资料的网页。为了帮助用户判断该网页是否含有自己需要的内容，通常搜索引擎会在这些链接下提供一小段网页内容摘要。

3．搜索语法

搜索引擎为用户查找信息提供了极大的方便，只需输入几个简单的关键词，相关的资料就会从 Internet 的各个角落汇集到用户面前。然而，在实际使用中常常遇到这样的状况：本想查询某一方面的资料，可搜索引擎的返回结果中却夹杂着大量的无关信息，搜索效果大打折扣，此时就应该考虑使用搜索语法。搜索语法的主要作用是将关键词和元词组织成适当的搜索表达式，以缩小搜索的范围，提高搜索效率和精度。

1）逻辑操作符

逻辑操作符用于描述多个关键词之间的逻辑关系，有"与"、"或"和"非"三种关系。

"与"关系的操作符用"＋"来表示，例如搜索"北京＋博物馆"，得到的搜索结果中都同时包含这两个关键词。（提示：大部分搜索引擎也支持用空格来表示"与"关系，因此本例也可以写为"北京　博物馆"。）

"非"关系的操作符用"–"来表示，例如搜索表达式改为"北京＋博物馆–自然"，得到排除所有包含关键词"自然"的搜索结果。

"或"关系的操作符用"|"来表示，例如搜索"电影博物馆 | 天文博物馆"，只要有两个关键词任意一个的网页都会被纳入搜索结果。

2）元词

在搜索表达式中还可以设定一些限定条件，即"元词"，以缩小搜索的范围，获得更精确的结果。例如，只想查找政府网站上发布的关于烟台就业政策的信息，可以使用搜索表达式"就业政策＋烟台 site:gov.cn"，如图 8.32 所示，其中"site:"是元词，用来限定站点范围是政府网站（域名后缀"gov.cn"）。而如果想再看看所有非政府网站发布的信息只需在"site:"前加"–"即可。提示："site:"后不能有空格，此外，用来限定搜索范围的网站域名不能有"http://"前缀，也不能有任何"/"的目录后缀。

就业政策+烟台 site:gov.cn　　　　　　　　　× ◎　百度一下

图 8.32　搜索表达式示例

常见的元词用法还有"intitle:关键词",用来限定该关键词必须出现在网页标题中;"inurl: 关键词",用来限定该关键词必须出现在网页 URL 网址字符串中;"filetype:文件扩展名",用来限定所搜索文件的文档类型,等等。

除逻辑操作符和元词之外,搜索引擎还支持用英文双引号括起关键字进行完全匹配搜索、用圆括号"()"来改变优先级以及通配符"*"等语法。需要说明的是,不同的搜索引擎各自有其特点,因此使用的语法也不尽相同,如果想充分发掘搜索引擎的特色功能,请参阅搜索引擎网站中的具体帮助信息。

8.3.4 图书馆电子资源检索

1. 图书馆电子资源简介

电子资源是指由出版商或数据库提供商生产发行的、商业化的正式电子出版物。高校图书馆等单位则根据师生的需求加以购买引进,形成图书馆电子资源,为教学科研服务。引进图书馆电子资源的方式有两种,一种是在校园网内建立本地镜像站点,供校内用户使用,这种方式的访问速度非常快,不受在线人数限制,但内容更新上会有一段时期的延迟;另一种是"网上包库"的形式,学校提前将校园网 IP 地址范围提交给数据库提供商网站,校园网用户可以直接访问数据库,服务器会根据用户的来源 IP 地址来判断是否是授权用户,这种方式的访问速度相对慢一些,还会限制同时在线的人数,但内容更新及时。在学校图书馆的网站中提供这两种方式的入口地址,用户可以根据实际情况选择进入。

图书馆电子资源通常包括学术期刊、学位论文、电子图书等几大类,又根据收录信息种类分为文摘/索引型和全文型。常用的电子期刊数据库有知网的 CNKI 中国期刊全文数据库、重庆维普的中文科技期刊全文数据库,以及 Elsevier ScienceDirect、ACM、SpringerLink 等外文期刊全文数据库。常用的学位论文数据库有万方博硕士学位论文数据库和 CNKI 中国优秀硕士学位论文全文数据库、中国博士学位论文全文数据库以及外文学位论文全文数据库 PQDD(ProQuest Digital Dissertations)等。常用的数字图书馆资源有超星数字图书馆、中国数字图书馆、中图得瑞外文数字图书馆等。

2. 检索方式

与传统的印刷类出版物相比较,电子资源在信息检索方面优势显著,提供灵活、多样的检索模块和检索途径。各种数据库的检索方式较为相似,下面以 CNKI 中国期刊全文数据库为例介绍电子资源的检索功能。

CNKI 中国期刊全文数据库的检索方式有标准检索、高级检索、专业检索、句子检索、作者发文检索等。此外,还可以进行"在结果中检索",即在前一次检索结果的范围内继续进行二次检索。下面介绍几种主要的检索方式。

1)标准检索

标准检索能够快速方便地进行查询,虽然查询结果有很大的冗余,但可以在检索结果中再进行二次检索,从而提高了检索精度,因此,一般的查询需求建议使用该方式。

例如，用户想查找关键词为"双减"的文章，可以首先在"检索项"下拉列表栏中选择"关键词"，并在文本框中输入"双减"，如图 8.33 所示，检索条件输入完毕后，单击文本框右侧的"检索"按钮，即可得到检索结果。如果需要在结果中进行二次检索，只要再次输入相应的检索内容或检索项，单击"结果中检索"按钮即可。

图 8.33　标准检索

2）高级检索

单击图 8.33 中检索内容文本框右侧的"高级检索"链接，进入"高级检索"页面。高级检索支持使用运算符*、+、-、"、""、()进行同一检索项内多个检索词的组合运算，提示：这些运算符需要使用英文半角字符。例如，在"篇名"检索项后的文本框内输入"双减 * 培训"，如图 8.34 所示，即可得到文章标题中同时包含"双减"和"培训"的检索结果。文本框有"精确"和"模糊"两种匹配模式可选，例如，在检索作者时选择了"模糊"模式，则检索结果中会包含名字开头相同但不同名的人。

图 8.34　高级检索

3）专业检索

专业检索用于图书情报专业人员查新、信息分析等工作，使用逻辑运算符和关键词构造专业检索表达式进行检索，可同时从主题、题名、关键词等多方面对检索结果做出要求。例如，"TI='生态' and KY='生态文明' and (AU % '陈'+'王')"，可以检索到篇名包括"生态"并且关键词包括"生态文明"并且作者为"陈"姓和"王"姓的所有文章。

3. 检索结果的显示与处理

上述检索方式可以获得检索结果列表，在其中单击想要浏览的文章篇名，将会弹出一个显示文章详细信息的页面，如图 8.35 所示。

生态文明视野下传统村落的传承与发展

王章美　杨启航　黄小碧　陈娥

兴义民族师范学院

摘要: 传统古村落是中华民族历史文化的重要载体，为了保护与传承传统村落的物质文化和非物质文化，传承与发展传统村落文化，离不开生态文明建设，生态保护与发展是实现传统村落可持续发展的必然要求。随着工业化、城市化的加速发展，传统古村落面临着自然环境人为的破坏、传统建筑的损坏、传统村落"空心化"等一系列问题。从生态文明的视野下，将传统村落传承、保护性发展与自媒体时代背景结合起来，研究城镇化、工业化背景下传统村落生态文明建设的对策，使其焕发出新的生机，使传统村落凭借着自身的文化魅力，在当代社会实现其自我价值。

关键词: 生态文明; 传统村落; 文化传承; 文化发展;

DOI: 10.16675/j.cnki.cn14-1065/f.2022.06.010

专辑: 经济与管理科学; 农业科技; 工程科技Ⅰ辑

专题: 环境科学与资源利用; 农业经济

分类号: X321;F323

下载: 24　页码: 33-37　页数: 5
大小: 1924K

图 8.35　文章详细信息页面

要想阅读全文，请单击"PDF 下载"按钮，即开始下载该文章的 PDF 格式文件，并保存在指定的本地文件夹中。PDF 是 Adobe 公司开发的一种电子文档发放的开放式标准，是网络中较为通用的电子文档格式，计算机中只要安装一个 PDF 阅读软件就可以浏览 PDF 的内容。CNKI 网站底部的"CNKI 常用软件下载"栏目中的"下载中心"里提供了多种可以支持 PDF 阅读的软件，如 Adobe 公司官方出品的 Adobe Reader。

还可以单击"CAJ 下载"链接，获得该文章的 CAJ 格式文件。CAJ 是 CNKI 系列数据库的专用电子文档格式，需要下载 CAJ 阅读器软件 CAJViewer 才可以阅读、复制。CNKI 网站的"CNKI 常用软件下载"栏目中提供 CAJViewer 软件下载。

思 考 题

1. 宿舍组建局域网需要哪些网络硬件？如何互联？

2. 宿舍内有 4 台计算机组成局域网，并申请了一条接入 Internet 的 FTTH 线路，若希望共享 FTTH 线路上网，该如何进行网络配置？

3. 如果校园网内的 DNS 服务器出了故障导致无法正常上网，在本地连接属性设置中将校外的 DNS 服务器地址（如联通城域网的 DNS）设置为首选和备用 DNS，是否能解决临时上网问题？

4. 如何设置 Edge 浏览器启动时的默认主页？如何查看和删除历史记录？如何将网页添加到收藏夹？

5. 需要某个应用软件，如何通过网络获取软件安装文件？

6. 当用户不在校园网中，不具有图书馆电子资源数据库下载权限时，尝试通过电子资源数据库的免费检索功能以及搜索引擎的按文件类型搜索功能，获取需要参考的科研论文全文。

参 考 文 献

[1] 解福，马金刚，吴海峰. 计算机文化基础[M]. 青岛：中国石油大学出版社，2017.

[2] 张金城，柳巧玲. 管理信息系统（第 2 版）[M]. 北京：清华大学出版社，2012.

[3] 杨丽凤. 计算思维与智能计算基础[M]. 北京：人民邮电出版社，2021.

[4] 周勇. 计算机思维与人工智能基础（第 2 版）[M]. 北京：人民邮电出版社，2021.

[5] 战德臣. 大学计算机——理解和运用计算思维（慕课版）[M]. 北京：人民邮电出版社，2018.

[6] 普运伟. 大学计算机——计算思维与网络素养（第 3 版）[M]. 北京：人民邮电出版社，2019.

[7] 储岳中. 计算思维与大学计算机基础[M]. 北京：人民邮电出版社，2021.

[8] 徐红云. 大学计算机基础教程（第 3 版）[M]. 北京：清华大学出版社，2021.

[9] 刘添华，刘宇阳，杨茹. 大学计算机——计算机思维视角[M]. 北京：清华大学出版社，2020.

[10] 刘启明，孙中红. 大学计算机与人工智能基础实验教程（第 4 版）[M]. 北京：高等教育出版社，2021.

[11] 吉燕，李辉，张惠民等. 全国计算机等级考试二级教程—MS OFFICE 高级应用[M]. 北京：高等教育出版社，2019.

[12] 甘勇，尚展垒，王伟等. 大学计算机基础——Windows+Office 2016[M]. 北京：人民邮电出版社，2020.

[13] 孙忠红，刘启明. 大学计算机与人工智能基础（第 4 版）[M]. 北京：高等教育出版社，2021.

[14] 唐永华，刘鹏，于洋，张彦弘，赵广辉. 大学计算机基础（第四版）[M]. 北京：清华大学出版社，2019.

[15] 邵增珍，姜言波，刘倩. 计算思维与大学计算机基础[M]. 北京：清华大学出版社，2021.

[16] 武云云，熊曾刚，王曙霞等. 大学计算机基础教程 Windows 7+Office 2016[M]. 北京：清华大学出版社，2021.

[17] 黄蔚，凌云，沈玮等. 计算机基础与高级办公应用（第二版）[M]. 北京：清华大学出版社，2021.

[18] 赵广辉. Python 语言及其应用[M]. 北京：中国铁道出版社，2019.

[19] 嵩天，礼欣，黄天羽. Python 语言程序设计基础（第 2 版）[M]. 北京：高等教育出版社，2017.

[20] 雷震甲. 网络工程师教程（第 5 版）[M]. 北京：清华大学出版社，2018.

[21] 王文胜. 计算机文化基础（第 3 版）[M]. 济南：山东大学出版社，2009.